U0161009

混凝土弹性与粘弹性多尺度理论

MULTISCALE THEORY FOR ELASTICITY AND VISCOELASTICITY OF CONCRETE

蒋金洋　许文祥　苏祥龙　王凤娟　著

科学出版社

北　京

内 容 简 介

　　本书介绍了混凝土弹性与粘弹性性能的研究现状，包括均匀化理论和分数阶微积分理论，从微观、细观到细-宏观尺度研究了水泥浆体、混凝土和纤维增强混凝土的弹性及粘弹性性能，阐述了各尺度因素对混凝土(粘)弹性性能的影响，以及尺度传递特征。本书综合了理论研究和部分数值、试验验证，为读者提供了一个全面解析混凝土(粘)弹性性能跨尺度传递特征的指南。通过逐尺度的研究和对各组分信息影响的深入探讨，读者将获得关于混凝土(粘)弹性响应机制的深刻理解。

　　本书适合于从事混凝土(粘)弹性力学性能方面的科研工作者，以及在校大学生、研究生和工程技术人员参考。

图书在版编目(CIP)数据

混凝土弹性与粘弹性多尺度理论/蒋金洋等著. —北京: 科学出版社，
2023.12
　ISBN 978-7-03-076993-0

　Ⅰ.①混⋯　Ⅱ.①蒋⋯　Ⅲ.①水泥基复合材料-弹性-研究
Ⅳ.①TB333.2

中国国家版本馆 CIP 数据核字 (2023) 第 221875 号

责任编辑：刘信力　崔慧娟/责任校对：彭珍珍
责任印制：张　伟/封面设计：无极书装

科学出版社 出版
北京东黄城根北街16号
邮政编码：100717
http://www.sciencep.com
北京捷迅佳彩印刷有限公司 印刷
科学出版社发行　各地新华书店经销
*
2023 年 12 月第 一 版　开本：720×1000　B5
2023 年 12 月第一次印刷　印张：16 3/4
字数：333 000
定价：168.00 元
(如有印装质量问题，我社负责调换)

前　言

　　水泥基复合材料是一类典型的多尺度非均质材料，其 (粘) 弹性性能受到各尺度上的材料组分几何特征、空间分布和材料属性及其相互作用的影响。试验研究表明，水泥基复合材料的蠕变主要来源于亚微米尺度的水化硅酸钙 (C-S-H) 凝胶，然而目前缺乏对两种 C-S-H 凝胶——高密度 (HD)C-S-H 和低密度 (LD)C-S-H 全蠕变的表征。另外，试验测量无法揭示宏观蠕变性能与各尺度组分之间的关联机制；现有的数值方法难以高效精确地处理形貌复杂的多组分、多尺度问题，且传统的解析均匀化方法只能求解椭球形状夹杂问题。因此，本书开展水泥基复合材料 (粘) 弹性性能的多尺度研究，逐尺度探明各组分信息对材料 (粘) 弹性的响应机制，为保障混凝土结构工程设施的安全建造和运维提供重要的理论支撑。

　　本书的第 1 章给出了研究背景、混凝土弹性与粘弹性的研究现状；第 2 章介绍了均匀化方法；第 3 章引出了基于分数阶微积分理论的粘弹性建模方法；第 4～6 章分别从微观、细观、细–宏观研究了水泥浆体、素混凝土、纤维混凝土的弹性性能，包括各尺度因素对弹性性能的影响及其尺度传递特征；第 7～9 章分别从微观、细观、细–宏观探究了水泥浆体、混凝土、纤维增强混凝土时间依赖的粘弹性蠕变性能，且探明了多尺度因素对混凝土粘弹性蠕变行为的影响及其尺度损耗机制。

　　真诚感谢孙国文博士和刘志勇博士在本书撰写过程中进行深入讨论，并提供宝贵的修改建议，也感谢做出重要贡献的研究生：吴杨博士 (第 2 章) 和王莉硕士 (整理、编辑工作)。

许文祥　蒋金洋

2023 年 11 月于南京

目　　录

第1章 绪　　论

1.1　研 究 背 景

　　水泥基复合材料是现代使用最广泛的建筑材料。蠕变是水泥基复合材料的一种固有特性，其对结构的影响是一把"双刃剑"[1]。一方面，水泥基复合材料的蠕变特性会导致开裂和过度挠度的产生，从而危及结构的耐久性和服役寿命[2]。在预应力混凝土结构，比如核安全壳建筑物中，如图 1.1(a) 所示，蠕变会增大预应力损失，从而无法达到预期的预压效果；如图 1.1(b) 所示，在大跨度梁中，蠕变会增加梁的挠度，使梁的使用性能变差[3]；高温蠕变会导致混凝土结构坍塌破坏等，如图 1.1(c) 所示。另一方面，对于大体积混凝土结构，蠕变能减小温度应力，从而减少收缩裂缝[1]，如图 1.1(d) 所示；在结构应力集中部位和由基础不均匀沉陷引起局部应力的结构中，蠕变能削减结构的应力峰值[1]。因此，蠕变是水泥基复合材料结构设计中不可忽略的重要因素。

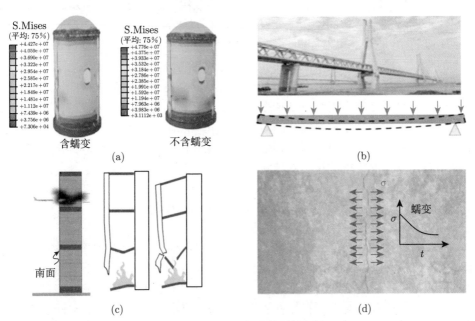

图 1.1　蠕变对水泥基复合材料性能的影响

(a) 预应力损失；(b) 挠度增加；(c) 建筑物坍塌 (高温蠕变)；(d) 减少 (大体积混凝土) 收缩裂缝

作为典型的水泥基复合材料，混凝土的蠕变现象最早是由 Hatt 于 1907 年发现的[4]。经过一个多世纪的发展，人们对混凝土蠕变现象的微细观机制、影响因素、预测模型等方面进行了大量试验和理论研究[2]。根据混凝土的变形机制，可以将时间依赖的应变分为收缩和蠕变[5]。收缩是在无外力作用下的时间依赖的应变，而蠕变是在常应力作用下才发生的时间依赖的应变。混凝土蠕变又可以细分为基本蠕变和干燥蠕变。本书考虑的是基本蠕变，即混凝土在不与环境进行水分交换条件下的蠕变。许多半经验的模型，比如 Eurocode 2[6]、ACI[7]，B3[8]，B4[9]模型被提出用来描述混凝土的蠕变。然而，这些模型的表达形式较为复杂，参数众多。当然，水泥基复合材料的蠕变行为可以通过试验来确定。然而，蠕变试验耗时耗力，试验结果可能会因操作和环境因素的不同而表现出明显的差异性；更关键的是，试验手段无法量化水泥基复合材料的多组分属性和多尺度结构演变对蠕变行为的影响。

水泥基复合材料是一种典型的粒子型、多尺度的非均质材料。例如，在细-宏观尺度上，纤维混凝土可以看成是由素混凝土和纤维复合而成；在细观尺度上，素混凝土可以认为由骨料、水泥浆体及两者之间的界面过渡区 (ITZ) 三相构成；进一步，在微观尺度上，水泥浆体可以看成是由未水化的水泥颗粒、弹性水化产物、水化硅酸钙 (C-S-H) 凝胶、孔隙和水组成，而 C-S-H 凝胶在亚微米尺度上可以看成由高密度 (HD) 和低密度 (LD)C-S-H 凝胶组成，如图 1.2 所示。试验研究表明，水泥基复合材料的蠕变主要发生在水泥浆体的亚微米尺度的凝胶产物——C-S-H 凝胶中[10−12]。虽然如此，在微观尺度上的弹性反应物、水化产物，细观尺度上的骨料、纤维，各尺度上存在的水和孔隙等组分的几何形状、空间分布和材料特性及其相互作用，都会对水泥基复合材料的蠕变产生约束作用。然而，目前国内外关于水泥基复合材料蠕变的多尺度研究还很少，主要集中在细-宏观层面。因此，开展水泥基复合材料蠕变的多尺度研究，明晰各尺度组分与结构信息对水泥基复合材料蠕变的响应机制，不仅可以加深人们对水泥基复合材料蠕变行为的理解，而且也为混凝土结构工程设施的安全建造和运维提供理论支撑。

1.2 混凝土多尺度弹性模型

复合材料力学研究方法大体可分为两种，即宏观力学方法和细观力学方法。宏观力学方法是从唯象学出发，将复合材料当成宏观均匀介质，不考虑组分相的相互影响，仅考虑复合材料的平均表现性能，无法得到局部场的细观应力、应变场，因而也就难以对复合材料构件的损伤、断裂等行为进行深入的定量研究。而细观力学方法却为这些问题的解决提供了新的方法和途径，因此随着复合材料研究的深入，复合材料细观力学方法得到了越来越多的重视和应用。

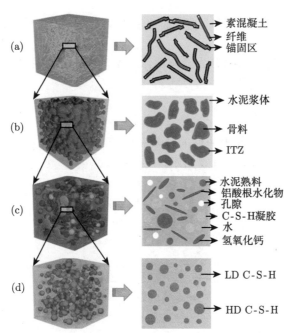

图 1.2 水泥基复合材料的多尺度特征

(a) 纤维混凝土：$10^{-2} \sim 10^{-1}$m；(b) 素混凝土：$10^{-3} \sim 10^{-1}$m；(c) 水泥浆体：$10^{-6} \sim 10^{-4}$m；
(d) 水化硅酸钙 (C-S-H) 凝胶：$10^{-8} \sim 10^{-6}$m

细观力学或微观力学的开拓性工作首先是由 Eshelby 完成的[13-15]，其开创性工作是研究嵌入无限介质中某一受均匀本征应变作用的子域 (所谓的夹杂) 内的弹性应变场，得到了椭球夹杂内均匀应变的闭合解，该解为许多基于微观力学的均质化模型奠定了坚实的基础。此后，细观力学于 20 世纪 70 年代兴起，并经过众多学者的研究，至今已初具轮廓，有经典的微分法[16]、自洽模型[17]、广义自洽方法[18]、Mori-Tanaka 模型[19,20]、一阶理论[21] 和二阶理论[22-24]，可以用来预测复合材料的有效力学和物理性能，例如弹性[25,26]、热弹性[27]、粘弹性[28]、弹塑性[29]、塑性[30,31]、大变形下的宏观稳定性[32]、电导率[33,34]、渗透率[35]、扩散率[36] 和介电常数[37] 等。

然而，基于 Eshelby 解的细观力学方法中仍然存在几处限制：夹杂形状的限制、材料间差异大小限制、体积分数限制和颗粒尺寸的限制。当然，目前已经有多位学者致力于解决以上问题。研究从宏观深入到细观与微观，并实现宏、细、微观的结合，开展工程材料的跨尺度研究是极其重要的。同样地，复合材料具有丰富的细观结构组合方式，不同种类的组合方式会直接影响整体的性能，对其细观力学的研究是当前复合材料力学研究的主要发展方向，也是与细观力学交叉研究的重点领域。本书主要基于经典的细观模型展开讲解。

1.3　混凝土粘弹性模型

粘弹性模型大体上可以分为经典粘弹性模型和分数阶粘弹性模型，以下我们分别对其进行阐述。

1. 经典粘弹性模型

经典粘弹性模型由代表弹性的弹簧和代表粘性的粘壶经过串并联组合而成，常用的经典粘弹性模型如图 1.3 所示。

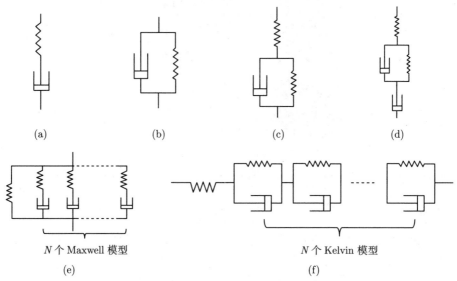

图 1.3　经典粘弹性模型

(a)Maxwell 模型；(b)Kelvin 模型；(c)Zener 模型；(d)Burgers 模型；(e) 广义 Maxwell 模型；(f) 广义 Kelvin 模型

(1) 麦克斯韦 (Maxwell) 模型 (图 1.3(a)) 是由一个弹簧与一个粘壶串联而得到，其本构方程可写成

$$\frac{\mathrm{d}\varepsilon}{\mathrm{d}t} = \frac{1}{E}\frac{\mathrm{d}\sigma}{\mathrm{d}t} + \frac{\sigma}{\eta} \tag{1.1}$$

其中，σ 和 ε 分别表示应力和应变；E 和 η 分别代表弹簧的弹性模量和粘壶的粘性系数，基本单位分别是 Pa 和 Pa·s。通常，η 可以写成 E 与松弛时间 λ_τ 的乘积，即 $\eta = E \cdot \lambda_\tau$，可知 Maxwell 模型含有两个参数，其蠕变柔量 $J(t)$ 和松弛模量 $G(t)$ 分别为

$$J(t) = \frac{1}{E}\left(1 + \frac{t}{\lambda_\tau}\right) \tag{1.2}$$

$$G(t) = E\mathrm{e}^{-\frac{t}{\lambda_\tau}} \tag{1.3}$$

从式 (1.2) 和式 (1.3) 两式可知，Maxwell 模型可以描述指数型松弛，而其蠕变柔量函数为线性，不能描述真实的水泥基复合材料蠕变现象。

(2) 开尔文 (Kelvin) 模型是由一个弹簧与一个粘壶并联而得到，如图 1.3(b) 所示，其本构方程为

$$\sigma = E\varepsilon + E\lambda_\tau \frac{\mathrm{d}\varepsilon}{\mathrm{d}t} \tag{1.4}$$

Kelvin 模型同样具有 2 个参数，其蠕变柔量和松弛模量分别为

$$J(t) = \frac{1}{E}\left(1 - \mathrm{e}^{-\frac{t}{\lambda_\tau}}\right) \tag{1.5}$$

$$G(t) = E\left[1 + \lambda_\tau \delta(t)\right] \tag{1.6}$$

其中，$\delta(t)$ 表示冲击函数。根据式 (1.5) 和式 (1.6) 两式可知，Kelvin 模型适合描述指数型蠕变响应，却不能描述松弛现象。

(3) Zener 模型是由一个弹簧与一个 Kelvin 模型串联而得到，如图 1.3(c) 所示，其本构方程为

$$\left(1 + \frac{E_2}{E_1}\right)\sigma + \frac{E_2\lambda_\tau}{E_1}\dot{\sigma} = E_2\left(\varepsilon + \lambda_\tau\dot{\varepsilon}\right) \tag{1.7}$$

其中，E_2 是 Kelvin 模型中弹簧的弹性模量；E_1 是另一个弹簧的弹性模量；"·"表示对时间的一阶导数。Kelvin 模型有 3 个参数，其蠕变柔量和松弛模量分别为

$$J(t) = \frac{1}{E_1} + \frac{1}{E_2}\left(1 - \mathrm{e}^{-\frac{t}{\lambda_\tau}}\right) \tag{1.8}$$

$$G(t) = \frac{E_1 E_2}{E_1 + E_2}\left(1 + \frac{E_1}{E_2}\mathrm{e}^{-\frac{E_1+E_2}{E_2}\frac{t}{\lambda_\tau}}\right) \tag{1.9}$$

由式 (1.8) 和式 (1.9) 两式可知，Zener 模型可以描述指数型蠕变及松弛响应，但是不能表示蠕变-恢复试验中材料的残余应变。

(4) Burgers 模型是由一个 Maxwell 模型和一个 Kelvin 模型串联而成，如图 1.3(d) 所示，其本构方程为

$$\begin{cases} \dot{\varepsilon}_\mathrm{M} = \dfrac{1}{E_\mathrm{M}}\dot{\sigma} + \dfrac{\sigma}{E_\mathrm{M}\lambda_{\tau\mathrm{M}}} \\ \sigma = E_\mathrm{K}\varepsilon_\mathrm{K} + E_\mathrm{K}\lambda_{\tau\mathrm{K}}\dot{\varepsilon}_\mathrm{K} \\ \varepsilon = \varepsilon_\mathrm{K} + \varepsilon_\mathrm{M} \end{cases} \tag{1.10}$$

其中，E_M，$\lambda_{\tau M}$，ε_M 和 E_K，$\lambda_{\tau K}$，ε_K 分别代表 Maxwell 和 Kelvin 模型中的弹性模量、松弛时间及应变。Burgers 模型有 4 个参数，其蠕变柔量为

$$J(t) = \frac{1}{E_M}\left(1 + \frac{t}{\lambda_{\tau M}}\right) + \frac{1}{E_K}\left(1 - e^{-\frac{t}{\lambda_{\tau K}}}\right) \tag{1.11}$$

由式 (1.11) 可知，Burgers 模型可以描述指数型蠕变，且能表征不可恢复的应变。然而，上述模型难以描述水泥基复合材料非指数型复杂的蠕变行为，经典粘弹性模型需要增加元件的数目来逼近这种复杂的蠕变行为。

(5) 广义 Maxwell 模型是由 N 个 Maxwell 模型与一个弹簧并联而成，其参数数目达到 $2N+1$ 个，如图 1.3(e) 所示。广义 Maxwell 模型的本构方程为

$$\begin{cases} \dfrac{\mathrm{d}\varepsilon}{\mathrm{d}t} = \dfrac{1}{E_k}\dfrac{\mathrm{d}\sigma_k}{\mathrm{d}t} + \dfrac{\sigma_k}{E_k\lambda_{\tau k}}, & k = 1, 2, \cdots, N \\ \sigma = \displaystyle\sum_{k=0}^{N} \sigma_k \end{cases} \tag{1.12}$$

其松弛模量为

$$G(t) = E_0 + \sum_{k=1}^{N} E_k e^{-\frac{t}{\lambda_{\tau k}}} \tag{1.13}$$

其中，E_k 和 $\lambda_{\tau k}$ 分别是第 k 个 Maxwell 模式的弹性模量及松弛时间；E_0 是单独的弹簧的弹性模量。

(6) 广义 Kelvin 模型 (图 1.3(f)) 是由 N 个 Kelvin 模型与一个弹簧串联而成，其参数数目为 $2N+1$ 个。广义 Kelvin 模型的本构方程为

$$\begin{cases} \sigma = E_k\varepsilon_k + E_k\lambda_{\tau k}\dfrac{\mathrm{d}\varepsilon_k}{\mathrm{d}t}, & k = 1, 2, \cdots, N \\ \varepsilon = \displaystyle\sum_{k=0}^{N} \varepsilon_k \end{cases} \tag{1.14}$$

其蠕变柔量为

$$J(t) = \frac{1}{E_0} + \sum_{k=1}^{N} \frac{1}{E_k}\left(1 - e^{-\frac{t}{\lambda_{\tau k}}}\right) \tag{1.15}$$

根据这两个广义模型的串并联结构特征，广义 Maxwell 模型的松弛响应和广义 Kelvin 模型的蠕变响应较易推导。Bažant 和 Asghari 也建议使用广义 Kelvin 模型描述水泥基复合材料的蠕变[38]，使用广义 Maxwell 模型描述松弛[39] 行为。文献中常采用这两种广义模型及其改进模型来描述水泥基复合材料的蠕变。比如，

De Schutter[40] 将蠕变系数与广义 Kelvin 模型联系起来。Benboudjema 和 Torrenti[41] 使用三个 Kelvin 模型串联来描述混凝土早期基本蠕变，参数为 6 个。Briffaut 等[42] 将三个 Kelvin 模型与一个粘壶串联用来描述混凝土在复杂加载条件下的蠕变，参数为 7 个。Hermerschmidt 和 Budelmann[43] 使用 4 个 Maxwell 模型和 1 个弹簧并联模拟具有多个加载历史的拉伸蠕变试验，参数为 9 个。可以发现，经典粘弹性模型描述混凝土蠕变需要较多的参数。实际上，混凝土短期蠕变展现出幂律特征[44]。Bažant 和 Osman 曾提出一个双幂律模型来描述混凝土的蠕变[45]。为了描述幂律蠕变现象，经典粘弹性模型需要引入大量的参数和模式。图 1.4 展示了利用广义 Maxwell 模型描述一个幂律松弛行为 ($G(t) = t^{-0.5}$)，至少需要 7 个 Maxwell 模式并联 (14 个参数) 才能较好地描述。从以上分析可知，经典粘弹性模型在描述水泥基复合材料蠕变时往往需要大量模式及参数。这给参数的获取带来困难，同时参数的物理意义变得不清晰。

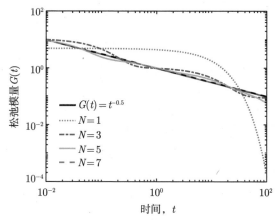

图 1.4 广义 Maxwell 模型拟合幂律松弛行为

N 表示广义 Maxwell 模型中 Maxwell 模型的个数

2. 分数阶粘弹性模型

许多研究者采用幂律模型来描述水泥基复合材料的蠕变行为[46,47]，而采用具有幂律核函数的分数阶导数建立的分数阶粘弹性模型可以自然地展现出幂律蠕变和松弛行为。最早 Nutting[48] 就观察到许多粘弹性材料的应力松弛现象并不满足指数形式，却可以用时间的幂函数描述。实验也表明许多材料的复模量可以用频率的幂函数来表示[49]。Gemant[50] 在研究 Nutting 松弛现象时提出使用分数阶导数的建议。常见的分数阶粘弹性模型如图 1.5 所示。

(1) Scott-Blair[51] 从胡克弹性固体的应力与应变成正比，牛顿流体的应力与应变率成正比这个角度思考，建议引入分数阶导数来研究介于弹性和粘性之间的

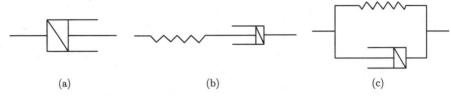

图 1.5 分数阶粘弹性模型

(a) Scott-Blair 模型；(b) 分数阶 Maxwell 模型；(c) 分数阶 Kelvin 模型

粘弹性材料 (式 (1.16))，即 Scott-Blair(SB) 模型 (图 1.5(a))，其中 α 是分数阶导数的阶数，$\mathrm{d}^{\alpha}\varepsilon/\mathrm{d}t^{\alpha}$ 表示应变的 α 阶分数阶导数。

$$\text{胡克弹性：} \quad \sigma \propto \varepsilon$$
$$\text{粘弹性：} \quad \sigma \propto \frac{\mathrm{d}^{\alpha}\varepsilon}{\mathrm{d}t^{\alpha}}, \quad 0 < \alpha < 1 \tag{1.16}$$
$$\text{牛顿粘性：} \quad \sigma \propto \frac{\mathrm{d}\varepsilon}{\mathrm{d}t}$$

SB 模型的本构方程可以写成

$$\sigma = \varsigma \frac{\mathrm{d}^{\alpha}\varepsilon}{\mathrm{d}t^{\alpha}}, \quad 0 < \alpha < 1 \tag{1.17}$$

其中，ς 表示分数阶粘性系数，基本单位为 Pa·s$^{\alpha}$。为了解决分数阶粘性系数不规整的问题，有学者将 ς 写成弹性模量 E 与松弛时间 λ_{τ} 的乘积，即 $\varsigma = E \cdot \lambda_{\tau}^{\alpha}$。分数阶导数常采用黎曼–刘维尔 (Riemann-Liouville, RL) 型和 Caputo 型定义。当 $0 < \alpha \leqslant 1$ 时，RL 型分数阶导数定义为[52]

$$_{a}^{\mathrm{RL}}D_{t}^{\alpha}f(t) = \frac{\mathrm{d}^{\alpha}f(t)}{\mathrm{d}t^{\alpha}} = \frac{1}{\Gamma(1-\alpha)}\frac{\mathrm{d}}{\mathrm{d}t}\int_{a}^{t}\frac{f(\xi)\mathrm{d}\xi}{(t-\xi)^{\alpha}}, \quad 0 < \alpha \leqslant 1, \ t > a \tag{1.18}$$

其中，$_{a}^{\mathrm{RL}}D_{t}^{\alpha}$ 代表积分下限为 a，阶数为 α 的作用在时间域 t 上的 RL 分数阶导数；$f(t)$ 是被求导的函数；ξ 是积分变量；$\Gamma(\cdot)$ 表示伽马函数，定义为 $\Gamma(z) = \int_{0}^{\infty} \mathrm{e}^{-\xi}\xi^{z-1}\mathrm{d}\xi$。RL 分数阶导数常用在粘弹性材料函数的解析推导中，当涉及数值计算时，往往采用 Caputo 分数阶导数，以避免 RL 分数阶导数的初值问题[53]。当 $0 < \alpha \leqslant 1$ 时，Caputo 分数阶导数定义为[52]

$$_{a}^{\mathrm{C}}D_{t}^{\alpha}f(t) = \frac{1}{\Gamma(1-\alpha)}\int_{a}^{t}\frac{f'(\xi)\mathrm{d}\xi}{(t-\xi)^{\alpha}}, \quad 0 < \alpha \leqslant 1, \ t > a \tag{1.19}$$

其中，$_{a}^{\mathrm{C}}D_{t}^{\alpha}$ 代表积分下限为 a，阶数为 α 的作用在时间域 t 上的 Caputo 分数阶导数；$f'(t)$ 表示函数 $f(t)$ 对时间 t 的一阶导数。RL 和 Caputo 分数阶导数的性

质和积分变换详见文献 [52]。SB 模型的蠕变柔量及松弛模量分别为

$$J(t) = \frac{1}{\varsigma} \frac{t^{\alpha}}{\Gamma(\alpha+1)} \tag{1.20}$$

$$G(t) = \varsigma \frac{t^{-\alpha}}{\Gamma(1-\alpha)} \tag{1.21}$$

由式 (1.20) 和式 (1.21) 两式可以看到，SB 模型仅含 2 个参数就可以表征幂律蠕变和松弛响应。Di Paola 和 Granata[54] 就曾采用 SB 模型描述混凝土的粘弹性蠕变。然而，SB 模型无法表征水泥基复合材料蠕变的初始弹性，其初始松弛量为无限大也与实际情况不符。

(2) 为了修正 SB 模型，Koeller[55] 将 SB 模型与弹簧串联，得到了分数阶 Maxwell 模型 (图 1.5(b))。分数阶 Maxwell 模型的本构方程写为

$$\frac{\mathrm{d}^{\alpha}\varepsilon}{\mathrm{d}t^{\alpha}} = \frac{1}{E} \frac{\mathrm{d}^{\alpha}\sigma}{\mathrm{d}t^{\alpha}} + \frac{\sigma}{E\lambda_{\tau}^{\alpha}} \tag{1.22}$$

其蠕变柔量和松弛模量分别为

$$J(t) = \frac{1}{E}\left[1 + \frac{1}{\Gamma(\alpha+1)}\left(\frac{t}{\lambda_{\tau}}\right)^{\alpha}\right] \tag{1.23}$$

$$G(t) = E \cdot M_{\alpha}\left[-\left(\frac{t}{\lambda_{\tau}}\right)^{\alpha}\right] \tag{1.24}$$

其中，$M_{\alpha}(t)$ 为单参数 Mittag-Leffler(ML) 函数，其定义为 $M_{\alpha}(t) = \sum_{i=0}^{\infty} t^i / \Gamma(1+\alpha i)$。分数阶 Maxwell 模型仅含 3 个参数，且弥补了 SB 模型在初始粘弹性上的缺陷，其在材料建模上的应用非常广泛。比如，谭文长等[56] 研究了分数阶 Maxwell 粘弹性流体在平行板间的非稳定流动问题；Beltempo 等[57] 构建了变阶数的分数阶 Maxwell 模型来描述混凝土的老化蠕变。

(3) 分数阶 Kelvin 模型是由一个 SB 模型和一个弹簧并联而成，如图 1.5(c) 所示。分数阶 Kelvin 模型同样含有 3 个参数，其本构方程为

$$\sigma = E\varepsilon + E\lambda_{\tau}^{\alpha}\frac{\mathrm{d}^{\alpha}\varepsilon}{\mathrm{d}t^{\alpha}} \tag{1.25}$$

其蠕变柔量和松弛模量分别为

$$J(t) = \frac{1}{E}M_{\alpha,\alpha+1}\left[-\left(\frac{t}{\lambda_{\tau}}\right)^{\alpha}\right] \tag{1.26}$$

$$G\left(t\right) = E\left[1 + \frac{1}{\varGamma\left(1-\alpha\right)}\left(\frac{t}{\lambda_\tau}\right)^{-\alpha}\right] \tag{1.27}$$

其中，$M_{\alpha,\beta}(t)$ 为双参数 ML 函数，定义为 $M_{\alpha,\beta}(t) = \sum_{i=0}^{\infty} t^i/\varGamma(\beta+\alpha i)$。孙海忠和张卫[58] 利用分数阶 Kelvin 模型来描述软土的蠕变行为。需要说明的是，分数阶 Maxwell 模型和分数阶 Kelvin 模型虽然仅有 3 个参数，但是其对真实材料的粘弹性行为描述效果较相同参数数目的经典粘弹性模型更好。

除了上述 3 种分数阶模型，学者根据不同的应用场景建立了广义的分数阶粘弹性模型。Bouras 等[59] 采用两个分数阶 Scott-Blair 模型串联来描述混凝土高温下的蠕变。Schiessel 等[60] 建立了三元件的分数阶 Zener 模型和分数阶 Poynting-Thomson 模型的流变本构方程及其粘弹性解。张为民等[61] 运用分数阶 Zener 模型描述混凝土的蠕变和松弛现象，相较于传统的流变模型能更好地描述实验现象。Nonnenmacher 和 Glöckle[62] 推导了分数阶 Zener 模型的动态粘弹性响应。蒋晓云等[63] 用三个 SB 模型组合而成的广义分数阶 Poynting-Thomson 模型描述粘弹性材料的蠕变行为。肖世武[64] 详细研究了分数阶 Maxwell、Kelvin、Zener 模型的粘弹性特征及其在高聚物流变描述上的应用。何利军等[65] 利用分数阶导数修正现有的 Burgers 模型并将其用来描述软粘土的蠕变，结果表明该模型可以很好地描述各不同阶段的蠕变曲线。王志方等[66] 采用分数阶 Burgers 模型成功地描述了凝胶原油的蠕变及动态粘弹性响应。Mainardi 在他的专著[67] 里很好地介绍了各种分数阶粘弹性模型及其力学响应。

虽然分数阶粘弹性模型通常能以较少的参数和模式捕捉具有幂律特征的粘弹性数据，但是无法刻画水泥基复合材料缓慢的长期蠕变行为。另外，现有的分数阶粘弹性模型属于传统的串并联结构 (图 1.5)。这种串并联结构会带来如下 3 个问题：①建立的广义粘弹性模型参数过多，导致过度拟合，对描述区域之外的数据的预测不准确；②本构方程和力学响应的形式复杂，不便于使用；③不同的串并联结构会产生相同或相似的力学响应，导致参数物理意义不明确。

1.4 混凝土粘弹性性能的多尺度研究

水泥基复合材料多尺度预测模型的研究始于 20 世纪 90 年代，最初是对水泥基复合材料干燥收缩、扩散[68] 及弹性模量[69,70] 进行多尺度的研究，后来扩展到对蠕变[71-74] 的多尺度研究。

Lavergne 等[71] 在两个尺度上计算了纤维增强混凝土的蠕变，考虑了时间依赖的泊松比，如图 1.6 所示，并探讨了钢纤维体积分数与长径比对混凝土蠕变的影响。钢纤维含量越高，导致混凝土蠕变越低。

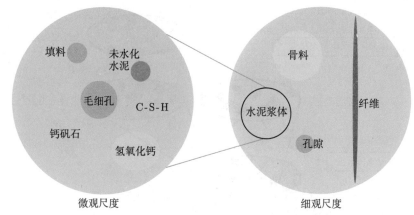

图 1.6 纤维增强混凝土蠕变的多尺度模型[71]

Honorio 等[72] 在 4 个尺度上耦合解析和数值的方法研究了混凝土早龄期老化粘弹性行为，如图 1.7 所示，其中混凝土的老化机制考虑非老化相的固结及 C-S-H 的空间填充。考虑空间填充效应得到的混凝土蠕变预测值比不考虑空间填充效应时与试验值吻合得更好，而且研究表明，骨料的形状 (球形和多面体) 对混凝土的蠕变影响不大。

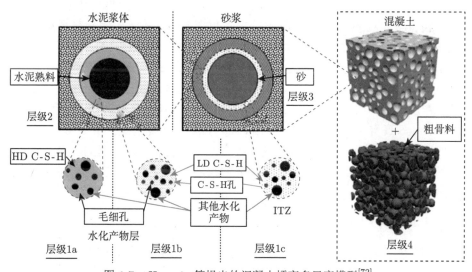

图 1.7 Honorio 等提出的混凝土蠕变多尺度模型[72]

Pichler 等[73] 从 4 个尺度上建立了混凝土蠕变模型，将微米尺度的 C-S-H 的对数型的粘性行为升尺度到宏观尺度，如图 1.8 所示。根据该多尺度蠕变模型，C-S-H 的粘性性质从宏观蠕变数据中获得。但是从不同宏观数据获得的 C-S-H 粘性性质不同，不能作为预测其他水泥基复合材料蠕变的基石。

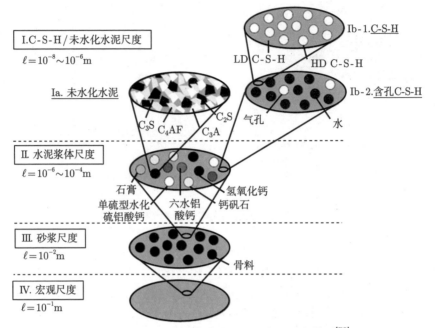

图 1.8　Pichler 等介绍的混凝土蠕变多尺度模型[73]

Königsberger 等[74] 采用三种不同的多尺度策略来预测水泥基复合材料的非老化基本蠕变,如图 1.9 所示。该模型假设蠕变仅由 C-S-H 引起,且各相均为非老化相。他们的研究证明,该模型对于早龄期的几分钟蠕变和成熟龄期的几天蠕变,可以从微米尺度的 C-S-H 升尺度到毫米尺度的水泥浆体,再到厘米尺度的砂浆和混凝土。该研究也表明,使用非球形的 C-S-H 以及多晶微结构 (自洽格式) 能获得比将 C-S-H 作为基体时 (Mori-Tanaka 方法) 更佳的描述效果。

水泥基复合材料蠕变的预测精度与各个尺度上的信息输入相关,本节分别从水泥浆体、素混凝土及纤维混凝土三个典型尺度的水泥基复合材料阐述其蠕变的研究现状。

1.4.1　水泥浆体

水泥浆体的蠕变是混凝土蠕变的主要来源[75],因此准确表征水泥浆体蠕变是研究混凝土蠕变的前提。尽管进行了数十年的研究,但水泥浆体蠕变的准确预测仍然是一个悬而未决的问题。关键难点是水泥浆体的多尺度非均质性和老化特性。水泥浆体的多层级结构示意如图 1.2 所示。在微观尺度上,水泥浆体被认为是由多个相组成的复合材料,例如未水化的水泥颗粒、水化产物、孔隙和水。在亚微米尺度上,水化硅酸钙 (C-S-H) 凝胶作为主要的水化产物,包含两种类型,即高密度 (HD)C-S-H 和低密度 (LD)C-S-H[76],如图 1.10 所示。另外,水泥浆体的老

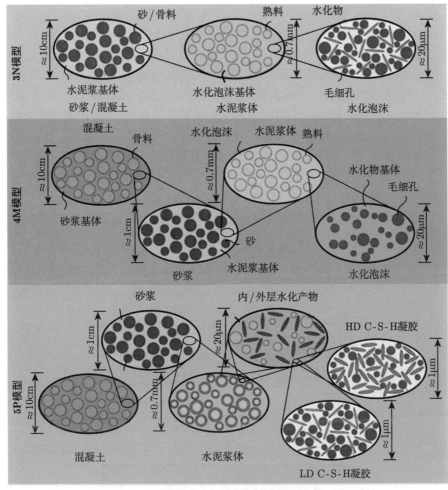

图 1.9　Königsberger 等发展的混凝土蠕变多尺度模型[74]

化特性源于水化过程引起的微观结构演变[77,78]。虽然试验研究有助于拟合得到水泥浆体蠕变的一些经验表达式[75,79]，但很难量化材料成分和内部结构演变对蠕变特性的影响。

　　通过将小尺度信息升尺度到大尺度，数值[46,81,82] 和解析[10,71,72,77,83,84] 均匀化方法已广泛应用于水泥浆体蠕变的多尺度建模。例如，Šmilauer 和 Bažant[82] 使用基于快速傅里叶变换 (FFT) 的数值方法来计算水泥浆的蠕变。Do 等[81] 采用有限元法数值计算了水泥浆体的早龄期蠕变。然而，数值均匀化方法需要较高的计算成本，尤其是在模拟长期蠕变时。对于解析均匀化方法，Lavergne 等[71] 采用 Mori-Tanaka 方法计算了水泥浆体的蠕变，其水泥浆体微结构如图 1.6 所示。但是他们没有考虑水泥水化引起的微观结构演变。Scheiner 和 Hellmich[77] 以及 Sanahuja 和 Huang[83] 采用自洽机制来获取水泥浆体的蠕变, 其中考虑了水泥浆体的简化微观结构。然而, 这些工作只研究了水泥浆体在微米尺度上的结构。进一步考虑到水泥浆体在亚微米尺度上的结构, Hu 等[46] 将 C-S-H 基体视为由 C-S-H 凝胶和毛细孔组成的复合结构, 并采用数值方法计算了 C-S-H 基体的蠕变。然而, 他们的模型也未考虑水泥水化对蠕变的影响。Honorio 等[72] 和 Yu 等[10] 使用 Mori-Tanaka 方法计算了 HD 和 LD 水化产物层的蠕变, 如图 1.7 所示, 其中 HD 和 LD 层中水化产物的重新分配需要额外的假设, 并且水化产物被假设为理想的球形颗粒。然而, 一些学者已经用扫描电镜 (SEM) 或扫描透射电镜 (STEM) 观察到水化产物的针状和板状 (needle and plate-like) 形态[71,85], 如图 1.11 所示。因此, 为了准确预测水泥浆体的蠕变, 需要考虑水化产物的形状、水泥浆体的多层级结构和水泥水化反应。

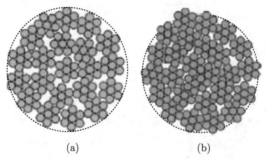

(a)   (b)

图 1.10　LD C-S-H (a) 和 HD C-S-H (b) 示意图[80]

图 1.11　水泥浆体 SEM 图像中的针状和板状水化产物[71]

一般来说，C-S-H 凝胶被认为是水泥浆体蠕变的起源[70,76,84,86]。大量实验观察[87−90] 表明水泥浆体中存在两种类型的 C-S-H 凝胶，Tennis 和 Jennings[91] 根据其密度不同将这两种 C-S-H 凝胶区分为高密度 (HD)C-S-H 和低密度 (LD)C-S-H。此后，许多学者基于纳米压痕的方法获取了 HD C-S-H 和 LD C-S-H 的弹性模量[69,92]，比如由 Constantinides 和 Ulm[69] 测量 HD C-S-H 和 LD C-S-H 的弹性模量分别为 (29.4 ± 2.4)GPa 和 (21.7 ± 2.2)GPa。这些测量得到的 HD C-S-H 和 LD C-S-H 弹性模量被用于预测水泥基复合材料弹性行为多尺度模型的输入参数[70]。同样，据报道，HD C-S-H 和 LD C-S-H 的蠕变特性在最初几天之外的时间表现出非老化特性[81]。纳米压痕是识别 HD C-S-H 和 LD C-S-H 蠕变的常用方法，然而，之前的研究[75,76,92] 表明，纳米压痕难以捕捉 HD C-S-H 和 LD C-S-H 的短期蠕变行为[84] 和特征时间[93]，尽管它们的长期蠕变可以获得。另外，微观结构反分析法已被用于从较大尺度的水泥浆体或混凝土的试验数据中降尺度来识别 C-S-H 的粘弹性[46,82,94,95]。但是，目前尚未有从水泥基材料的宏观蠕变反算 HD C-S-H 和 LD C-S-H 的粘弹性行为的研究。

总的来说，对于水泥浆体的蠕变研究，水泥浆体的多层级结构、水化反应及水化物形状对水泥浆体蠕变的响应机制尚未明晰，甚至难以定量表征 HD C-S-H 和 LD C-S-H 的全蠕变行为。

1.4.2 素混凝土

在细观尺度上，素混凝土可以看成是由水泥浆体、骨料和它们之间的界面过渡区 (ITZ) 组成，如图 1.2 所示。素混凝土的蠕变虽然主要来自水泥浆体，但也受骨料和 ITZ 性质的影响。为了进一步探究混凝土的蠕变机制，有必要分析骨料和 ITZ 对蠕变的影响规律[96]。

Granger[97] 的试验研究表明，骨料类型对混凝土长期蠕变的影响很大，如图 1.12 所示。含有碎石骨料混凝土三年后的蠕变柔量几乎是含有天然砾石骨料混凝土的 2 倍[98]。另外一些试验研究也表明，更高的骨料弹性模量导致更高的混凝土弹性模量[99]，较弱的骨料会增加混凝土的延展性等[100]。遗憾的是，混凝土长期加载的蠕变试验往往耗费大量的人力和物力。随着复合材料微细观力学理论的发展，在细观尺度上基于有限元的数值模拟以及基于平均场理论的解析均匀化方法被广泛应用于预测混凝土的弹性[101−104]、粘弹性性能。混凝土的粘弹性蠕变可以通过 Laplace-Carson 空间中的解析均匀化方法[77,105] 或数值均匀化技术[98,106−109] 获得。

Lavergne 等[111] 使用解析和数值均质化方法来探索椭球夹杂形状对夹杂–基体两相粘弹性复合材料蠕变的影响。结果表明，长径比为 0.3∼3 的骨料对混凝土的蠕变影响不大。Bernachy-Barbe 和 Bary[112] 使用数值均匀化方法研究骨料形状对混凝土蠕变的影响，生成了六种骨料形状的混凝土细观结构，结果表明，更规则和 "各向同性" 的骨料导致混凝土 "刚度" 较低。然而，这些数值模型没有考虑 ITZ 的影响。之前的研究表明，ITZ 在复合材料的力学和传输性能中起着重要作用[102,113,114]，因此在混凝土蠕变的细观力学建模中不应忽略它。

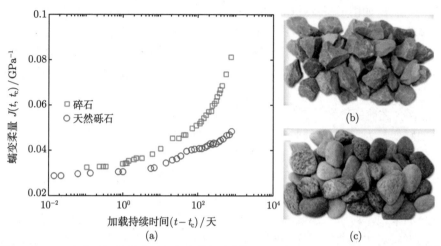

图 1.12　(a) 含有不同骨料类型混凝土的蠕变[97]；(b) 碎石和 (c) 天然砾石示意图[110]

Lavergne 等[98] 数值研究了骨料形状对混凝土长期蠕变的影响。结果表明，骨料的形状对整体蠕变行为没有可测量的影响，而在引入 ITZ 时会导致不同的蠕变行为。然而，该研究仅考虑球形骨料和长径比接近 1 的多面体骨料形状。Bary 等[115] 使用解析和数值均匀化方法来探索骨料形状和 ITZ 对混凝土蠕变的影响。结果表明，长径比接近 1 的骨料形状会导致混凝土更软；ITZ 的厚度对混凝土的蠕变影响不大，而砂浆的蠕变随着 ITZ 厚度的增加而显著增加。然而，他们仅针对四种多面体骨料的混凝土堆积结构进行了研究。另外，基于解析均匀化方法，Xu 等[116] 研究了水泥砂浆在不同粒径和 ITZ 特性下的蠕变。结果表明，对砂浆蠕变的影响由大到小依次为：ITZ 粘弹性参数 > ITZ 厚度 > 细骨料体积分数 > 骨料细度。然而，在这个模型中只考虑了理想的球形骨料。

除了骨料形状外，骨料粒径及其分布也会影响混凝土的蠕变。Lavergne 等[98] 的研究发现，粒径分布对宏观蠕变特性的影响很小。然而，在他们的工作中，最小和最大颗粒之间的比例约为 1/10，而实际混凝土中骨料的粒径分布跨越两个数量级[117]。Giorla 和 Dunant[117] 使用有限元方法来研究细观结构对混凝土粘弹性的影响，他们将最小颗粒尺寸与最大颗粒尺寸的比设定为 1/50。结果表明，较大比例的小颗粒将导致宏观蠕变的减少。由于数值模型中的计算资源限制了模拟中最小和最大粒径的比值，所以难以反映混凝土骨料的真实粒径分布。为了更全面地探讨骨料粒径对混凝土蠕变的影响，解析均匀化方法是一个很好的解决方案。比如 Xu 等[116] 采用解析均匀化方法研究了不同粒径分布对混凝土蠕变的影响。

从以上的研究可以看出，受制于计算效率，数值均匀化方法只能针对有限种骨料形状进行蠕变影响的探究；另外，混凝土多尺度特征 (比如 ITZ 的厚度远小于粗骨料和代表性体积单元 (RVE) 的尺寸[118]，以及真实的粒径分布跨越两个数量级) 使得采用数值方法进行网格划分时会遇到极大的挑战[104,119]。另外，使用解析均匀化方法可以大大降低数值计算的成本，但是，基于 Eshelby 张量的解析均匀化方法 (包括 Mori-Tanaka、广义自洽等) 囿于球形或椭球夹杂，从而缺少对更复杂几何形貌夹杂的 Eshelby 张量的理论解。总之，目前尚未系统地揭示非椭球形骨料、粒径和 ITZ 对混凝土蠕变的影响规律。

1.4.3 纤维混凝土的蠕变

纤维增强混凝土被广泛用于许多土木工程中[120]。添加纤维后，素混凝土可以从脆性材料转变为具有一定延性的材料，从而提高结构的抗拉强度、抗裂能力[121,122]、抗冲击韧性[123] 以及延展性[124]。同样地，纤维的添加会对混凝土的蠕变性能产生重要影响[125]。

试验研究表明，钢纤维的添加降低了混凝土的蠕变[126] 和收缩[127]。而 Xu 等[128] 的试验研究表明，过量钢纤维对降低蠕变不利。另外，据报道，0.1% 体积含量的玻璃纤维和聚丙烯 (PP) 纤维就足以控制混凝土的塑性和干燥收缩开裂[129,130]。添加 PP 纤维和超高分子量聚乙烯 (UHMWPE) 纤维均会导致混凝土蠕变增加[131,132]。Zhao 等[125] 试验研究了钢纤维、聚乙烯醇 (PVA) 纤维、PP 纤维和玄武岩纤维等纤维类型对混凝土蠕变的影响，各纤维与素混凝土界面的 SEM 图如图 1.13 所示，研究表明，纤维的弹性模量是影响混凝土蠕变的重要因素。从以上分析可以知道，不同类型的纤维对混凝土蠕变性能产生不同的影响。

此外，不同形状纤维以及纤维的掺杂同样对混凝土力学性能产生较大影响。Wu 等[133] 的试验研究结果表明，钩端纤维相较于直纤维和波浪形纤维在提高混凝土抗弯强度以及减少收缩方面更有效，这三种纤维的形状示意见图 1.14。Afroughsabet 和 Teng[134] 的试验研究表明，双钩端钢纤维混凝土比单钩端钢纤维混凝土的蠕变更小。Li 等[135] 的试验结果证实，钢纤维的长径比越大则越有利于提高混凝土的抗弯性能。Wu 等[136] 通过试验手段显示，纤维掺杂能显著改善 UHPC (ultra-high performance concrete) 的压缩和弯曲性能。但是，目前缺乏系统性试验研究纤维形状对混凝土蠕变影响的工作，而且还未有关于纤维掺杂对混凝土蠕变影响的试验研究。

混凝土的试验周期长，且试验结果易受环境影响而出现离散，因此，许多研究者试图建立含纤维混凝土的蠕变模型。Mangat 等[137] 提出了一个理论模型来预测随机分布的钢纤维增强混凝土的蠕变，该理论认为，复合结构由排列的钢纤维及其周围的厚圆柱体水泥基体包裹层组成，纤维通过纤维–基体界面结合强度限制基体的蠕变。Xu 等[128] 基于 fib MC2010 函数的修正蠕变预测模型预测 UHPC 的蠕变。然而，这些模型难以将纤维混凝土蠕变与其组分性质关联起来。作为一种复合材料，在细观尺度上，纤维混凝土的力学性能与素混凝土和纤维的性能有关。因此，研发考虑各相力学性能的复合材料力学模型对于探究纤维混凝土蠕变机制具有重要意义[138]。

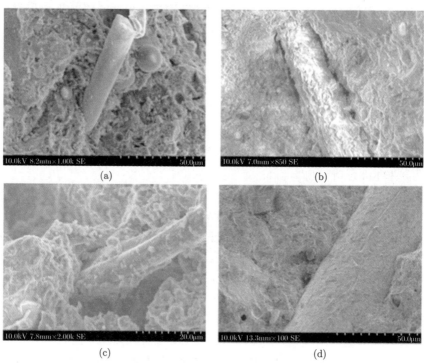

图 1.13　多种纤维与素混凝土基体间界面的 SEM 图[125]

(a) 玄武岩纤维；(b)PP 纤维；(c)PVA 纤维；(d) 钢纤维

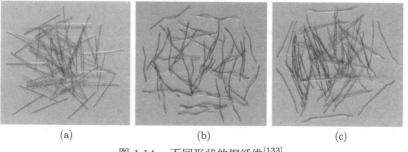

图 1.14　不同形状的钢纤维[133]

(a) 直纤维；(b) 波浪形纤维；(c) 钩端纤维

Zhang[139] 开发了一种解析模型来研究纤维对水泥基复合材料蠕变的影响,该模型假设随着基体变形,在纤维和基体之间会产生剪切应力。Lavergne 等[71] 采用 Mori-Tanaka 方法计算了纤维增强混凝土的蠕变。Dutra 等[140] 建立了一个微力学均匀化方法预测纤维增强混凝土弹性和粘弹性行为。Thomas 和 Ramaswamy[141],以及 Garas 等[142] 的试验研究发现,增强的纤维–基体界面会显著增强混凝土的力学性能,以及降低拉伸蠕变。然而,这些复合材料力学模型没有考虑纤维与素混凝土基体之间的相互作用,导致预测的纤维混凝土力学性能往往低于试验值。鉴于纤维几何形状提供的额外的力学互锁[143-146],变形纤维的使用可以有效地增强纤维与基体的粘合力[147]。但是,现有的纤维混凝土蠕变研究未能考虑纤维与基体的锚固作用。

1.5　小　　结

混凝土材料作为典型的多尺度非均质材料,开展其弹性和粘弹性性能的多尺度研究,逐尺度探明各组分信息对材料弹性及粘弹性的响应机制,可为保障混凝土结构工程设施的安全建造和运维提供重要的理论支撑。传统混凝土弹性和粘弹性有效性能模型构建过程单一,首先不能考虑不同尺度下组分结构演化对宏观材料的影响,其次各尺度间的传递机制不明晰。尤其是对于具有明显多尺度特性的混凝土材料,往往忽略纳微尺度组分特性,如水化硅酸钙 (C-S-H) 凝胶的全蠕变表征,而这却是水泥基复合材料粘弹性响应的本源。本书将结合细观力学、分数阶微积分理论和混凝土时间空间的多尺度特征构建一套完整的研究混凝土弹性及粘弹性的多尺度理论体系。

第 2 章　均匀化方法

本章提出应用经典细观力学中的均匀化方法研究混凝土材料的基本力学问题，分析与计算其力学响应，包括物相几何形状和分布参数与性能之间的关系，从而为混凝土材料的设计提供理论依据，优化其力学性能。2.1 节介绍一般性弹性问题基础知识，如位移、应变和应力之间的关系、基本控制方程，以及利用对称性进行的化简等，在此基础上进一步展开针对夹杂问题的弹性力学基本假设及对应的基本解。2.2 节介绍无限大弹性体中椭球形区域具有特征应变的 Eshelby 解答，并讨论等效夹杂理论。2.3 节利用变分法确定混凝土材料有效性质的上下限。2.4 节主要讨论由均匀化经典模型得到具体的混凝土材料有效性能。

2.1　弹性问题基本理论

本节介绍一些各向同性弹性体问题的基本理论，主要参考文献 [13] 和 [148] 的工作展开，包括基本的弹性场概念，如位移和应变的关系、应变协调方程、线弹性本构方程、平衡方程，以及根据不同对称性的化简情况。

2.1.1　基本方程

1. 位移–应变关系

在小变形假设前提下，位移张量的分量 u_i 和应变张量分量 ε_{ij} 的关系可表示为

$$\varepsilon_{ij} = \frac{1}{2}\left(u_{i,j} + u_{j,i}\right) \tag{2.1}$$

这里及后文中涉及的弹性场物理量均采用张量或其分量形式表示，采用笛卡儿直角坐标系和笛卡儿张量符号 (包括求和约定)。其中，位移分量下角标中的逗号表示对逗号后面的分量求偏导。位移有 3 个独立分量；应变张量是一个二阶张量，共有 9 个分量。数学上，应变张量具有对称性，即更换两个角标位置不影响应变分量值，所以应变张量可简化为 6 个分量，但由于其与位移分量的关系，6 个分量均独立。为了保证应变分量之间的协调，建立应变协调方程为

$$\varepsilon_{ij,kl} + \varepsilon_{kl,ij} = \varepsilon_{ik,jl} + \varepsilon_{jl,ik} \tag{2.2}$$

当然,式 (2.2) 中的 81 个方程并不是完全独立,实际上独立的方程只有 3 个。通过应力–应变关系,即本构方程,式 (2.2) 也可以进一步用应力张量的分量形式表示。

2. 线弹性本构方程

一般的各向异性材料线弹性本构方程,即应力张量分量 σ_{ij} 和应变张量分量 ε_{ij} 的关系可表示为

$$\sigma_{ij} = C_{ijkl}\varepsilon_{kl} \tag{2.3}$$

其中,C_{ijkl} 是刚度张量的分量表现形式。应力张量是一个二阶张量,因其自身的对称性,可简化为 6 个分量;刚度张量是一个四阶张量,有 81 个分量,同样地,观察式 (2.3),由数学对称性可知,刚度张量也是一个对称应力张量,具有 36 个独立的分量。

3. 平衡方程

动量控制方程可表示为

$$\sigma_{ij,j} + F_i\left(x_k, t\right) = \rho\frac{\partial^2 u_i\left(x_k, t\right)}{\partial t^2} \tag{2.4}$$

其中,ρ 为材料的质量密度;F_i 是材料所受体力的分量。当材料中惯性可以被忽略,即为静力状态时,式 (2.4) 可退化成为平衡方程,可表示为

$$\sigma_{ij,j} + F_i\left(x_k, t\right) = 0 \tag{2.5}$$

4. 应变能与应力/应变张量的关系

通过热力学角度建立应变、应力和能量之间的关系是最合适的方式。这里简单回顾一下这些物理量之间的基本关系。应变能 W 和应力、应变之间的关系可表示为

$$\sigma_{ij} = \frac{\partial W}{\partial \varepsilon_{ij}} \tag{2.6}$$

其中

$$W = \frac{1}{2}C_{ijkl}\varepsilon_{ij}\varepsilon_{kl} \tag{2.7}$$

由式 (2.6) 和式 (2.7) 可以看出,刚度张量 C_{ijkl} 需要具有对称性:

$$C_{ijkl} = C_{klij} \tag{2.8}$$

基于式 (2.8) 的约束,刚度张量中的独立分量数量减为 21 个,这些独立分量的个数可以进一步依据材料性质缩减。

2.1.2 对称性问题 (张量的化简)

1. 化简约定

为了化简上述应变、应力以及刚度张量的表达形式，利用对称性，引入化简符号，另

$$\sigma_1 = \sigma_{11}, \quad \sigma_2 = \sigma_{22}, \quad \sigma_3 = \sigma_{33}$$
$$\sigma_4 = \sigma_{23}, \quad \sigma_5 = \sigma_{13}, \quad \sigma_6 = \sigma_{12} \tag{2.9}$$

上式约定同样用于应变张量中，则此时式 (2.8) 中具有 21 个独立分量的刚度张量可写为

$$
\begin{bmatrix} \sigma_1 \\ \sigma_2 \\ \sigma_3 \\ \sigma_4 \\ \sigma_5 \\ \sigma_6 \end{bmatrix}
=
\begin{bmatrix}
C_{11} & C_{12} & C_{13} & C_{14} & C_{15} & C_{16} \\
       & C_{22} & C_{23} & C_{24} & C_{25} & C_{26} \\
       &   & C_{33} & C_{34} & C_{35} & C_{36} \\
       &   &   & C_{44} & C_{45} & C_{46} \\
       &   &   &   & C_{55} & C_{56} \\
       &   &   &   &   & C_{66}
\end{bmatrix}
\begin{bmatrix} \varepsilon_1 \\ \varepsilon_2 \\ \varepsilon_3 \\ \varepsilon_4 \\ \varepsilon_5 \\ \varepsilon_6 \end{bmatrix}
\tag{2.10}
$$

其中未写出的矩阵左半角可由右半角对称得到，则对应的刚度张量此时可表示为

$$\sigma_i = C_{ij}\varepsilon_j, \qquad i,j = 1,\cdots,6 \tag{2.11}$$

注意，角标可取到 6，若未特殊标明则仍默认按照 3 个自由标。

2. 一个对称面

当材料具有一个对称面时，根据对称性[149]，上述刚度张量的分量可进一步缩减为 13 个独立分量：

$$
C_{ij} =
\begin{bmatrix}
C_{11} & C_{12} & C_{13} & 0 & 0 & C_{16} \\
       & C_{22} & C_{23} & 0 & 0 & C_{26} \\
       &   & C_{33} & 0 & 0 & C_{36} \\
       &   &   & C_{44} & C_{45} & 0 \\
       &   &   &   & C_{55} & 0 \\
       &   &   &   &   & C_{66}
\end{bmatrix}
\tag{2.12}
$$

其中，角标 3 所代表的轴向是对称面的法相。

3. 正交各向异性

当考虑材料具有三个正交的对称面时，即为正交各向异性材料，则刚度张量中的独立分量可进一步缩减为 9 个，可表示为

$$C_{ij} = \begin{bmatrix} C_{11} & C_{12} & C_{13} & 0 & 0 & 0 \\ & C_{22} & C_{23} & 0 & 0 & 0 \\ & & C_{33} & 0 & 0 & 0 \\ & & & C_{44} & 0 & 0 \\ & & & & C_{55} & 0 \\ & & & & & C_{66} \end{bmatrix} \tag{2.13}$$

4. 横观各向同性

当材料符合正交各向异性，且有一个面是各向同性时，即为横观各向同性材料，若角标 1 所在轴向为该各向同性面的法向，则此时刚度张量的独立分量可缩减为 5 个，表示为

$$C_{ij} = \begin{bmatrix} C_{11} & C_{12} & C_{12} & 0 & 0 & 0 \\ & C_{22} & C_{23} & 0 & 0 & 0 \\ & & C_{33} & 0 & 0 & 0 \\ & & & \dfrac{C_{22} - C_{23}}{2} & 0 & 0 \\ & & & & C_{66} & 0 \\ & & & & & C_{66} \end{bmatrix} \tag{2.14}$$

5. 各向同性

当考虑各向同性材料时，刚度张量的分量中只有两个独立分量：

$$C_{ij} = \begin{bmatrix} C_{11} & C_{12} & C_{12} & 0 & 0 & 0 \\ & C_{11} & C_{12} & 0 & 0 & 0 \\ & & C_{11} & 0 & 0 & 0 \\ & & & \dfrac{C_{11} - C_{12}}{2} & 0 & 0 \\ & & & & \dfrac{C_{11} - C_{12}}{2} & 0 \\ & & & & & \dfrac{C_{11} - C_{12}}{2} \end{bmatrix} \tag{2.15}$$

则此时各向同性材料线弹性本构方程的张量形式可表示为

$$\sigma_{ij} = \lambda \varepsilon_{kk} \delta_{ij} + 2\mu \varepsilon_{ij} \tag{2.16}$$

其中，λ 和 μ 分别表示为材料的拉梅 (Lamé) 常数和剪切模量；δ_{ij} 为克罗内克 (Kronecker) 符号。一般地，常用的材料性能参数还有杨氏模量 E、泊松比 ν 和体积模量 K。由于各向同性材料参数只有 2 个独立量，所以对于各向同性材料而言，这 5 个材料参数间存在一定转化关系，可表示为

$$E = \frac{\mu(3\lambda + 2\mu)}{\lambda + \mu}, \quad \nu = \frac{\lambda}{2(\lambda + \mu)}, \quad K = \lambda + \frac{2}{3}\mu \tag{2.17}$$

2.2 Eshelby 问题和等效夹杂理论

混凝土的骨料增强相、界面减弱相等均可以看成嵌入弹性体的夹杂。关于夹杂问题，始于 1957 年英国著名科学家 Eshelby[14] 在英国皇家学会会刊中发表的关于无限大体内含有椭球夹杂弹性长问题的文章，Eshelby 针对含本征应变的椭球颗粒，给出了椭球内外弹性场的一般解，并应用应力等效的方法 (即为后来的等效夹杂理论) 得到了异质椭球颗粒的内外弹性场。其中有一重要结论是当本征应变均匀时 (针对本征应变颗粒) 或外荷载均匀时 (针对异质夹杂颗粒)，椭球颗粒内部的弹性场也是均匀的，并可用椭圆积分的形式表示出来，这个解后来就成为等效模量计算的基础。本节主要从本征应变入手，介绍 Eshelby 的开创性工作。本节主要参考 Mura 的工作[150] 展开。

2.2.1 Eshelby 问题

假设在一个无限大区域 D 的子域 Ω 内受到一个具有一定分布的本征应变张量 $\varepsilon^*(\boldsymbol{x})$，这个均匀本征应变可以是由某些物理或化学变化引起的相变、温度变化或塑性应变，如图 2.1 所示。同时，由于子域 Ω 内部的自由变形受到周围 D 的约束，则在 Ω 和 D 内任意点 $\boldsymbol{x}(x_1, x_2, x_3)$ 处产生了位移场 $\boldsymbol{u}^{\infty}(\boldsymbol{x})$、应变场 $\varepsilon^{\infty}(\boldsymbol{x})$ 和应力场 $\boldsymbol{\sigma}^{\infty}(\boldsymbol{x})$。

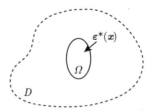

图 2.1 无限大区域某一子域内受本征应变示意图

对于单个子域内受给定分布本征应变的问题的理解，可以分为三个问题的叠加来等效，如图 2.2 所示。第一步，从 D 中取出 Ω，使 Ω 不受任何约束地经历特征应变，此时夹杂 Ω 内无应力，$D - \Omega$ 内无应变；第二步，在 Ω 外表面 S 上

施加外力 $\boldsymbol{P}^*$，使得 Ω 恢复到原来的大小和形状，此时子域 Ω 内无变形，但有与外力平衡的初应力，$D - \Omega$ 内无应力；第三步，将 Ω 放回 D 中，为使得夹杂 Ω 与无限大集体 $D - \Omega$ 一起协调变形，去掉 D 中夹杂外表面 S 上的外力，即在 S 上再施加与 $\boldsymbol{P}^*$ 相反的表面力，则此时单个夹杂问题就变成了一个在边界 S 上作用分布面力 $-\boldsymbol{P}^*$，在夹杂 Ω 内存在初应力的无限大介质的弹性力学问题。

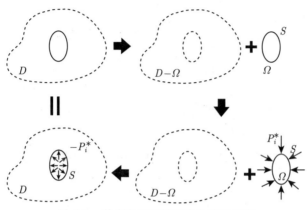

图 2.2　单夹杂问题的三步分解示意图

除了上述用三步法理解单夹杂问题，还可以通过建立控制方程求解，下面主要介绍该方法。在考虑无穷小变形的前提下，应变场可分为弹性应变 $e(\boldsymbol{x})$ 和本征应变 $\boldsymbol{\varepsilon}^*(\boldsymbol{x})$ 之和：

$$\varepsilon_{ij}^{\infty}\left(\boldsymbol{x}\right) = e_{ij}\left(\boldsymbol{x}\right) + \varepsilon_{ij}^{*}\left(\boldsymbol{x}\right) \tag{2.18}$$

则此时对应的整体应变场、位移场及应力场可分别通过位移–应变关系、平衡方程及本构方程得到

$$\varepsilon_{ij}^{\infty}\left(\boldsymbol{x}\right) = \frac{1}{2}\left[u_{i,j}^{\infty}\left(\boldsymbol{x}\right) + u_{j,i}^{\infty}\left(\boldsymbol{x}\right)\right] \tag{2.19}$$

$$\sigma_{ij,j}^{\infty}\left(\boldsymbol{x}\right) = 0 \tag{2.20}$$

$$\sigma_{ij}^{\infty}\left(\boldsymbol{x}\right) = C_{ijkl}\left[\varepsilon_{kl}^{\infty}\left(\boldsymbol{x}\right) - \varepsilon_{kl}^{*}\left(\boldsymbol{x}\right)\right] \tag{2.21}$$

值得一提的是，本征应变只发生在子域内，即有 $\boldsymbol{\varepsilon}^*(\boldsymbol{x}) = 0$，$\boldsymbol{x} \in D - \Omega$。利用上述关系 (式 (2.19)∼ 式 (2.21))，得到了自由无限体任意子域受给定分布本征应变影响的基本控制方程为

$$C_{ijkl}u_{k,lj}^{\infty}\left(\boldsymbol{x}\right) = C_{ijkl}\varepsilon_{kl,j}^{*}\left(\boldsymbol{x}\right) \tag{2.22}$$

将位移场和本征应变进行傅里叶变换：

$$u_i^{\infty}\left(\boldsymbol{x}\right) = \int_{-\infty}^{\infty} \widehat{u}_i^{\infty}\left(\boldsymbol{\xi}\right)\exp\left(\mathrm{i}\boldsymbol{\xi}\cdot\boldsymbol{x}\right)\mathrm{d}\boldsymbol{x} \tag{2.23}$$

$$\varepsilon_{ij}^{*}\left(\boldsymbol{x}\right)=\int_{-\infty}^{\infty}\widehat{\varepsilon}_{ij}^{*}\left(\boldsymbol{\xi}\right)\exp\left(\mathrm{i}\boldsymbol{\xi}\cdot\boldsymbol{x}\right)\mathrm{d}\boldsymbol{x} \tag{2.24}$$

其中，i 是虚数符号。当然，有

$$\widehat{u}_{i}^{\infty}\left(\boldsymbol{\xi}\right)=\left(2\pi\right)^{-3}\int_{-\infty}^{\infty}u_{i}^{\infty}\left(\boldsymbol{x}\right)\exp\left(-\mathrm{i}\boldsymbol{\xi}\cdot\boldsymbol{x}\right)\mathrm{d}\boldsymbol{x} \tag{2.25}$$

$$\widehat{\varepsilon}_{ij}^{*}\left(\boldsymbol{\xi}\right)=\left(2\pi\right)^{-3}\int_{-\infty}^{\infty}\varepsilon_{ij}^{*}\left(\boldsymbol{x}\right)\exp\left(-\mathrm{i}\boldsymbol{\xi}\cdot\boldsymbol{x}\right)\mathrm{d}\boldsymbol{x} \tag{2.26}$$

则控制方程 (2.22) 可进一步写成

$$C_{ijkl}\xi_{j}\xi_{l}\left(2\pi\right)^{-3}\int_{-\infty}^{\infty}u_{k}\left(\boldsymbol{x}\right)\exp\left(-\mathrm{i}\boldsymbol{\xi}\cdot\boldsymbol{x}\right)\mathrm{d}\boldsymbol{x}$$
$$=-\mathrm{i}C_{ijkl}\xi_{j}\left(2\pi\right)^{-3}\int_{-\infty}^{\infty}\varepsilon_{kl}^{*}\left(\boldsymbol{x}\right)\exp\left(-\mathrm{i}\boldsymbol{\xi}\cdot\boldsymbol{x}\right)\mathrm{d}\boldsymbol{x} \tag{2.27}$$

其中，

$$\int_{-\infty}^{\infty}\mathrm{d}\boldsymbol{x}=\int_{-\infty}^{\infty}\mathrm{d}x_{1}\int_{-\infty}^{\infty}\mathrm{d}x_{2}\int_{-\infty}^{\infty}\mathrm{d}x_{3} \tag{2.28}$$

为将公式形式化简，令

$$\begin{aligned} K_{ik}\left(\boldsymbol{\xi}\right)&=C_{ijkl}\xi_{j}\xi_{l}\\ X_{i}&=-\mathrm{i}C_{ijkl}\widehat{\varepsilon}_{kl}^{*}\left(\boldsymbol{\xi}\right)\xi_{j} \end{aligned} \tag{2.29}$$

我们可以进一步将控制方程 (2.26) 简写为

$$K_{ik}\widehat{u}_{k}^{\infty}=X_{i} \tag{2.30}$$

这个方程组的位移、应变和应力解可表示为

$$\begin{aligned} u_{i}^{\infty}\left(\boldsymbol{x}\right)&=-\mathrm{i}\left(2\pi\right)^{-3}\int_{-\infty}^{\infty}\int_{-\infty}^{\infty}C_{jlmn}\varepsilon_{mn}^{*}\left(\boldsymbol{x}'\right)\xi_{l}N_{ij}\left(\boldsymbol{\xi}\right)D^{-1}\left(\boldsymbol{\xi}\right)\\ &\quad\times\exp\left[\mathrm{i}\boldsymbol{\xi}\cdot\left(\boldsymbol{x}-\boldsymbol{x}'\right)\right]\mathrm{d}\boldsymbol{\xi}\mathrm{d}\boldsymbol{x}'\\ &=-\left(2\pi\right)^{-3}\frac{\partial}{\partial x_{l}}\int_{-\infty}^{\infty}\int_{-\infty}^{\infty}C_{jlmn}\varepsilon_{mn}^{*}\left(\boldsymbol{x}'\right)N_{ij}\left(\boldsymbol{\xi}\right)D^{-1}\left(\boldsymbol{\xi}\right)\\ &\quad\times\exp\left[\mathrm{i}\boldsymbol{\xi}\cdot\left(\boldsymbol{x}-\boldsymbol{x}'\right)\right]\mathrm{d}\boldsymbol{\xi}\mathrm{d}\boldsymbol{x}' \end{aligned} \tag{2.31}$$

$$\varepsilon_{ij}^{\infty}\left(\boldsymbol{x}\right)=\left(2\pi\right)^{-3}\int_{-\infty}^{\infty}\int_{-\infty}^{\infty}\frac{1}{2}C_{klmn}\varepsilon_{mn}^{*}\left(\boldsymbol{x}'\right)\xi_{l}\left[\xi_{j}N_{ik}\left(\boldsymbol{\xi}\right)+\xi_{i}N_{jk}\left(\boldsymbol{\xi}\right)\right]D^{-1}\left(\boldsymbol{\xi}\right)$$

$$\times \exp\left[\mathrm{i}\boldsymbol{\xi} \cdot (\boldsymbol{x} - \boldsymbol{x}')\right] \mathrm{d}\boldsymbol{\xi}\mathrm{d}\boldsymbol{x}' \tag{2.32}$$

$$\sigma_{ij}^{\infty}\left(\boldsymbol{x}\right) = C_{ijkl}\left\{(2\pi)^{-3}\int_{-\infty}^{\infty}\int_{-\infty}^{\infty}C_{pqmn}\varepsilon_{mn}^{*}\left(\boldsymbol{x}'\right)\xi_{l}\xi_{q}N_{kp}\left(\boldsymbol{\xi}\right)D^{-1}\left(\boldsymbol{\xi}\right)\right.$$

$$\left.\times\exp\left[\mathrm{i}\boldsymbol{\xi}\cdot(\boldsymbol{x}-\boldsymbol{x}')\right]\mathrm{d}\boldsymbol{\xi}\mathrm{d}\boldsymbol{x}' - \varepsilon_{kl}^{*}\left(\boldsymbol{x}\right)\right\} \tag{2.33}$$

其中，$N_{ij}(\boldsymbol{\xi})$ 和 $D(\boldsymbol{\xi})$ 分别是 K_{ij} 的代数余子式和行列式。

当格林 (Green) 函数表示为

$$G_{ij}\left(\boldsymbol{x} - \boldsymbol{x}'\right) = (2\pi)^{-3}\int_{-\infty}^{\infty}N_{ij}\left(\boldsymbol{\xi}\right)D^{-1}\left(\boldsymbol{\xi}\right)\exp\left[\mathrm{i}\boldsymbol{\xi}\cdot(\boldsymbol{x}-\boldsymbol{x}')\right]\mathrm{d}\boldsymbol{\xi} \tag{2.34}$$

时，式 (2.31) 可化简为如下形式：

$$u_{i}^{\infty}\left(\boldsymbol{x}\right) = -\int_{\Omega}C_{jlmn}\varepsilon_{mn}^{*}\left(\boldsymbol{x}'\right)G_{ij,l}\left(\boldsymbol{x}-\boldsymbol{x}'\right)\mathrm{d}\boldsymbol{x}' \tag{2.35}$$

同样，对应的应变场也可以用格林函数的形式表示为

$$\varepsilon_{ij}^{\infty}\left(\boldsymbol{x}\right) = -\frac{1}{2}\int_{\Omega}C_{klmn}\varepsilon_{mn}^{*}\left(\boldsymbol{x}'\right)\left[G_{ik,lj}\left(\boldsymbol{x}-\boldsymbol{x}'\right)+G_{jk,li}\left(\boldsymbol{x}-\boldsymbol{x}'\right)\right]\mathrm{d}\boldsymbol{x}' \tag{2.36}$$

当假定给定分布的本征应变 $\varepsilon^{*}(\boldsymbol{x})$ 在子域 Ω 内均匀分布，即不随位置点变化时，视为一个常张量，则式 (2.36) 中可将本征应变提到积分号外，有

$$\varepsilon_{ij}^{\infty}\left(\boldsymbol{x}\right) = S_{ijkl}\left(\boldsymbol{x}\right)\varepsilon_{kl}^{*} \tag{2.37}$$

其中，S_{ijkl} 是著名的 Eshelby 张量，显然，Eshelby 张量表示局部空间中由本征应变触发的应变场与本征应变之间的关系，可以直接由定义表示为

$$S_{ijkl}\left(\boldsymbol{x}\right) = -\frac{1}{2}\int_{\Omega}C_{mnkl}\left[G_{im,nj}\left(\boldsymbol{x}-\boldsymbol{x}'\right)+G_{jm,ni}\left(\boldsymbol{x}-\boldsymbol{x}'\right)\right]\mathrm{d}\boldsymbol{x}' \tag{2.38}$$

当考虑均匀各向同性材料时，格林函数和 Eshelby 张量将得到一定程度的简化。此时，刚度张量中只有两个独立的材料参数 (以 λ 和 μ 为例)，可表示为

$$C_{ijkl} = \lambda\delta_{ij}\delta_{kl} + \mu\left(\delta_{ik}\delta_{jl}+\delta_{il}\delta_{jk}\right) \tag{2.39}$$

将式 (2.39) 代入式 (2.29) 中得到

$$D\left(\boldsymbol{\xi}\right) = \mu^{2}\left(\lambda+2\mu\right)\boldsymbol{\xi}^{6}$$
$$N_{ij}\left(\boldsymbol{\xi}\right) = \mu\boldsymbol{\xi}^{2}\left[\left(\lambda+2\mu\right)\delta_{ij}\boldsymbol{\xi}^{2}-\left(\lambda+\mu\right)\xi_{i}\xi_{j}\right] \tag{2.40}$$

接着我们可以进一步得到

$$C_{jlmn}\xi_l N_{ij}(\boldsymbol{\xi}) D^{-1}(\boldsymbol{\xi}) = (\lambda + 2\mu)^{-1}\xi^{-4}\left[\lambda\delta_{mn}\xi_i\boldsymbol{\xi}^2 + (\lambda + 2\mu)\delta_{im}\xi_n\boldsymbol{\xi}^2\right.$$
$$\left. + (\lambda + 2\mu)\delta_{in}\xi_m\boldsymbol{\xi}^2 - 2(\lambda + \mu)\xi_i\xi_m\xi_n\right] \tag{2.41}$$

将式 (2.41) 代入格林函数中 (式 (2.34))，通过三次积分化简得到

$$G_{ij}(\boldsymbol{x} - \boldsymbol{x}') = \frac{1}{4\pi\mu}\left[\frac{\delta_{ij}}{|\boldsymbol{x} - \boldsymbol{x}'|} - \frac{1}{4(1 - \nu)}\frac{\partial^2}{\partial x_i \partial x_j}|\boldsymbol{x} - \boldsymbol{x}'|\right]$$
$$= \frac{(x_i - x_i')(x_j - x_j')\big/|\boldsymbol{x} - \boldsymbol{x}'|^3 + (3 - 4\nu)\delta_{ij}/|\boldsymbol{x} - \boldsymbol{x}'|}{16\pi(1 - \nu)\mu} \tag{2.42}$$

同样，式 (2.35) 中部分位移结果可表示为

$$C_{jlmn}G_{ij,l}(\boldsymbol{x} - \boldsymbol{x}') = (2\pi)^{-3}\int_{-\infty}^{\infty}C_{jlmn}\xi_l N_{ij}(\boldsymbol{\xi}) D^{-1}(\boldsymbol{\xi})\exp\left[\mathrm{i}\boldsymbol{\xi}\cdot(\boldsymbol{x} - \boldsymbol{x}')\right]\mathrm{d}\boldsymbol{\xi}$$
$$= \frac{-1}{8\pi(1 - \nu)}\left[(1 - 2\nu)\frac{\delta_{mi}(x_n - x_n') + \delta_{ni}(x_m - x_m') - \delta_{mn}(x_i - x_i')}{|\boldsymbol{x} - \boldsymbol{x}'|^3}\right.$$
$$\left. + 3\frac{(x_m - x_m')(x_n - x_n')(x_i - x_i')}{|\boldsymbol{x} - \boldsymbol{x}'|^5}\right] \tag{2.43}$$

再结合上述式 (2.35)、式 (2.38) 和式 (2.43)，可以得到最终的位移、Eshelby 张量结果分别为

$$u_i^{\infty}(\boldsymbol{x}) = -\int_{\Omega}C_{jlmn}\varepsilon_{mn}^* G_{ij,l}(\boldsymbol{x} - \boldsymbol{x}')\,\mathrm{d}\boldsymbol{x}'$$
$$= \frac{-\varepsilon_{mn}^*}{8\pi(1 - \nu)}\int_{\Omega}\left[(1 - 2\nu)(\delta_{mi}l_n + \delta_{ni}l_m - \delta_{mn}l_i) + 3l_m l_n l_i\right]\frac{\mathrm{d}\boldsymbol{x}'}{|\boldsymbol{x}' - \boldsymbol{x}|^2} \tag{2.44}$$

$$S_{ijkl}(\boldsymbol{x}) = -\frac{1}{2}\int_{\Omega}C_{mnkl}\left[G_{im,nj}(\boldsymbol{x} - \boldsymbol{x}') + G_{jm,ni}(\boldsymbol{x} - \boldsymbol{x}')\right]\mathrm{d}\boldsymbol{x}'$$
$$= \frac{-1}{16\pi(1 - \nu)}\left\{\frac{\partial}{\partial x_j}\int_{\Omega}\left[(1 - 2\nu)(\delta_{ik}l_l + \delta_{il}l_k - \delta_{kl}l_i) + 3l_i l_k l_l\right]\frac{\mathrm{d}\boldsymbol{x}'}{|\boldsymbol{x}' - \boldsymbol{x}|^2}\right.$$
$$\left. + \frac{\partial}{\partial x_i}\int_{\Omega}\left[(1 - 2\nu)(\delta_{jk}l_l + \delta_{jl}l_k - \delta_{kl}l_j) + 3l_j l_k l_l\right]\frac{\mathrm{d}\boldsymbol{x}'}{|\boldsymbol{x}' - \boldsymbol{x}|^2}\right\} \tag{2.45}$$

其中,

$$l = \frac{x' - x}{|x' - x|} \tag{2.46}$$

当子域 Ω 形状为

$$x_1^2/a_1^2 + x_2^2/a_2^2 + x_3^2/a_3^2 \leqslant 1 \tag{2.47}$$

的椭球时, 其中 a_1、a_2 和 a_3 分别为椭球的三个主半轴长, Eshelby 将式 (2.47) 代入积分式 (2.45) 中, 证明了当本征应变均匀时, 椭球内的应变也均匀, 可表示为

$$\varepsilon_{ij}^{\infty} = S_{ijkl}\varepsilon_{kl}^* \tag{2.48}$$

此时 Eshelby 张量具有如下的对称性:

$$S_{ijkl} = S_{jikl} = S_{ijlk} \tag{2.49}$$

引入记号 I_i 和 I_{ij}, 使

$$
\begin{aligned}
I_i &= 2\pi a_1 a_2 a_3 \int_0^{\infty} \frac{\mathrm{d}u}{(a_i^2 + u)\,\Delta(u)} \\
I_{ij} &= 2\pi a_1 a_2 a_3 \int_0^{\infty} \frac{\mathrm{d}u}{(a_i^2 + u)\,(a_j^2 + u)\,\Delta(u)}
\end{aligned} \tag{2.50}
$$

其中,

$$\Delta(u) = \left(a_1^2 + u\right)^{1/2} \left(a_2^2 + u\right)^{1/2} \left(a_3^2 + u\right)^{1/2} \tag{2.51}$$

Eshelby 张量最终可以写成

$$
\begin{aligned}
S_{1111} &= \frac{3}{8\pi(1-\gamma)} a_1^2 I_{11} + \frac{1-2\gamma}{8\pi(1-\gamma)} I_1 \\
S_{1122} &= \frac{1}{8\pi(1-\gamma)} a_2^2 I_{12} - \frac{1-2\gamma}{8\pi(1-\gamma)} I_1 \\
S_{1212} &= \frac{a_1^2 + a_2^2}{16\pi(1-\gamma)} I_{12} + \frac{1-2\gamma}{16\pi(1-\gamma)} (I_1 + I_2)
\end{aligned} \tag{2.52}
$$

其余非零分量可依次交换下标得到。当某一下标以奇数次出现时 (如 S_{1112}), S_{ijkl} 分量将等于零。

当椭球 Ω 的两个主半轴相等, 即为旋转椭球体时, 例如 $a_2 = a_3$, 则上式可以进一步化简。记椭球长径比 $\kappa = a_1/a_2$, Eshelby 张量的分量可表示为

$$s_{1111} = \frac{1}{2(1-\nu)}\left[1 - 2\nu + \frac{3\kappa^2 - 1}{\kappa^2 - 1} - \left(1 - 2\nu + \frac{3\kappa^2}{\kappa^2 - 1}\right)H\right]$$

$$s_{1122}=s_{1133}=-\frac{1}{2\left(1-\nu\right)}\left(1-2\nu+\frac{1}{\kappa^2-1}\right)+\frac{1}{2\left(1-\nu\right)}\left[1-2\nu+\frac{3}{2\left(\kappa^2-1\right)}\right]H$$

$$s_{2211}=s_{3311}=-\frac{1}{2\left(1-\nu\right)}\frac{\kappa^2}{\kappa^2-1}-\frac{1}{4\left(1-\nu\right)}\left(1-2\nu-\frac{3\kappa^2}{\kappa^2-1}\right)H$$

$$s_{2222}=s_{3333}=\frac{3}{8\left(1-\nu\right)}\frac{\kappa^2}{\kappa^2-1}+\frac{1}{4\left(1-\nu\right)}\left[1-2\nu_m-\frac{9}{4\left(\kappa^2-1\right)}\right]H$$

$$s_{2233}=s_{3322}=\frac{1}{4\left(1-\nu\right)}\left\{\frac{\kappa^2}{2\left(\kappa^2-1\right)}-\left[1-2\nu+\frac{3}{4\left(\kappa^2-1\right)}\right]H\right\}$$

$$s_{2323}=\frac{1}{4\left(1-\nu\right)}\left\{\frac{\kappa^2}{2\left(\kappa^2-1\right)}+\left[1-2\nu-\frac{3}{4\left(\kappa^2-1\right)}\right]H\right\}$$

$$s_{1313}=s_{1212}=\frac{1}{4\left(1-\nu\right)}\left\{1-2\nu-\frac{\kappa^2+1}{\kappa^2-1}-\frac{1}{2}\left[1-2\nu-\frac{3\left(\kappa^2+1\right)}{\kappa^2-1}\right]H\right\}$$

$$\tag{2.53}$$

其中，

$$H=\begin{cases}\frac{\kappa}{\left(\kappa^2-1\right)^{1.5}}\left[\kappa\left(\kappa^2-1\right)^{0.5}-\mathrm{arccosh}\,\kappa\right],&\kappa>1\\\frac{\kappa}{\left(1-\kappa^2\right)^{1.5}}\left[\arccos\kappa-\kappa\left(1-\kappa^2\right)^{0.5}\right],&\kappa<1\end{cases}\tag{2.54}$$

另外，对于非均匀的本征应变、各向异性材料的探究以及夹杂场外的应力应变解也都有了一些杰出的成果，由于情况比较复杂，这里不再作说明，有关讨论详见文献 [150]。

2.2.2　等效夹杂理论

以上讨论情况为夹杂与周围无限大介质的材料相同。当 Ω 与 $D-\Omega$ 材料不同时，称 Ω 为异质夹杂或夹杂物 (inhomogeneity)，而 $D-\Omega$ 称为基体。异质夹杂或夹杂物问题可变换为夹杂问题求解，即由夹杂物引入产生的位移和应力的扰动部分等效于该子域内受适当本征应变而产生的位移和内应力，这种方法称为等效夹杂法。一个夹杂问题，即使没有外力作用，也会在整个区域 D 内产生内应力。但是一个夹杂物问题，如果没有外力作用，就不会产生应力。

假设无限大介质 D 内含有一个异质夹杂 Ω，在无穷远边界受到均匀应力边界条件的作用。基体和夹杂物的刚度张量分别表示为 $\boldsymbol{C}^0$ 和 $\boldsymbol{C}^1$。若 D 内没有夹杂物，整个材料内应力为 $\boldsymbol{\sigma}^0$，应变为 $\boldsymbol{\varepsilon}^0$，两者满足胡克定律；然而由于夹杂物的存在，实际夹杂物内的应力场多了一项扰动项 $\boldsymbol{\sigma}^\infty$，对应的应变也多了一项扰动项 $\boldsymbol{\varepsilon}^\infty$。此时夹杂物内的应力–应变可通过本构方程表示为

$$\sigma_{ij}^0+\sigma_{ij}^\infty=C_{ijkl}^1\left(\varepsilon_{ij}^0+\varepsilon_{ij}^\infty\right)\tag{2.55}$$

Eshelby 证明了在这种情况下夹杂内部的应力场和应变场是均匀的，上述异质夹杂物引入带来的弹性场问题可以用之前均匀材料中的本征应变问题代替，该均匀材料与当前基体材料相同。由 2.2.1 节中分析可知，在无限大体中某一子域内受均匀本征应变，该子域内的应力–应变可通过本构方程表示为

$$\sigma_{ij}^0 + \sigma_{ij}^\infty = C_{ijkl}^0 \left(\varepsilon_{ij}^0 + \varepsilon_{ij}^\infty - \varepsilon_{ij}^* \right) \tag{2.56}$$

比较式 (2.55) 和式 (2.56)，可以看出，如果这两个问题等效，则有

$$C_{ijkl}^1 \left(\varepsilon_{ij}^0 + \varepsilon_{ij}^\infty \right) = C_{ijkl}^0 \left(\varepsilon_{ij}^0 + \varepsilon_{ij}^\infty - \varepsilon_{ij}^* \right) \tag{2.57}$$

其中，扰动应变与本征应变之间仍然满足

$$\varepsilon_{ij}^\infty = S_{ijkl} \varepsilon_{kl}^* \tag{2.58}$$

联立求解式 (2.57) 和式 (2.58) 即能得到对应的等效本征应变，进一步求得夹杂内的弹性场。

2.3 有效性能的变分法

本节将介绍用变分法确定非均匀材料有效性能的上下限。主要内容有：有效场和有效性能的界定；应用弹性力学变分法，根据最小势能原理和最小余能原理，分别考虑均匀应变和均匀应力边界条件，给出有效刚度的 Voigt 上限和 Reuss 下限；Hashin-Shtrikman 泛函，将最小势能原理和最小余能原理中构造机动可能的应变场和静力可能的应力场的问题，转化为构造极应力场的问题，即通过适当选择参考材料的刚度和极应力场，得到非均匀材料有效性能的上下限。本节主要参考文献 [151] 和 [152] 的工作。

2.3.1 有效场和有效性能

细观结构材料，如各种复合材料，是有层级的结构体，每点的性能不同，因为夹杂在基体内随机分布，其整体的特征长度远大于细观结构的特征长度。均匀化是基于细观场和非均匀介质的细观性能来求宏观场和性能的一种方法，通过均匀化，最终得到复合材料的有效性能。

复合材料的体积平均应力 $\bar{\sigma}_{ij}$ 和应变 $\bar{\varepsilon}_{ij}$ 可由其细观应力场 σ_{ij} 和应变场 ε_{ij} 分别表示：

$$\begin{aligned} \bar{\sigma}_{ij} &= \frac{1}{V} \int_\Gamma \sigma_{ij} \mathrm{d}\Gamma \\ \bar{\varepsilon}_{ij} &= \frac{1}{V} \int_\Gamma \varepsilon_{ij} \mathrm{d}\Gamma \end{aligned} \tag{2.59}$$

其中，Γ 表示材料代表性体积单元 (RVE)；V 是其体积。同样地，对一个弹性体，体积平均的应变能可表示为

$$\bar{w} = \frac{1}{V}\int_\Gamma \frac{1}{2}\sigma_{ij}\varepsilon_{ij}\mathrm{d}\Gamma = \frac{1}{V}\int_\Gamma \frac{1}{2}C_{ijkl}\varepsilon_{ij}\varepsilon_{kl}\mathrm{d}\Gamma$$
$$= \frac{1}{V}\int_\Gamma \frac{1}{2}D_{ijkl}\sigma_{ij}\sigma_{kl}\mathrm{d}\Gamma \tag{2.60}$$

其中，w 是应变能密度；$\boldsymbol{C}$ 是刚度张量；$\boldsymbol{D}$ 是对应的柔度张量。

所以，材料的有效性能 ($\overline{\boldsymbol{C}}$ 或 $\overline{\boldsymbol{D}}$) 即是对应的体积平均应力–应变之间的关系：

$$\bar{\sigma}_{ij} = \overline{C}_{ijkl}\bar{\varepsilon}_{kl}$$
$$\bar{\varepsilon}_{ij} = \overline{D}_{ijkl}\bar{\sigma}_{kl} \tag{2.61}$$

或者用应变能密度表示为

$$\overline{C}_{ijkl} = \frac{\partial^2 \overline{w}}{\partial \bar{\varepsilon}_{ij}\partial \bar{\varepsilon}_{kl}}$$
$$\overline{D}_{ijkl} = \frac{\partial^2 \overline{w}}{\partial \bar{\sigma}_{ij}\partial \bar{\sigma}_{kl}} \tag{2.62}$$

2.3.2 最小势能原理和最小余能原理

线弹性力学变分法可以应用于非均匀材料的均匀化问题。其根据可能场解答的集合和相关准则，得到 "最接近" 的解答；在缺少复合材料微结构完整信息的情况下，给出复合材料均匀化特征的可能范围；根据各相组成的特性和均匀边界条件，研究可能解答的集合。为研究非均匀材料有效性能的上下限，这里先介绍线弹性力学中的两个变分原理。

1. 最小势能原理

最小势能原理是以势能形式描述物体平衡规律的变分极值原理。对于小变形的弹性体，该原理可表达为：在所有可能位移状态下的势能中，满足平衡条件真实位移状态下的弹性体总势能最小，即

$$\widetilde{U} \leqslant U \tag{2.63}$$

其中，在所有机动可能的位移场中，满足平衡条件的状态下的势能可表示为

$$\widetilde{U} = \frac{1}{2}\int_{V_0} C^0_{ijkl}\varepsilon_{ij}\varepsilon_{kl}\mathrm{d}V + \frac{1}{2}\int_{V_1} C^1_{ijkl}\varepsilon_{ij}\varepsilon_{kl}\mathrm{d}V \tag{2.64}$$

这里，V_0 和 V_1 分别表示基体和夹杂物的体积，满足 $V_0 + V_1 = V$。最小势能原理等价于弹性体的平衡条件。

2. 最小余能原理

最小余能原理是以余能形式描述物体变形协调规律的变分极限原理。对于小变形的弹性体，该原理可表述为：在所有可能应力状态下的余能中，满足变形协调规律的真实应力状态下的弹性体总余能为最小，即

$$\Pi \leqslant \widetilde{\Pi} \tag{2.65}$$

其中，在所有机动可能的应力场中，满足变形协调条件的真实应力场对应的余能可表示为

$$\widetilde{\Pi} = \frac{1}{2} \int_{V_0} D^0_{ijkl} \sigma_{ij} \sigma_{kl} \mathrm{d}V + \frac{1}{2} \int_{V_1} D^1_{ijkl} \sigma_{ij} \sigma_{kl} \mathrm{d}V \tag{2.66}$$

最小余能原理等价于弹性体的变形协调条件。

根据最小势能原理和最小余能原理，分别考虑均匀应变和均匀应力边界条件，导出确定非均匀材料有效性能上下限的变分原理。

2.3.3 Voigt 上限和 Reuss 下限

1. 均匀应变边界条件

均匀应变边界条件，或称等应变假设。如果非均匀材料在轴向受单向均匀位移条件的作用，并假设基体和夹杂物内的应变场是相同的，这种情况可近似视为两相并联，与复合材料的轴向变形相近。即将两相的应变视为相同值，代入式 (2.64) 中，由最小势能原理可得最大的弹性参数：

$$C \leqslant f_0 C^0 + f_1 C^1 \tag{2.67}$$

其中，f_0 和 f_1 分别是基体和夹杂物的体积分数。上式表示混合律为弹性模量的上限。这一结果也称为 Voigt 近似关系或 Voigt 上限。

2. 均匀应力边界条件

均匀应力边界条件，或称等应力假设。如果非均匀材料受单向应力状态的均匀边界条件作用，并假设基体和夹杂物内的应力场是相同的，则这种情况可近似视为两相串联，即将两相的应力视为相同值，代入式 (2.66) 中，由最小余能原理可得最大的柔度张量 (或最小的弹性参数)：

$$D \leqslant f_0 D^0 + f_1 D^1 \tag{2.68}$$

上式表示混合律为弹性模量的下限。这一结果也称为 Reuss 下限。

应该指出的是，以上方法只是通过材料各相组成的弹性刚度或弹性柔度以及它们的体积平均值得到非均匀材料的有效刚度或柔度，完全没有考虑各相材料的几何形状、空间分布以及它们的相互作用。因此，应用式 (2.67) 和式 (2.68) 预测的复合材料整体性能往往与实际结果相差较大。

2.3.4　Hashin-Shtrikman 变分原理

对于各向异性非均匀体，Hashin 和 Shtrikman 采用变分法研究了应变能的极值条件。其基本思想是：选择一个几何形状和边界条件都相同的各向同性的均匀体参考介质，将非均匀体的位移场、应变场和弹性模量分解成相应的参考介质量和扰动量，通过边界条件和内部的约束条件给出非均匀体、应变能的极值条件。

考虑一个均匀的各向同性的比较材料，弹性刚度张量为 $\boldsymbol{C}^c$，它与复合材料都受到相同的远场均匀位移边界条件的作用。此时，只要在该比较材料中作用适当的分布体力，复合材料中的弹性场就可以在比较材料中实现。设在上述位移边界条件下的比较材料的应变场为 $\boldsymbol{\varepsilon}$，相应的满足自平衡条件的应力场为

$$\sigma_{ij} = C_{ijkl}^c \varepsilon_{kl} + \tau_{ij} \tag{2.69}$$

其中，$\boldsymbol{\tau}$ 是应力极化 (polarization) 张量，与比较材料内的分布体力有关。如果在复合材料各相材料 $r(r = 0, 1)$ 中极应力为

$$\tau_{ij}^r = \left(C_{ijkl}^r - C_{ijkl}^c \right) \varepsilon_{kl} \tag{2.70}$$

则上述应力与应变场就是问题的精确解，否则与 $\boldsymbol{\tau}$ 对应的应力应变是近似场。一般来说，得到精确解极其困难，尤其是在只知道夹杂物的体积分数而不知道复合材料内部的具体分布形态和位置信息的情况下。这时，我们引入近似，假设极应力 $\boldsymbol{\tau}$ 是分片均匀，在夹杂物相内有

$$\tau_{ij}^r = \left(C_{ijkl}^r - C_{ijkl}^c \right) \bar{\varepsilon}_{kl}^r \tag{2.71}$$

其中，$\bar{\boldsymbol{\varepsilon}}^r$ 是 $\boldsymbol{\varepsilon}$ 在 r 相内的平均值。将式 (2.71) 代入式 (2.69) 中，有

$$\sigma_{ij}^r = C_{ijkl}^r \bar{\varepsilon}_{kl}^r + C_{ijkl}^c \left(\varepsilon_{kl}^r \right)' \tag{2.72}$$

其中，$\left(\varepsilon_{ij}^r \right)' = \varepsilon_{ij} - \bar{\varepsilon}_{ij}^r$。

根据最小势能原理，对于任意给定的满足位移边界条件的应变场有

$$\frac{1}{2} \bar{\varepsilon}_{ij} \overline{C}_{ijkl} \bar{\varepsilon}_{kl} V \leqslant \frac{1}{2} \sum_{r=0}^{1} \int_{V_r} C_{ijkl}^r \varepsilon_{ij} \varepsilon_{kl} \mathrm{d}V_r \tag{2.73}$$

根据虚功原理，我们有恒等式：

$$\frac{1}{2} \int_V \sigma_{ij} (\bar{\varepsilon}_{ij} - \varepsilon_{ij}) \mathrm{d}V = 0 \tag{2.74}$$

叠加式 (2.73) 右边和式 (2.74) 等号左边，利用式 (2.72) 经过一系列运算可以得到

$$\frac{1}{2}\bar{\varepsilon}_{ij}\overline{C}_{ijkl}\bar{\varepsilon}_{kl}V \leqslant \frac{1}{2}\sum_{r=0}^{1}V_r C_{ijkl}^r \bar{\varepsilon}_{ij}\bar{\varepsilon}_{kl} - \frac{1}{2}\sum_{r=0}^{1}\int_{V_r}\left(\varepsilon_{ij}^r\right)'\left(C_{ijkl}^c - C_{ijkl}^r\right)\left(\varepsilon_{ij}^r\right)'\mathrm{d}V_r \tag{2.75}$$

引入应变集中因子 $\overline{\boldsymbol{A}}^r$ 满足

$$\bar{\varepsilon}_{ij}^r = \overline{A}_{ijkl}^r \bar{\varepsilon}_{kl} \tag{2.76}$$

显然,

$$f_1\overline{A}_{ijkl}^1 + f_0\overline{A}_{ijkl}^0 = I_{ijkl} \tag{2.77}$$

其中, I 为四阶单位张量, 则式 (2.75) 可进一步表示为

$$\bar{\varepsilon}_{ij}\left(C_{ijkl}^c - \overline{C}_{ijkl}\right)\bar{\varepsilon}_{kl} \leqslant -\frac{1}{V}\sum_{r=0}^{1}\int_{V_r}\left(\varepsilon_{ij}^r\right)'\left(C_{ijkl}^c - C_{ijkl}^r\right)\left(\varepsilon_{kl}^r\right)'\mathrm{d}V_r \tag{2.78}$$

式中,

$$\overline{C}_{ijkl} = f_1 C_{ijmn}^1 \overline{A}_{mnkl}^1 + f_1 C_{ijmn}^0 \overline{A}_{mnkl}^0 \tag{2.79}$$

由式 (2.79) 可见, 若 $\boldsymbol{C}^c$ 足够大, 使 $\boldsymbol{C}^c - \boldsymbol{C}^r$ 半正定, 那么恒有 $\boldsymbol{C}^c \leqslant \overline{\boldsymbol{C}}$; 相反, 若 $\boldsymbol{C}^c$ 足够小, 使 $\boldsymbol{C}^c - \boldsymbol{C}^r$ 半负定, 那么恒有 $\boldsymbol{C}^c \geqslant \overline{\boldsymbol{C}}$。

下面确定在近似极应力场 τ_{ij} 下复合材料的应变, 求解该问题即是求解比较材料内作用分布力 $\tau_{ij,j}$ 的问题。利用各向同性材料的 Kelvin 格林函数, 可以将近似场的位移写为

$$\hat{u}_i(x) = \int_V G_{ij}\tau_{jk,k}\mathrm{d}V \tag{2.80}$$

为了满足位移边界条件, 需要再叠加一层应变场, 满足

$$\varepsilon_{ij} = \frac{1}{2}\left(\hat{u}_{r,j} + \hat{u}_{j,i}\right) + \varepsilon_{ij}^I \tag{2.81}$$

将分片均匀的极应力场代入式 (2.80) 和式 (2.81) 中, 经过一系列运算可以证明:

$$\bar{\varepsilon}_{ij}^1 = -P_{ijkl}^c\tau_{kl} + \varepsilon_{ij}^I = P_{ijkl}^c\left(C_{ijkl}^c - C_{ijkl}^r\right)\bar{\varepsilon}_{ij}^1 + \varepsilon_{ij}^I \tag{2.82}$$

其中,

$$P_{ijkl}^c = \left(C_{ijkl}^* + C_{ijkl}^c\right)^{-1} \tag{2.83}$$

$$C_{ijkl}^* = K^*\delta_{ij}\delta_{kl} + \mu^*\left(\delta_{ik}\delta_{jl} + \delta_{ii}\delta_{jk} - \frac{2}{3}\delta_{ij}\delta_{ki}\right) \tag{2.84}$$

这里,

$$K^* = \frac{4}{3}\mu^c, \quad \mu^* = \left(\frac{1}{\mu^c} + \frac{10}{9K^c + 8\mu^c}\right)^{-1} \tag{2.85}$$

式中，K^c 和 μ^c 分别是比较材料的体积模量和剪切模量。由式 (2.82) 可解得

$$\bar{\varepsilon}_{ij}^r = A_{ijkl}^r \varepsilon_{kl}^I \tag{2.86}$$

其中，

$$A_{ijkl}^r = \left[I_{ijkl} + P_{ijkl}^0 \left(C_{ijkl}^r - C_{ijkl}^c \right) \right]^{-1} \tag{2.87}$$

则此时复合材料的体积平均的应变为

$$\bar{\varepsilon}_{ij} = f_0 A_{ijkl}^0 \varepsilon_{kl}^I + f_1 A_{ijkl}^1 \varepsilon_{kl}^I \tag{2.88}$$

则

$$\varepsilon_{ij}^I = \left(f_0 A_{ijkl}^0 + f_1 A_{ijkl}^1 \right)^{-1} \bar{\varepsilon}_{kl} \tag{2.89}$$

将式 (2.89) 代入式 (2.86) 中与式 (2.76) 比较，有

$$\overline{A}_{ijkl}^r = A_{ijkl}^r \left(f_0 A_{ijkl}^0 + f_1 A_{ijkl}^1 \right)^{-1} \tag{2.90}$$

进一步根据式 (2.79)，得到

$$\overline{C}_{ijkl} = \sum_{r=0}^{1} f_0 C_{ijmn}^0 A_{mnpq}^1 \left(\sum_{r=0}^{1} f_r A_{mnkl}^r \right)^{-1} \tag{2.91}$$

另外，将式 (2.83) 代入式 (2.87) 中，经恒等变换后不难证明：

$$\left(C_{ijmn}^* + C_{ijmn}^r \right) A_{mnkl}^r = C_{ijkl}^* + C_{ijkl}^c \tag{2.92}$$

利用这一结果，式 (2.91) 可进一步简化为

$$\overline{C}_{ijkl} = \left[\sum_{r=0}^{1} f_r \left(C_{ijkl}^* - C_{ijkl}^r \right)^{-1} \right]^{-1} - C_{ijkl}^* \tag{2.93}$$

若我们取 K^c 为 K^r 中的最大值，取 μ^c 为 μ^r 中的最大值，由式 (2.93) 得到复合材料等效体积模量和剪切模量的上限值为

$$
\begin{aligned}
\overline{K} &\leqslant \left[\sum_{r=0}^{1} f_r \left(K^* + K^r \right)^{-1} \right]^{-1} - K^* \\
\overline{\mu} &\leqslant \left[\sum_{r=0}^{1} f_r \left(\mu^* + K^r \right)^{-1} \right]^{-1} - \mu^*
\end{aligned} \tag{2.94}
$$

其中，

$$K^* = \frac{4}{3}\mu_{\max}$$

$$\mu^* = \frac{3}{2}\left(\frac{1}{\mu_{\max}} + \frac{10}{9K_{\max} + 8\mu_{\max}}\right) \tag{2.95}$$

同样地，我们可以通过取比较材料体积模量和剪切模量的大小为复合材料各相中最小的，即可以得到复合材料等效弹性参数的下限为

$$\overline{K} \geqslant \left[\sum_{r=0}^{1} f_r \left(K^* + K^r\right)^{-1}\right]^{-1} - K^*$$

$$\overline{\mu} \geqslant \left[\sum_{r=0}^{1} f_r \left(\mu^* + K^r\right)^{-1}\right]^{-1} - \mu^* \tag{2.96}$$

其中，

$$K^* = \frac{4}{3}\mu_{\min}$$

$$\mu^* = \frac{3}{2}\left(\frac{1}{\mu_{\min}} + \frac{10}{9K_{\min} + 8\mu_{\min}}\right) \tag{2.97}$$

式 (2.94) 和式 (2.96) 分别是 Hashin-Shtrikman 的上下限。与 2.3.3 节讨论的 Voigt 和 Reuss 上下限相比，上述上下限方法的精度大为提高，是目前较为理想的上下限公式。在介绍完接下来的经典均匀化模型后，本章将在后续小节中对各种方法的效果予以总结比较。

2.4　均匀化模型

本节将进一步讨论非均匀材料的均匀化问题，介绍细观力学中经典的均匀化方法。从最原始的稀疏解法，到后来发展的自洽法、广义自洽法、Mori-Tanaka 方法以及微分法，建立局部化关系，将多夹杂问题转化为单夹杂问题，利用前述的单夹杂方法求解，研究复合材料均匀化的问题，最终得到具体的复合材料有效弹性性能。本节内容主要参考文献 [150] 和 [153] 的工作。

在正式介绍均匀化模型之前，先引入均匀应力边界条件 $\boldsymbol{\sigma}^0$ 和均匀位移 (应变) 边界条件 $\boldsymbol{\varepsilon}^0$。若复合材料受到均匀应力或应变边界条件，其对应的应力场或应变场在域内的体积平均值即为对应的边界条件，可表示为

$$\overline{\sigma}_{ij} = \sigma_{ij}^0, \quad \overline{\varepsilon}_{ij} = \varepsilon_{ij}^0 \tag{2.98}$$

其中，$\bar{\sigma}$ 和 $\bar{\varepsilon}$ 分别表示体积平均的应力和应变，由 2.3 节中可知，体积平均的应力和应变实际上就是复合材料宏观的整体有效应力和应变。下面给出这两个公式的证明过程：

$$V\bar{\varepsilon}_{ij} = \int_V \varepsilon_{ij}\mathrm{d}V = \frac{1}{2}\int_S (u_in_j + u_jn_i)\mathrm{d}S = \frac{1}{2}\int_S (\varepsilon_{ir}^0 x_r n_j + \varepsilon_{jr}^0 x_r n_i)\mathrm{d}S$$
$$= \frac{1}{2}\int_V \left[(\varepsilon_{ir}^0 x_r)_{,j} + (\varepsilon_{jr}^0 x_r)_{,i} \right]\mathrm{d}V = \frac{1}{2}\int_V (\varepsilon_{ir}^0 x_{r,j} + \varepsilon_{jr}^0 x_{r,i})\mathrm{d}V$$
$$= \int_V \varepsilon_{ij}^0\mathrm{d}V = \varepsilon_{ij}^0 V \tag{2.99}$$

$$V\bar{\sigma}_{ij} = \int_V \sigma_{ij}\mathrm{d}V = \frac{1}{2}\int_S (T_ix_j + T_jx_i)\mathrm{d}S = \frac{1}{2}\int_S (\sigma_{ir}^0 n_r x_j + \sigma_{jr}^0 n_r x_i)\mathrm{d}S$$
$$= \frac{1}{2}\int_V (\sigma_{ir}^0 x_{j,r} + \sigma_{jr}^0 x_{i,r})\,\mathrm{d}V = \frac{1}{2}\left(\sigma_{ij}^0 V + \sigma_{ji}^0 V\right) = \sigma_{ij}^0 V \tag{2.100}$$

其中，式 (2.99) 中利用高斯散度定理和位移–应变关系将对域内的体积分转换成对边界面的积分，再引入边界面上的均匀应变边界条件，最后再一次根据高斯散度定理转换回对整体的体积分，化简得到。式 (2.100) 中主要利用高斯散度定理和平衡方程将对域内的体积分转换成对边界面的积分，再引入边界面上的均匀应力边界条件，最后再一次根据高斯散度定理转换回对整体的体积分，化简得到。式 (2.99) 和式 (2.100) 表明，这里在边界上施加的常应力或应变大小等于体积平均的应力或应变。在此基础上，我们将接着介绍各种均匀化模型。

2.4.1 稀疏解法

稀疏法也称 Eshelby 法。稀疏法是假定夹杂的平均应变近似等于单夹杂嵌于无限大基体内时的应变，将多个夹杂的影响通过线性叠加单个夹杂的影响计算得到，不考虑在基体中有其他夹杂的影响。要满足这样的假设，则夹杂颗粒的体积分数需要足够小，同时颗粒间的距离足够大，如图 2.3 所示。

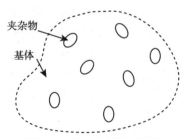

图 2.3 稀疏解假设示意图

以均匀应变边界条件为例，复合材料的整体有效的应变等于无限远边界上施加的均匀应变，即

$$\overline{\varepsilon}_{ij} = \varepsilon_{ij}^0 \tag{2.101}$$

对应的有效应力为

$$\overline{\sigma}_{ij} = \overline{C}_{ijkl}\varepsilon_{kl}^0 \tag{2.102}$$

此时夹杂物内的应变 $\boldsymbol{\varepsilon}^{(1)}$ 由两部分组成，即均匀应变 $\overline{\boldsymbol{\varepsilon}}$ 和扰动应变 $\boldsymbol{\varepsilon}'$，可写成

$$\varepsilon_{ij}^{(1)} = \overline{\varepsilon}_{ij} + \varepsilon_{ij}' \tag{2.103}$$

对应的应力为

$$\sigma_{ij}^{(1)} = \overline{\sigma}_{ij} + \sigma_{ij}' \tag{2.104}$$

其中，夹杂物内应力、应变也满足胡克定律，即

$$\sigma_{ij}^{(1)} = C_{ijkl}^{(1)}\varepsilon_{kl}^{(1)} \tag{2.105}$$

式中，$\boldsymbol{C}^{(1)}$ 为夹杂物材料的刚度张量。根据 Eshelby 等效夹杂理论，由夹杂物引入造成的应力与原无限大基体材料在该夹杂物子域内受本征应变产生的应力相等，可表示为

$$\overline{\sigma}_{ij} + \sigma_{ij}' = C_{ijkl}^{(1)}\left(\overline{\varepsilon}_{kl} + \varepsilon_{kl}'\right) = C_{ijkl}^{(0)}\left(\overline{\varepsilon}_{kl} + \varepsilon_{kl}' - \varepsilon_{kl}^*\right) \tag{2.106}$$

其中，扰动应变与本征应变的关系可通过 Eshelby 张量联系，表示为

$$\varepsilon_{ij}' = S_{ijkl}\varepsilon_{kl}^* \tag{2.107}$$

从式 (2.106) 和式 (2.107) 解出等效特征应变，即可得到夹杂物内的应力和应变。这样就建立了复合材料的应变与夹杂物的应变的联系。将这种关系式联立，我们可以得到夹杂物内应变和复合材料的体积平均应变关系为

$$\varepsilon_{ij}^{(1)} = \left[I_{ijkl} + S_{ijmn}\left(C_{mnkl}^{(0)}\right)^{-1}\left(C_{mnkl}^{(1)} - C_{mnkl}^{(0)}\right)\right]^{-1}\overline{\varepsilon}_{kl} \tag{2.108}$$

其中，$\boldsymbol{I}$ 为四阶单位张量。若记 $\boldsymbol{A}$ 为应变集中因子，表示夹杂物内应变和复合材料的体积平均应变关系，即

$$A_{ijkl} = \left[I_{ijkl} + S_{ijmn}\left(C_{mnkl}^{(0)}\right)^{-1}\left(C_{mnkl}^{(1)} - C_{mnkl}^{(0)}\right)\right]^{-1} \tag{2.109}$$

则式 (2.108) 可写成

$$\varepsilon_{ij}^{(1)} = A_{ijkl}\overline{\varepsilon}_{kl} \tag{2.110}$$

若考虑一个含有 N 种夹杂物的复合材料，根据均匀化思想，材料整体平均应力以及应变均可以由各相夹杂物的应力以及应变与其对应的体积分数均匀而得到，即

$$
\begin{aligned}
\overline{\varepsilon}_{ij} &= \sum_{n=0}^{N} f_n \varepsilon_{ij}^{(n)} \\
\overline{\sigma}_{ij} &= \sum_{n=0}^{N} f_n \sigma_{ij}^{(n)}
\end{aligned}
\tag{2.111}
$$

则此时材料整体的有效刚度张量可以表示为

$$
\overline{C}_{ijkl} = \overline{\sigma}_{ij} \left(\overline{\varepsilon}_{kl}\right)^{-1} = \left[\sum_{n=0}^{N} f_n \sigma_{ij}^{(n)}\right] \left(\overline{\varepsilon}_{kl}\right)^{-1}
\tag{2.112}
$$

将式 (2.112) 进一步化简为

$$
\overline{C}_{ijkl} = C_{ijkl}^{(0)} + \left[\sum_{n=1}^{N} f_n \left(C_{ijpq}^{(n)} - C_{ijpq}^{(0)}\right) \varepsilon_{pq}^{(k)}\right] \left(\overline{\varepsilon}_{kl}\right)^{-1}
\tag{2.113}
$$

将式 (2.109) 和式 (2.110) 代入式 (2.113) 中，即得到复合材料的有效刚度张量：

$$
\begin{aligned}
\overline{C}_{ijkl} &= C_{ijkl}^{(0)} + \sum_{n=1}^{N} f_n \left(C_{ijpq}^{(n)} - C_{ijpq}^{(0)}\right) A_{pqkl} \\
&= C_{ijkl}^{(0)} + \sum_{n=1}^{N} f_n \left(C_{ijpq}^{(n)} - C_{ijpq}^{(0)}\right) \left[I_{pqkl} + S_{pqst} \left(C_{stkl}^{(0)}\right)^{-1} \left(C_{stkl}^{(n)} - C_{stkl}^{(0)}\right)\right]^{-1}
\end{aligned}
\tag{2.114}
$$

式 (2.114) 即为复合材料有效刚度张量的稀疏估计。应该指出的是，该有效刚度张量基于复合材料中的夹杂相距很远以至于不能相互影响的假设。因此，稀疏估计仅在夹杂体积分数含量很小的情况下适用。

以上是在给定均匀应变边界条件下得到有效刚度张量的过程，对于有效柔度张量的获取，可以同样基于给定的均匀应力边界条件获取。这里对过程不再赘述，最终得到的有效柔度张量的稀疏估计结果为

$$
\overline{D}_{ijkl} = D_{ijkl}^{(0)} - \sum_{n=1}^{N} f_n \left[\left(C_{ijpq}^{(n)} - C_{ijpq}^{(0)}\right) S_{pqst} + C_{ijst}^{(0)}\right]^{-1} \left(C_{strm}^{(n)} - C_{strm}^{(0)}\right) D_{rmkl}^{(0)}
\tag{2.115}
$$

应该指出的是，稀疏估计考虑了夹杂物的体积分数和几何形状，忽略了夹杂物的分布。更重要的是，在假设不存在其他夹杂的前提下计算每个夹杂中的特征应变，没有考虑夹杂之间的相互作用。该方法局限于夹杂稀疏分布的情况。

2.4.2 自洽法

自洽法建立于一个新的理论框架，假定夹杂物嵌于整体复合材料中，则由夹杂物引入带来的扰动是在整个复合材料基础上等效获取的。如图 2.4 所示，夹杂物周围被认为是经过平均的，既不是基体材料也不是夹杂材料，而是整体的复合材料，其刚度张量即为 $\overline{C}$，也就是我们待求的参数。

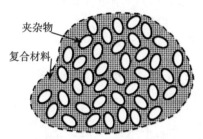

夹杂物
复合材料

图 2.4 自洽法假设示意图

同样地，以均匀应变边界条件为例，复合材料的整体有效的应变等于无限远边界上施加的均匀应变，即

$$\overline{\varepsilon}_{ij} = \varepsilon_{ij}^0 \tag{2.116}$$

对应的有效应力为

$$\overline{\sigma}_{ij} = \overline{C}_{ijkl} \varepsilon_{kl}^0 \tag{2.117}$$

此时夹杂物内的应变 $\varepsilon^{(1)}$ 由两部分组成，即均匀应变 $\overline{\varepsilon}$ 和扰动应变 ε'，可写成

$$\varepsilon_{ij}^{(1)} = \overline{\varepsilon}_{ij} + \varepsilon_{ij}' \tag{2.118}$$

对应的应力为

$$\sigma_{ij}^{(1)} = \overline{\sigma}_{ij} + \sigma_{ij}' \tag{2.119}$$

其中，夹杂物内应力、应变也满足胡克定律，即

$$\sigma_{ij}^{(1)} = C_{ijkl}^{(1)} \varepsilon_{kl}^{(1)} \tag{2.120}$$

其中，$C^{(1)}$ 为夹杂物材料的刚度张量。

以上关系与稀疏解法中涉及的关系相同，不同的是，自洽法考虑的是在整体复合材料基础上，即夹杂物引入带来的扰动是在周围复合材料基础上得到的。根据 Eshelby 等效夹杂理论，由夹杂物引入造成的应力与复合材料在该夹杂物子域内受本征应变产生的应力相等，可表示为

$$\overline{\sigma}_{ij} + \sigma_{ij}' = C_{ijkl}^{(1)} \left(\overline{\varepsilon}_{kl} + \varepsilon_{kl}' \right) = \overline{C}_{ijkl} \left(\overline{\varepsilon}_{kl} + \varepsilon_{kl}' - \varepsilon_{kl}^* \right) \tag{2.121}$$

其中，扰动应变与本征应变的关系可通过 Eshelby 张量联系，表示为

$$\varepsilon'_{ij} = S_{ijkl}\varepsilon^*_{kl} \tag{2.122}$$

从式 (2.121) 和式 (2.122) 解出等效特征应变，即可得到夹杂物内的应力和应变。这样就建立了复合材料的应变与夹杂物的应变的联系。将这种关系式联立，我们可以得到夹杂物内应变和复合材料的体积平均应变关系为

$$\varepsilon^{(1)}_{ij} = \left[I_{ijkl} + S_{ijmn} \left(\overline{C}_{mnkl} \right)^{-1} \left(C^{(1)}_{mnkl} - \overline{C}_{mnkl} \right) \right]^{-1} \overline{\varepsilon}_{kl} \tag{2.123}$$

其中，I 为四阶单位张量。若记 A 为应变集中因子，表示夹杂物内应变与复合材料的体积平均应变的关系，即

$$A_{ijkl} = \left[I_{ijkl} + S_{ijmn} \left(\overline{C}_{mnkl} \right)^{-1} \left(C^{(1)}_{mnkl} - \overline{C}_{mnkl} \right) \right]^{-1} \tag{2.124}$$

则式 (2.123) 可写成

$$\varepsilon^{(1)}_{ij} = A_{ijkl}\overline{\varepsilon}_{kl} \tag{2.125}$$

若考虑一个含有 N 种夹杂物的复合材料，根据均匀化思想，材料整体平均应力以及应变均可以由各相夹杂物的应力以及应变与其对应的体积分数均匀而得到，即

$$\begin{aligned} \overline{\varepsilon}_{ij} &= \sum_{n=0}^{N} f_n \varepsilon^{(n)}_{ij} \\ \overline{\sigma}_{ij} &= \sum_{n=0}^{N} f_n \sigma^{(n)}_{ij} \end{aligned} \tag{2.126}$$

则此时材料整体的有效刚度张量可以表示为

$$\overline{C}_{ijkl} = \overline{\sigma}_{ij} \left(\overline{\varepsilon}_{kl} \right)^{-1} = \left[\sum_{n=0}^{N} f_n \sigma^{(n)}_{ij} \right] \left(\overline{\varepsilon}_{kl} \right)^{-1} \tag{2.127}$$

将式 (2.127) 进一步化简为

$$\overline{C}_{ijkl} = C^{(0)}_{ijkl} + \left[\sum_{n=1}^{N} f_n \left(C^{(n)}_{ijpq} - C^{(0)}_{ijpq} \right) \varepsilon^{(k)}_{pq} \right] \left(\overline{\varepsilon}_{kl} \right)^{-1} \tag{2.128}$$

将式 (2.124) 和式 (2.125) 代入式 (2.128) 中，即得到复合材料的有效刚度张量：

$$\overline{C}_{ijkl} = C^{(0)}_{ijkl} + \sum_{n=1}^{N} f_n \left(C^{(n)}_{ijpq} - C^{(0)}_{ijpq} \right) A_{pqkl}$$

$$= C_{ijkl}^{(0)} + \sum_{n=1}^{N} f_n \left(C_{ijpq}^{(n)} - C_{ijpq}^{(0)} \right) \left[I_{pqkl} + S_{pqst} \left(\overline{C}_{stkl} \right)^{-1} \left(C_{stkl}^{(n)} - \overline{C}_{stkl} \right) \right]^{-1}$$

$$(2.129)$$

从式 (2.129) 可以看出，等号左边是未知数 $\overline{C}$，右边包含未知数 $\overline{C}$，若要求解得到复合材料整体有效的刚度张量，需要对上述公式进行迭代求解。

以上是在给定均匀应变边界条件下得到有效刚度张量的过程，对于有效柔度张量的获取，可以同样基于给定的均匀应力边界条件获取。这里对过程不再赘述，最终得到的有效柔度张量的稀疏估计结果为

$$\overline{D}_{ijkl} = D_{ijkl}^{(0)} + \sum_{n=1}^{N} f_n \left[D_{ijpq}^{(n)} - D_{ijpq}^{(0)} \right]$$

$$\cdot C_{pqst}^{(n)} \left[I_{stab} + S_{stmn} \left(\overline{C}_{mnab} \right)^{-1} \left(C_{mnab}^{(n)} - \overline{C}_{mnab} \right) \right]^{-1} \overline{D}_{abkl} \quad (2.130)$$

应该指出的是，在以上模型中，无限大有效介质 (复合材料) 内的平均应变 (应力) 场就是有效应变 (应力) 场，因此模型本身自洽。值得注意的是，应变集中因子 A 中含有未知的有效刚度张量，故在实际应用中，需要采用迭代求解才能得到最后的有效刚度张量。另外，模型采用 Eshelby 等效夹杂原理，也就是说，目前为止的显式解需要假设椭球形夹杂物为前提。由于自洽法是基于整体复合材料的假定，即夹杂物的扰动建立在整体复合材料上，是能考虑到颗粒间相互作用的一种方法，从而适用于计算夹杂体积分数较大的情况。

2.4.3 广义自洽法

在自洽模型中，当夹杂物与基体材料之间性能相差较大时会导致迭代不收敛，这是不符合实际的地方。应该指出的是，尽管自洽模型具有一定的局限性，但其优势是显著的，如在研究各向异性、非线性等问题时其求解过程相对来说是简单的。广义自洽模型在自洽模型基础上进行了改进：假设将一个夹杂及周围的基体埋入无限大的有效介质内，夹杂与基体所占的比例等于复合材料的体分比，相当于将一个简化的代表体元嵌入复合材料中，如图 2.5 所示。

这里以 Christensen 和 Lo 的工作[18] 为基础，简要介绍广义自洽理论所给出的含球夹杂非均匀介质有效剪切弹性模量的表达式。在广义自洽模型中，球夹杂半径与基体壳外边界半径比为夹杂的体积分数，且外部有效介质的弹性模量就是所要求的含夹杂非均匀介质的有效弹性模量。这里考虑含球夹杂非均匀介质的有效剪切模量。为了方便起见，引入球坐标系，坐标原点设在球夹杂中心，球夹杂半径和基体壳外边界半径分别为 a 和 b。这样，球夹杂的体积分数 $f = (a/b)^3$。

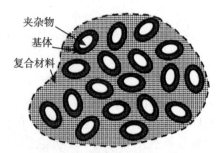

图 2.5   广义自洽法假设示意图

根据弹性力学基本理论[154]，在球坐标下的位移场可表示为

$$
\begin{aligned}
u_r &= \overline{u}_r \sin^2\theta \cos 2\varphi \\
u_\theta &= \overline{u}_\theta \sin\theta \cos\theta \cos 2\varphi \\
u_\varphi &= \overline{u}_\varphi \sin\theta \sin 2\varphi
\end{aligned}
\tag{2.131}
$$

且有

$$
\overline{u}_\theta = -\overline{u}_\varphi
\tag{2.132}
$$

将用球坐标表示的平衡方程代入以上位移场中。由于考虑奇异性的影响，代入后的位移场中含有 $\sin^2\theta$ 项前的系数应化为零，则在不同相内化简后的位移场表示如下。在最外侧等效复合材料中的位移场为

$$
\begin{aligned}
\overline{u}_{re} &= d_1 r + \frac{3d_3}{r^4} + \frac{5 - 4\nu^{\mathrm{eff}}}{1 - 2\nu^{\mathrm{eff}}}\frac{d_4}{r^2} \\
\overline{u}_{\theta e} &= d_1 r - \frac{2d_3}{r^4} + \frac{2d_4}{r^2}
\end{aligned}
\tag{2.133}
$$

其中，上标 eff 表示复合材料相对应的参数，ν 为泊松比。中间层基体的位移场可表示为

$$
\begin{aligned}
\overline{u}_{rm} &= b_1 r - \frac{6\nu_0}{1 - 2\nu_0}b_2 r^3 + \frac{3b_3}{r^4} + \frac{5 - 4\nu_0}{1 - 2\nu_0}\frac{b_4}{r^2} \\
\overline{u}_{\theta m} &= b_1 r - \frac{7 - 4\nu_0}{1 - 2\nu_0}b_2 r^3 - \frac{2b_3}{r^4} + \frac{2b_4}{r^2}
\end{aligned}
\tag{2.134}
$$

最内侧夹杂的位移场可表示为

$$
\begin{aligned}
\overline{u}_{ri} &= a_1 r - \frac{6\nu}{1 - 2\nu}a_2 r^3 \\
\overline{u}_{\theta i} &= a_1 r - \frac{7 - 4\nu}{1 - 2\nu}a_2 r^3
\end{aligned}
\tag{2.135}
$$

以上方程中的系数可由两个界面的位移及应力连续性条件确定。其中，有 12 个由连续性条件控制的方程，需要确定 8 个未知数，所以有 4 个方程是多余的，去掉 4 个方程，剩下的 8 个界面连续性条件可以表示如下：夹杂物与中间基体的交界面处位移和应力连续性条件为

$$a_1 a - \frac{6\nu}{1-2\nu} a_2 a^3 = b_1 a - \frac{6\nu_0}{1-2\nu_0} b_2 a^3 + \frac{3b_3}{a^4} + \frac{5-4\nu_0}{1-2\nu_0} \frac{b_4}{a^2}$$

$$a_1 a - \frac{7-4\nu_0}{1-2\nu} a_2 a^3 = b_1 a - \frac{7-4\nu_0}{1-2\nu_0} b_2 a^3 - \frac{2b_3}{a^4} + \frac{2b_4}{a^2} \tag{2.136}$$

$$21\lambda a_2 a^2 + 2\mu \left(a_1 - \frac{18\nu}{1-2\nu} a_2 a^2 \right)$$
$$= 3\lambda_0 \left(7b_2 a^2 - \frac{2b_4}{a^3} \right) + 2\mu_0 \left[b_1 - \frac{18\nu_0}{1-2\nu_0} b_2 a^2 - \frac{12b_3}{a^5} - \frac{2(5-4\nu_0)}{1-2\nu_0} \frac{b_4}{a^3} \right] \tag{2.137}$$

$$\mu \left[a_1 - \frac{7-2\nu}{1-2\nu} a_2 a^2 \right] = \mu_0 \left[b_1 - \frac{7+2\nu_0}{1-2\nu_0} b_2 a^2 + \frac{8b_3}{a^5} + \frac{2(1+\nu_0)}{1-2\nu_0} \frac{b_4}{a^3} \right]$$

基体与复合材料交界面处的位移和应力连续性条件为

$$b_1 b - \frac{6\nu_0}{1-2\nu_0} b_2 b^3 + \frac{3b_3}{b_4} + \frac{5-4\nu_0}{1-2\nu_0} \frac{b_4}{b^2} = d_1 b + \frac{3d_3}{b^4} + \frac{5-4\nu^{\text{eff}}}{1-2\nu^{\text{eff}}} \frac{d_4}{b^2}$$

$$b_1 b - \frac{7-4\nu_0}{1-2\nu_0} b_2 b^3 - \frac{2b_3}{b^4} + \frac{2b_4}{b^2} = d_1 b - \frac{2d_3}{b^4} + \frac{2d_4}{b^2} \tag{2.138}$$

$$3\lambda_0 \left(7b_2 b^2 - \frac{2b_4}{b^3} \right) + 2\mu_0 \left[b_1 - \frac{18\nu_0}{1-2\nu_0} b_2 b^2 - \frac{12b_3}{b^5} - \frac{2(5-4\nu_0)}{1-2\nu_0} \frac{b_4}{b^3} \right]$$
$$= -\frac{6\lambda^{\text{eff}} d_4}{b^3} + 2\mu^{\text{eff}} \left[d_1 - \frac{12d_3}{b^5} - \frac{2(5-4\nu^{\text{eff}})}{1-2\nu^{\text{eff}}} \frac{d_4}{b^3} \right] \tag{2.139}$$

$$\mu_0 \left[b_1 - \frac{7+2\nu_0}{1-2\nu_0} b_2 b^2 + \frac{8b_3}{b^5} + \frac{2(1+2\nu_0)}{1-2\nu_0} \frac{b_4}{b^3} \right] = \mu^{\text{eff}} \left[d_1 + \frac{8d_3}{b^5} - \frac{2(1+\nu^{\text{eff}})}{1-2\nu^{\text{eff}}} \frac{d_4}{b^3} \right]$$

为了确定有效剪切模量，我们利用 Eshelby 给出的结果：对于含单夹杂的均匀介质，在施加位移条件的情况下，应变能为

$$\Pi = \Pi_0 - \frac{1}{2} \int_s \left(T_k^0 u_{ke} - T_{ke} u_k^0 \right) \mathrm{d}s \tag{2.140}$$

式中的应变能就是模型中储存的应变能。广义自洽理论认为，无穷远处施加位移场的情况下，模型中储存的应变能与等效介质材料参数为弹性常数内的应变能相等，有如下关系：

$$\Pi = \Pi^{\text{eff}} = \Pi_0 \tag{2.141}$$

比较上面两个方程，我们可以得到

$$\int_0^{2\pi} \int_0^{\pi/2} \left(\sigma_r^0 u_{re} + \tau_{r\theta}^0 u_{\theta e} + \tau_{r\varphi}^0 u_{\varphi e} - \sigma_{re} u_r^0 - \tau_{r\theta e} u_\theta^0 - \tau_{r\varphi e} u_\varphi^0 \right) \sin\theta \mathrm{d}\theta \mathrm{d}\varphi = 0 \tag{2.142}$$

当无穷远处作用均匀的剪切变形时，可以得到

$$\sigma_r^0 = 2\mu^{\text{eff}} d_1 \sin^2\theta \cos 2\varphi, \quad \tau_{r\theta}^0 = 2\mu^{\text{eff}} d_1 \sin\theta \cos\theta \cos 2\varphi$$

$$\tau_{r\varphi}^0 = -2\mu^{\text{eff}} d_1 \sin\theta \sin 2\varphi \tag{2.143}$$

$$u_r^0 = d_1 r \sin^2\theta \cos 2\varphi, \quad u_\theta^0 = d_1 r \sin\theta \cos\theta \cos 2\varphi, \quad u_\varphi^0 = -d_1 r \sin\theta \sin 2\varphi$$

将式 (2.143) 代入本构方程，可求得

$$\sigma_{re} = 2\sin^2\theta \cos 2\varphi \left\{ -\frac{3d_4 \lambda^{\text{eff}}}{r^3} + \mu^{\text{eff}} \left[d_1 - \frac{12d_3}{r^5} - \frac{2\left(5 - 4\nu^{\text{eff}}\right)}{1 - 2\nu^*} \frac{d_4}{r^3} \right] \right\}$$

$$\tau_{r\theta e} = \mu^{\text{eff}} \sin 2\theta \cos 2\varphi \left[d_1 + \frac{8d_3}{r^5} - \frac{2\left(1 + \nu^{\text{eff}}\right)}{1 - 2\nu^{\text{eff}}} \frac{d_4}{r^3} \right]$$

$$\tau_{r\varphi e} = \mu^{\text{eff}} \sin\theta \cos 2\varphi \left[-2d_1 - \frac{16d_3}{r^5} - \frac{4\left(1 + \nu^{\text{eff}}\right)}{1 - 2\nu^{\text{eff}}} \frac{d_4}{r^3} \right] \tag{2.144}$$

根据界面连续性条件，我们可以求得所有待定常数。考虑夹杂体积分数较少时的特殊情况。令求夹杂体积分数趋于零，再由二次项展开公式，可得最终有效剪切模量为

$$\frac{\mu^{\text{eff}}}{\mu_0} = 1 - \frac{15\left(1 - \nu_0\right)\left(1 - \mu/\mu_0\right) V_{\text{f}}}{7 - 5\nu_0 + 2\left(4 - 5\nu_0\right)\mu/\mu_0} + O\left(V_{\text{f}}\right) \tag{2.145}$$

对于自洽和广义自洽模型，只有在夹杂为椭圆形时才能求出。这也是个迭代的过程，先给定一个复合材料的刚度初始值，再代入公式 (2.145) 进行迭代。广义自洽理论改善了自洽模型的精度，但是求解比较困难。

2.4.4 Mori-Tanaka 法

用 Mori-Tanaka 法计算关于基体平均应力的工作，解决了在有限体分比下使用 Eshelby 等效夹杂原理的基本理论问题。在 Mori-Tanaka 平均应力概念下的

等效夹杂原理广泛应用于各种复合材料的有效性能预测中。因此，这种方法称为 Mori-Tanaka 等效夹杂法。其代表体元的组成为基体与埋入基体中的夹杂物，示意图如图 2.6 所示。

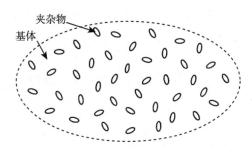

图 2.6　Mori-Tanaka 法假设示意图

Mori-Tanaka 的平均应力概念应用于有限体分比的夹杂物的问题时，存在多种形式。设由基体和作为增强相的夹杂物组成的二相复合材料，受到均匀应力边界条件的作用，此时复合材料整体有效的应力为

$$\overline{\sigma}_{ij} = \sigma_{ij}^0 \tag{2.146}$$

对于形状相同的均匀纯基体材料，在上述同一边界条件作用下，其对应的应变场为

$$\varepsilon_{ij}^0 = C_{ijkl}^{(0)}\sigma_{kl}^0 \tag{2.147}$$

将这个边界条件作用在复合材料上。由于夹杂物的存在，实际复合材料基体内的应变场与均匀纯基体内的应变场必定不同，相差的扰动值记为 $\widetilde{\varepsilon}$，对应的扰动应力为 σ。实际基体内的应变和应力场分别为

$$\begin{aligned} \varepsilon_{ij}^{(0)} &= \varepsilon_{ij}^0 + \widetilde{\varepsilon}_{ij} \\ \sigma_{ij}^{(0)} &= \sigma_{ij}^0 + \widetilde{\sigma}_{ij} \end{aligned} \tag{2.148}$$

其中，基体材料内的应力、应变满足胡克定律：

$$\sigma_{ij}^{(0)} = \sigma_{ij}^0 + \sigma_{ij} = C_{ijkl}^{(0)}(\varepsilon_{ij}^0 + \widetilde{\varepsilon}_{ij}) \tag{2.149}$$

夹杂物内的应力场和应变场也不同于实际基体内部的应力场和应变场，假设这个差值分别为 σ'、ε'，则此时夹杂物内的应力场和应变场可分别写为

$$\begin{aligned} \sigma_{ij}^{(1)} &= \sigma_{ij}^{(0)} + \sigma' = \sigma_{ij}^0 + \widetilde{\sigma}_{ij} + \sigma_{ij}' \\ \varepsilon_{ij}^{(1)} &= \varepsilon_{ij}^{(0)} + \varepsilon' = \varepsilon_{ij}^0 + \widetilde{\varepsilon}_{ij} + \varepsilon_{ij}' \end{aligned} \tag{2.150}$$

应用 Eshelby 等效夹杂原理有

$$\sigma_{ij}^0 + \sigma_{ij} + \sigma_{ij}' = C_{ijkl}^{(1)}\left(\varepsilon_{ij}^0 + \varepsilon_{ij} + \varepsilon_{ij}'\right) = C_{ijkl}^{(0)}\left(\varepsilon_{ij}^0 + \varepsilon_{ij} + \varepsilon_{ij}' - \varepsilon_{kl}^*\right) \quad (2.151)$$

其中，扰动应变与本征应变的关系可通过 Eshelby 张量联系，表示为

$$\varepsilon_{ij}' = S_{ijkl}\varepsilon_{kl}^* \quad (2.152)$$

由式 (2.146) 和式 (2.59) 可按照混合率代入体积平均的应力，即

$$\sigma_{ij}^0 = (1 - f_1)\,\sigma_{ij}^{(0)} + f_1\sigma_{ij}^{(1)} \quad (2.153)$$

将式 (2.153) 代入式 (2.151) 和式 (2.152) 中有

$$\widetilde{\varepsilon}_{ij} = -f_1(S_{ijkl} - I_{ijkl})\varepsilon_{kl}^*$$
$$\widetilde{\sigma}_{ij} = -f_1\sigma_{i}' \quad (2.154)$$

联立以上方程，有

$$\varepsilon_{ij}^* = H_{ijkl}\varepsilon_{kl}^0 \quad (2.155)$$

其中，

$$H_{ijkl} = \left\{ C_{ijmn}^{(0)} + \left(C_{ijpq}^{(1)} - C_{ijpq}^{(0)} \right)\left[f_1 I_{pqmn} + (1-f_1)\,S_{pqmn} \right] \right\}^{-1} \left(C_{mnkl}^{(1)} - C_{mnkl}^{(0)} \right) \quad (2.156)$$

同样地，复合材料有效应变场可表示为

$$\overline{\varepsilon}_{ij} = (1 - f_1)\,\varepsilon_{ij}^{(0)} + f_1\varepsilon_{ij}^{(1)} = (1 + f_1 H_{ijkl})\,\varepsilon_{kl}^0 \quad (2.157)$$

由此，可得到复合材料的有效刚度张量为

$$\overline{C}_{ijkl} = \overline{C}_{ijpq}^{(0)}(I_{pqkl} + f_1 H_{pqkl})^{-1} \quad (2.158)$$

Mori-Tanaka 法所得到的精度较好，得到了广泛的应用。相比于自洽法，省去了迭代计算过程，只需一次计算即可得到整体材料的有效刚度张量，进而得到材料所有有效参数的表达式。然而，由于 Mori-Tanaka 方法是基于 Eshelby 等效夹杂理论计算得出的，故也有着夹杂物形状为椭球体的限制。同时，由于该方法只考虑了部分基体作用，从而不能应用于夹杂物为大体积分数时的复合材料有效性能的预测。

2.4.5 微分法

当夹杂的浓度比较大，或者说夹杂的体积分数比较大时，用自洽法和 Mori-Tanaka 方法算出的平均有效性能的值与实验值相差较大，此时可以用下面介绍的微分介质法解决问题。微分介质法可以简称为微分法，最初应用于研究悬浮液体的性能，后来应用于复合材料的有效性能计算。为了避开 Eshelby 单一夹杂理论中的诸多限制，微分法构造了一个往基体中逐渐添加夹杂物的过程，建立了一个循环迭代的微分方程的求解问题。

设在某一时刻，体积为 V_0 的复合材料中的夹杂物 (增强相) 体积分数为 f_1，复合材料对应的有效弹性刚度张量为 $\bar{C}$。然后加入体积为 δV 的极少量夹杂物，使得体积分数为 $f_1 + \delta f_1$，有效模量变为 $\bar{C} + \delta C$。为了保持复合材料的体积 V_0 不变，在加入新夹杂物之前，先把复合材料去掉 δV，此时夹杂物的实际体积为

$$f_1 V_0 + \delta V - f_1 \delta V = (f_1 + \delta f_1) V_0 \tag{2.159}$$

化简后可得到

$$\frac{\delta V}{V_0} = \frac{\delta f_1}{1 - f_1} \tag{2.160}$$

则此时复合材料平均应力和应变关系为

$$\overline{\sigma}_{ij} = \left(\overline{C}_{ijkl} + \delta C_{ijkl} \right) \overline{\varepsilon}_{kl} \tag{2.161}$$

其中，体积平均的应力和应变可通过混合率表示为

$$\overline{\varepsilon}_{ij} = \frac{V_0 - \delta V}{V_0} \varepsilon_{ij}^{(0)} + \frac{\delta V}{V_0} \varepsilon_{ij}^{(1)}$$
$$\overline{\sigma}_{ij} = \frac{V_0 - \delta V}{V_0} \sigma_{ij}^{(0)} + \frac{\delta V}{V_0} \sigma_{ij}^{(1)} \tag{2.162}$$

由于每次加入的夹杂很少，则可用稀疏解的应变集中因子引入夹杂和体积平均应变场之间的关系：

$$\varepsilon_{ij}^{(1)} = A_{ijkl} \bar{\varepsilon}_{kl} \tag{2.163}$$

其中，

$$A_{ijkl} = \left[I_{ijkl} + S_{ijmn} \left(\overline{C}_{mnpq} \right)^{-1} \left(C_{pqkl}^{(1)} - \overline{C}_{pqkl} \right) \right]^{-1} \tag{2.164}$$

联立式 (2.159)～式 (2.164)，有

$$\delta C_{ijkl} = \left(C_{ijmn}^{(1)} - \overline{C}_{ijmn} \right) A_{mnkl} \frac{\delta V}{V_0} \tag{2.165}$$

将添加后的实际夹杂物含量代入式 (2.165) 中，并令其趋于无限小，有

$$\frac{\mathrm{d}\overline{C}_{ijkl}}{\mathrm{d}f_1} = \frac{1}{1-f_1}\left(C_{ijmn}^{(1)} - C_{ijmn}^{(0)}\right)A_{mnkl} \tag{2.166}$$

上式为有效弹性刚度张量的微分方程，是一个非线性微分方程，一般要简化后求解或数值求解，它的初始条件为

$$\overline{C_{ijkl}}\big|_{f_1=0} = C_{ijkl}^{(0)} \tag{2.167}$$

2.5 小   结

本章介绍了一些预测复合材料有效刚度 (或柔度) 张量的方法，即稀疏法、自洽法、广义自洽法、Mori-Tanaka 法和微分法。这些方法的主要区别在于假设夹杂引起的扰动对象不同，故而在不同程度上考虑各相之间的相互作用，得到不同的结果。当夹杂体积分数较低时，五种方法计算的结果相近，当夹杂体积分数趋近于 0 时，得到的预测结果理所当然地等于基体的模量。而对于刚性颗粒或孔隙夹杂，自洽法不再适用。由于考虑到不同程度的夹杂和夹杂之间、夹杂和基体之间的相互作用，在夹杂体积分数较大时，模型精度不同：Mori-Tanaka 法、微分法和自洽法能够较好地预测含有较高水平体积分数的复合材料有效性能。但遗憾的是目前经典的均匀化模型都面临三个问题：不能处理含有复杂形状 (非椭球) 夹杂的情况，不能精确预测高含量夹杂的复合材料有效性能，以及不能用在两种材料性质差别大的复合材料有效性能预测中。

第 3 章　分数阶粘弹性建模方法

在粘弹性复合材料力学中，弹性–粘弹性对应原理可以用弹性的均匀化结果代表粘弹性在拉普拉斯 (Laplace) 空间中的均匀化结果。因此，如何寻找粘弹性行为在 Laplace 空间中对应的模量是一个重要的问题。传统的粘弹性建模过程烦琐，参数众多，本构方程和粘弹性响应有时较难获取。本章首先根据传递函数的定义，研究传递函数与粘弹性的关系，包括与弹性–粘弹性对应原理及与常见粘弹性函数的关系；然后，分别研究从理论上和基于数据构建广义传递函数的方法；最后，分别将广义传递函数应用于粘弹性数据拟合和转换中。

3.1　传递函数与粘弹性

传递函数 $T(s)$ 是定义在 Laplace 空间中应力与应变的比值，写成

$$T(s) = \frac{\hat{\sigma}(s)}{\hat{\varepsilon}(s)} \tag{3.1}$$

其中，s 表示 Laplace 空间中的复变量；$\hat{\sigma}$、$\hat{\varepsilon}$ 分别是 Laplace 空间中的应力和应变值。Renaud 等[155] 在 Fourier 空间中引入了传递函数的概念，并使用广义 Maxwell 模型来表征粘弹性材料的动态响应。最近，Yao[156] 使用 Laplace 空间中的传递函数导出了一个新的分数阶粘壶模型。事实上，传递函数已广泛应用于线性控制理论[157]，但在粘弹性材料的本构建模中的研究很少。

3.1.1　传递函数与弹性–粘弹性对应原理

对于非老化的线性粘弹性材料，应力–应变关系写成积分的形式，为

$$\sigma(t) = \int_0^t G(t-\xi)\frac{\partial \varepsilon}{\partial \xi}\mathrm{d}\xi \tag{3.2}$$

$$\varepsilon(t) = \int_0^t J(t-\xi)\frac{\partial \sigma}{\partial \xi}\mathrm{d}\xi \tag{3.3}$$

其中，$G(t)$ 和 $J(t)$ 分别是松弛模量和蠕变柔量；t 代表时间；ξ 是积分变量。对 (3.2) 和 (3.3) 两式进行 Laplace 变换后，结果为

$$\hat{\sigma}(s) = s\hat{G}(s) \cdot \hat{\varepsilon}(s) \tag{3.4}$$

$$\hat{\varepsilon}(s) = s\hat{J}(s) \cdot \hat{\sigma}(s) \tag{3.5}$$

其中，$\hat{G}(s)$、$\hat{J}(s)$ 分别是松弛模量和蠕变柔量 Laplace 变换后的像函数。根据式 (3.1)、式 (3.4) 和式 (3.5)，线性粘弹性材料在 Laplace 空间中的应力–应变关系与弹性材料一致，这就是弹性–粘弹性对应原理[158]，如图 3.1 所示，写成

$$\hat{\sigma}(s) = T(s) \cdot \hat{\varepsilon}(s) \tag{3.6}$$

其中，$T(s) = s\hat{G}(s) = 1/s\hat{J}(s)$。

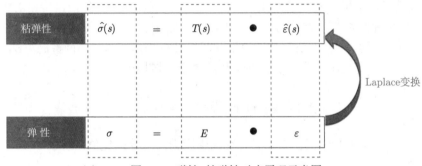

图 3.1　弹性–粘弹性对应原理示意图

因此，基于弹性–粘弹性对应原理，在复合材料力学计算中，可以将弹性解直接用作 Laplace 空间中的粘弹性解，而传递函数即是对应粘弹性材料在 Laplace 空间中的模量。

一般而言，弹性–粘弹性对应原理适用于线性粘弹性系统，然而，水泥基复合材料的蠕变不能用简单的线性粘弹性模型来描述。水泥水化等原因导致水泥基复合材料性质不断演变，文献中多采用老化线性粘弹性模型[81,159]来描述。另一种思路是，连续的水化过程可以看成是由许多水化平台组成的[10]，在每个水化平台时间内认为老化效应消失，从而可以采用弹性–粘弹性对应原理。

3.1.2　传递函数与粘弹性函数之间的关系

对于线性粘弹性材料，一旦获得其传递函数，其力学响应就可以通过解析或者数值计算得到，常见的粘弹性函数可以直接从传递函数导出[160]，如图 3.2 所示。特别地，松弛模量 $G(t)$ 可以通过对传递函数进行如下的 Laplace 逆变换得到

$$G(t) = L^{-1}\left[\frac{T(s)}{s}\right] \tag{3.7}$$

类似地，蠕变柔量 $J(t)$ 可以根据如下方式获得

$$J(t) = L^{-1}\left[\frac{1}{sT(s)}\right] \tag{3.8}$$

另外，复模量 $G^*(\omega)$ 可以通过将传递函数中的 s 替换为 $\mathrm{i}\omega$ 而得到

$$G^*(\omega) = T(\mathrm{i}\omega) \tag{3.9}$$

储能模量和损耗模量可以通过求取复模量的实部和虚部来获得，即

$$G'(\omega) = \mathrm{Re}(G^*), \quad G''(\omega) = \mathrm{Im}(G^*) \tag{3.10}$$

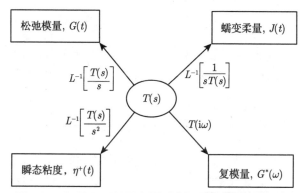

图 3.2 传递函数 $T(s)$ 与常见粘弹性函数之间的关系

其中 t 是时间，s 表示 Laplace 空间中的复变量，i 是复数单位，ω 表示角频率

进一步地，传递函数的极限性质可以通过粘弹性函数、初值定理和终值定理给出：

$$\lim_{t\to\infty} G(t) = \lim_{s\to 0}\left[T(s)\right], \quad \lim_{t\to 0} G(t) = \lim_{s\to\infty}\left[T(s)\right] \tag{3.11}$$

$$\lim_{t\to\infty} J(t) = \lim_{s\to 0}\left[\frac{1}{T(s)}\right], \quad \lim_{t\to 0} J(t) = \lim_{s\to\infty}\left[\frac{1}{T(s)}\right] \tag{3.12}$$

$$\lim_{t\to\infty} \eta^+(t) = \lim_{s\to 0}\left[\frac{T(s)}{s}\right], \quad \lim_{t\to 0}\eta^+(t) = \lim_{s\to\infty}\left[\frac{T(s)}{s}\right] \tag{3.13}$$

上面三个式子可以帮助从实际的粘弹性试验数据获取对应的传递函数的形式。

另外，根据传递函数的定义，每一个线性粘弹性模型会对应一个唯一的传递函数，而且每一个传递函数也对应一个唯一的线性粘弹性模型。因此，我们可以通过构造传递函数来建立粘弹性模型。表 3.1 给出了常见粘弹性模型的传递函数，包括经典粘弹性模型和分数阶粘弹性模型。

表 3.1   常见粘弹性模型的传递函数

模型		传递函数 $T(s)$
经典粘弹性模型	弹簧	E
	粘壶	$E\lambda_\tau s$
	Maxwell	$\dfrac{E\lambda_\tau s}{1+\lambda_\tau s}$
	Kelvin	$E\left(1+\lambda_\tau s\right)$
	Zener	$E_1 + \dfrac{E_2\lambda_\tau s}{1+\lambda_\tau s}$
	Burgers	$\dfrac{E_{\mathrm{M}}E_{\mathrm{K}}\lambda_{\tau\mathrm{M}}s\left(1+\lambda_{\tau\mathrm{K}}s\right)}{E_{\mathrm{K}}+\left[\left(E_{\mathrm{M}}+E_{\mathrm{K}}\right)\lambda_{\tau\mathrm{M}}+E_{\mathrm{K}}\lambda_{\tau\mathrm{K}}\right]s+E_{\mathrm{K}}\lambda_{\tau\mathrm{M}}\lambda_{\tau\mathrm{K}}s^2}$
分数阶粘弹性模型	Scott-Blair (SB)	$E\left(\lambda_\tau s\right)^\alpha$
	分数阶 Maxwell (FM)	$\dfrac{E\left(\lambda_\tau s\right)^\alpha}{1+\left(\lambda_\tau s\right)^\alpha}$
	分数阶 Kelvin (FK)	$E\left[1+\left(\lambda_\tau s\right)^\alpha\right]$
	分数阶 Zener (FZ)	$E_1 + \dfrac{E_2\left(\lambda_\tau s\right)^\alpha}{1+\left(\lambda_\tau s\right)^\alpha}$
	分数阶粘壶	$\dfrac{E\lambda_\tau s}{\left(1+\lambda_\tau s\right)^{1-\alpha}}$

3.2   构建粘弹性模型

如果已知传递函数的解析表达式，就可以通过 Laplace 逆变换立即得到所需的时域数据。类似地，频域数据可以通过变量代换来实现。因此，关键是建立传递函数的形式。分析已有粘弹性模型的传递函数形式 (表 3.1)，可以从理论上直接构建广义粘弹性模型。另一种方式是基于传递函数与粘弹性函数之间的关系，根据具体的试验数据缩小搜寻传递函数形式的范围，直至得到适合于相应数据的粘弹性模型。

3.2.1   理论方法

一般来说，分数阶粘弹性模型的阶数 α 为 0~1。当阶数 $\alpha = 0$ 和 $\alpha = 1$ 时，分数阶粘弹性模型退化为两个极限模型。例如，当 $\alpha = 0$ 和 $\alpha = 1$ 时，分数阶 Maxwell 模型可以分别退化为弹簧模型和 Maxwell 模型。

按照这个思路，这里给出了建立广义粘弹性模型的一种理论方法。假定这两个极限模型的传递函数分别为 $T_1(s)$ 和 $T_2(s)$。为了建立包含这两个极限模型的广义模型，我们需要找到一个合适的传递函数 $T_{\mathrm{f}}(s)$ 表达式，使得当 $\alpha = 0$ 时 $T_{\mathrm{f}}(s) = T_1$，当 $\alpha = 1$ 时 $T_{\mathrm{f}}(s) = T_2$。可能存在不同的方式构建这样的传递函数 $T_{\mathrm{f}}(s)$。这里给出一个简单的思路，$T_{\mathrm{f}}(s)$ 可以表示为一个使用分布律的分数乘积：

$$T_f(s) = [T_1(s)]^{1-\alpha} [T_2(s)]^{\alpha} \tag{3.14}$$

Scott-Blair (SB) 模型和分数阶粘壶模型可能就是通过这样的分数阶乘积而建立的。Scott-Blair 模型的两个极限模型是弹簧 ($\alpha = 0$) 和粘壶 ($\alpha = 1$)；而分数阶粘壶的两个极限模型是 Maxwell 模型 ($\alpha = 0$) 和粘壶 ($\alpha = 1$)。

1. 改进的分数阶 Maxwell 模型

特别地，使用式 (3.14)，分数阶 Maxwell 模型 (弹簧和 Maxwell 模型作为两个极限模型) 可以写成

$$T(s) = \frac{E \left(\lambda_\tau s\right)^{\alpha}}{(1 + \lambda_\tau s)^{\alpha}} \tag{3.15}$$

上式中的传递函数与表 3.1 中原来的分数阶 Maxwell 模型的传递函数不相同。我们称式 (3.15) 为改进的分数阶 Maxwell 模型。这里比较了改进分数阶 Maxwell 模型与原分数阶 Maxwell 模型的粘弹性响应，包括蠕变、松弛和动态响应，如图 3.3 所示。从图 3.3 可以看出，两个分数阶 Maxwell 模型的粘弹性函数的形状相似。特别地，从图 3.3(a)~(c) 可以看出，除了当 $\alpha = 0$ 的情况，两个分数阶 Maxwell 模型的蠕变、松弛和储能模量的极限值 (当 t 或者 ω 趋近于 0 或 ∞) 是一样的，因为这两个分数阶 Maxwell 模型的传递函数在此情况下拥有相同的初始和最终的极限值。当 $\alpha = 0$ 时，虽然两个分数阶 Maxwell 模型都能退化为弹簧，但是弹簧的模量值不同：改进分数阶 Maxwell 模型的模量值为 E，而原分数阶 Maxwell 模型的模量值为 $E/2$。这种不同导致 $\alpha = 0$ 时两个模型蠕变和松弛曲线的差异。另外，在双对数坐标下，原分数阶 Maxwell 模型的损耗模量是左右对称的，而改进分数阶 Maxwell 传递函数是非对称的。总体来说，当 α 越靠近 1 时，两个分数阶 Maxwell 模型的粘弹性函数越接近。

2. 分数阶 Kelvin-Maxwell(FKM) 模型

上面的例子说明，建立分数阶粘弹性模型的一个关键点就是选定两个极限传递函数。为了指导人们使用传递函数方法建立新的分数阶模型，图 3.4 根据模型"硬度"给出了粘弹性模型的图谱。红点、黑双线和绿双线分别代表经典的粘弹性模型、常见的分数阶模型及本章新建立的分数阶模型。我们假定经典模型中弹簧的模量和粘壶的粘性系数固定且分别相同，那么经典模型的硬度就是一个特定的值。与经典模型相比，分数阶模型由于阶数 α 可以从 0~1 变化，其硬度在一个范围内变化。

从理论上来说，以任意两个存在的粘弹性模型作为极限模型，通过传递函数方法可以建立广义的粘弹性模型。如图 3.4 所示，Scott-Blair 模型是用来描述弹性固体和牛顿流体之间的粘弹性行为的。然而，真实的固体和流体并不一定满足胡克

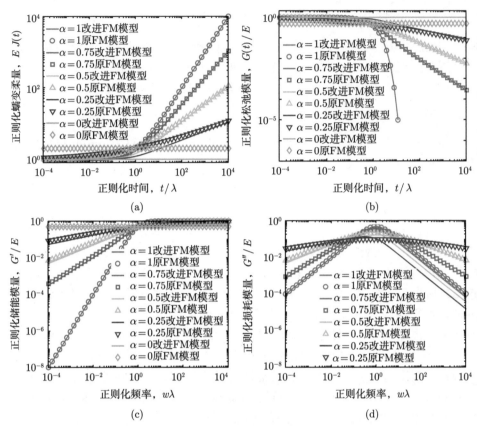

图 3.3　改进分数阶 Maxwell 模型与原分数阶 Maxwell (FM) 模型的粘弹性响应比较

(a) 蠕变；(b) 松弛；(c) 储能模量；(d) 损耗模量

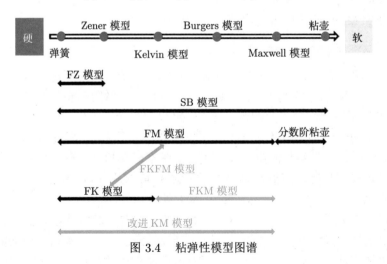

图 3.4　粘弹性模型图谱

弹性定律和牛顿粘性定律。实际上，Kelvin 模型具有渐近的长期稳定蠕变变形，这与许多"固体"材料的性质相吻合，而 Maxwell 模型常用来描述粘弹性流体材料。因此，建立一个可以刻画介于 Kelvin 固体和 Maxwell 流体之间的粘弹性的广义模型，将会是一个有趣且有意义的工作，如图 3.4 所示，我们称该模型为分数阶 Kelvin-Maxwell(FKM) 模型。

假设当 $\alpha = 0$ 时 FKM 模型退化为 Kelvin 模型，当 $\alpha = 1$ 时退化为 Maxwell 模型。根据式 (3.14) 以及 Maxwell 和 Kelvin 模型的传递函数，FKM 模型的传递函数可以写成

$$T(s) = \frac{E\,(\lambda_\tau s)^\alpha}{(1 + \lambda_\tau s)^{2\alpha - 1}} \tag{3.16}$$

FKM 模型的粘弹性响应可以方便地通过数值 Laplace 变换[161] 得到。图 3.5 给出了 FKM 模型的蠕变、松弛和动态响应。

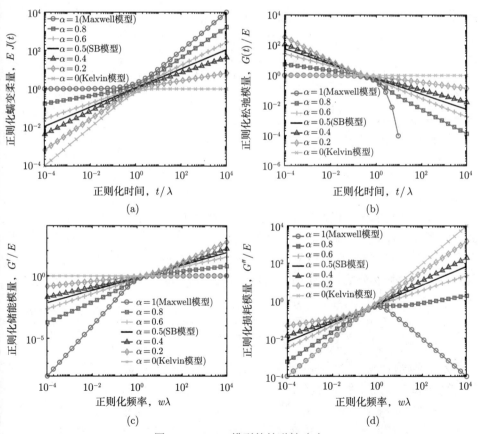

图 3.5　FKM 模型的粘弹性响应

(a) 蠕变柔量；(b) 松弛模量；(c) 储能模量；(d) 损耗模量

从图 3.5 可以看出，FKM 模型的所有粘弹性响应随着 α 从 0∼1 连续地从 Kelvin 模型变化到 Maxwell 模型。整体上来说，FKM 模型的响应由两段幂律区组成。从图 3.5(a) 可以看出，当 α 靠近 1 时，第二段幂律蠕变区的坡度比第一段幂律蠕变区的大，对应于加速蠕变；当 α 靠近 0 时，第二段幂律蠕变区的坡度比第一段幂律蠕变区的小，对应于衰减蠕变。实际上，当 $\alpha = 0.5$ 时，FKM 模型退化为 Scott-Blair(SB) 模型，此时两个幂律蠕变区汇合成一个幂律区。因此，当 $0 < \alpha < 0.5$ 时，FKM 模型描述粘弹性固体，而当 $0.5 < \alpha < 1$ 时，FKM 模型描述粘弹性流体。

3. 分数阶 Kelvin-分数阶 Maxwell 模型

事实上，经典模型和分数阶模型都可以被选为极限模型。比如，如图 3.4 所示，我们可以将分数阶 Maxwell 模型和分数阶 Kelvin 模型作为极限模型创建一个广义的分数阶模型，称为分数阶 Kelvin-分数阶 Maxwell(FKFM) 模型。根据式 (3.14)，FKFM 模型可以写成

$$T(s) = \frac{E\left(\lambda_\tau s\right)^{\alpha\beta}}{\left[1 + \left(\lambda_\tau s\right)^\beta\right]^{2\alpha-1}} \tag{3.17}$$

当 $\alpha = 0$ 时，FKFM 模型退化为分数阶 Kelvin 模型；当 $\alpha = 1$ 时，退化为分数阶 Maxwell 模型。上述推导显示，采用传递函数的理论方法建立分数阶粘弹性模型是一种有效且简便的方法。

4. MFM 模型

粘弹性材料的传递函数在双对数坐标下通常由一个或多个幂律区和平台区组成，如图 3.6 所示，这样的材料包括高聚物[162]、凝胶[163]、沙[164]、生物组织[165]和食品[166]。分数阶粘弹性模型，特别是分数阶 Maxwell 模型适合描述这一类传递函数。两阶数的分数阶 Maxwell 传递函数可以写成

$$T(s) = \frac{E\left(\lambda_\tau s\right)^\alpha}{1 + \left(\lambda_\tau s\right)^{\alpha-\beta}} \tag{3.18}$$

其中，E 是弹性模量；λ_τ 是松弛时间；α 和 β 是分数阶导数的阶数。该模型可以描述幂律区 $T(s)\text{-}s^\alpha$ 和平台区 $T(s)\text{-}s^\beta$，其中 $0 \leqslant \beta \leqslant \alpha < 1$。

两模式的分数阶 Maxwell 模型可以描述图 3.6 中的传递函数。然而，这样的模式组合对幂律区和平台区转换区间的描述往往不是很好。对于线性粘弹性材料，传递函数包含了其所有的力学信息。因此，传递函数微小的不同会导致粘弹性函

数较大的偏差。为了更好地刻画图 3.6 中所示的多段幂律行为，需要建立能同时刻画平台区、幂律区，以及两者之间转换区的广义的粘弹性传递函数。

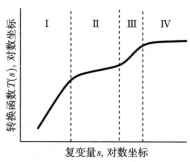

图 3.6 粘弹性材料的典型的传递函数 $T(s)$ 示意图

I, III: 幂律区；II, IV: 平台区

为此，这里提出了一个广义的分数阶模型，该模型是对两阶数分数阶 Maxwell 模型的修正，使得其可以调整幂律区和平台区之间的转换区行为，我们称该模型为修正的分数阶 Maxwell(MFM) 模型。向两阶数分数阶 Maxwell 模型中引入一个额外的参数 φ，提出的 MFM 模型的传递函数表示为

$$T(s) = \frac{E(\lambda_\tau s)^\alpha}{[1 + (\lambda_\tau s)^\varphi]^{\frac{\alpha-\beta}{\varphi}}} \tag{3.19}$$

其中，参数 φ 是正数且可以大于 1。MFM 传递函数是一个非常广义的分数阶模型。根据调整三个分数阶参数 α、β 和 φ 可以描述不同的粘弹性行为。参数 α 可以作为粘弹性固体和流体的区分参数，当 $\alpha > 0$ 时，对应于粘弹性流体；当 $\alpha = 0$ 时，对应于粘弹性固体。这个 α 效应可以根据最终值理论和图 3.2 中粘弹性函数转换理论推导而来。实际上，许多存在的分数阶模型，包括分数阶 Kelvin 模型和分数阶 Maxwell 模型，都可以认为是 MFM 传递函数的特例，见表 3.2。

将式 (3.19) 中的 s 替换为 $\mathrm{i}\omega$，我们可以得到 MFM 模型的复模量

$$G^*(\omega) = \frac{E(\mathrm{i}\omega\lambda_\tau)^\alpha}{[1 + (\mathrm{i}\omega\lambda_\tau)^\varphi]^{\frac{\alpha-\beta}{\varphi}}} \tag{3.20}$$

使用复数运算，我们可以推导出其储能模量和损耗模量分别为

$$G'(\omega) = \frac{E(\omega\lambda_\tau)^\alpha \cos\left[\dfrac{\alpha\pi}{2} - \dfrac{\theta(\alpha-\beta)}{\varphi}\right]}{\left[1 + 2(\omega\lambda_\tau)^\varphi \cos\dfrac{\varphi\pi}{2} + (\omega\lambda_\tau)^{2\varphi}\right]^{\frac{\alpha-\beta}{2\varphi}}} \tag{3.21}$$

$$G''(\omega) = \frac{E(\omega\lambda_\tau)^\alpha \sin\left[\dfrac{\alpha\pi}{2} - \dfrac{\theta(\alpha-\beta)}{\varphi}\right]}{\left[1 + 2(\omega\lambda_\tau)^\varphi \cos\dfrac{\varphi\pi}{2} + (\omega\lambda_\tau)^{2\varphi}\right]^{\frac{\alpha-\beta}{2\varphi}}} \tag{3.22}$$

其中，

$$\theta = \arctan\left[\frac{(\omega\lambda_\tau)^\varphi \sin\dfrac{\varphi\pi}{2}}{1 + (\omega\lambda_\tau)^\varphi \cos\dfrac{\varphi\pi}{2}}\right] \tag{3.23}$$

另外，MFM 模型的蠕变、松弛和瞬态粘度可以通过数值 Laplace 逆变换[161] 获得。

表 3.2　MFM 模型的特例

特例	传递函数 $T(s)$	条件
两阶数分数阶 Maxwell 模型[167]	$\dfrac{E(\lambda_\tau s)^\alpha}{1 + (\lambda_\tau s)^{\alpha-\beta}}$	$\varphi = \alpha - \beta$
分数阶 Maxwell 模型[163]	$\dfrac{E(\lambda_\tau s)^\alpha}{1 + (\lambda_\tau s)^\alpha}$	$\varphi = \alpha,\quad \beta = 0$
分数阶 Kelvin 模型[168]	$E\left[1 + (\lambda_\tau s)^\beta\right]$	$\alpha = 0,\quad \varphi = \beta$
分数阶粘壶[156]	$\dfrac{E\lambda_\tau s}{(1 + \lambda_\tau s)^{1-\beta}}$	$\varphi = 1,\quad \alpha = 1$
Mittag-Leffler 松弛模型[167]	$\dfrac{E\lambda_\tau s}{1 + (\lambda_\tau s)^{1-\beta}}$	$\varphi = 1-\beta,\quad \alpha = 1$
分数阶 Kelvin-Maxwell 模型[160]	$\dfrac{E(\lambda_\tau s)^\alpha}{(1 + \lambda_\tau s)^{2\alpha-1}}$	$\varphi = 1,\quad \beta = 1-\alpha$
分数阶 Kelvin-分数阶 Maxwell 模型[160]	$\dfrac{E(\lambda_\tau s)^{ab}}{\left[1 + (\lambda_\tau s)^b\right]^{2a-1}}$ $a = \dfrac{\alpha}{\alpha+\beta};\quad b = \alpha+\beta$	$\varphi = \alpha + \beta$
Scott-Blair 模型	$E(\lambda_\tau s)^\alpha$	$\beta = \alpha$
Maxwell 模型	$\dfrac{E\lambda_\tau s}{1 + \lambda_\tau s}$	$\alpha = \varphi = 1,\quad \beta = 0$
Kelvin 模型	$E(1 + \lambda_\tau s)$	$\alpha = 0,\quad \varphi = \beta = 1$

　　参数 φ 是 MFM 传递函数的一个关键参数，图 3.7 给出了参数 φ 对传递函数和粘弹性函数 (蠕变、松弛和动态模量) 的影响。结果表明，越大的 φ 值导致更加尖锐的转换区的形状。

　　为了描述如图 3.6 中所示的两个常见松弛过程，可以使用两模式的 MFM 传递函数。对于粘弹性流体，表示为

$$T(s) = \sum_{k=1}^2 \frac{E_k(\lambda_{\tau k}s)^{\alpha_k}}{\left[1 + (\lambda_{\tau k}s)^{\varphi_k}\right]^{\frac{\alpha_k-\beta_k}{\varphi_k}}} \tag{3.24}$$

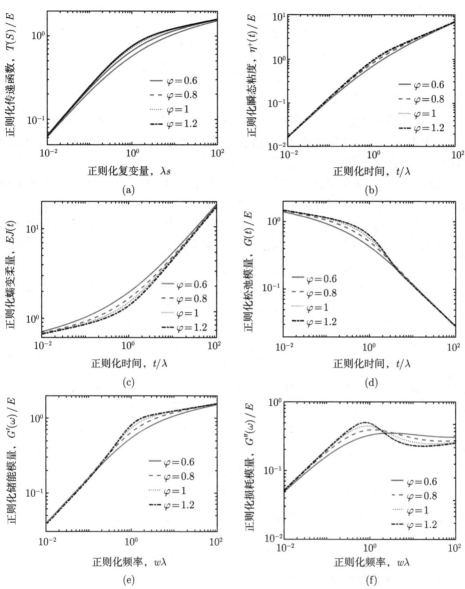

图 3.7 参数 φ 对 MFM 模型的传递函数和粘弹性函数的影响

其中 $\alpha = 0.6, \beta = 0.1$：(a) 传递函数；(b) 瞬态粘度；(c) 蠕变柔量；(d) 松弛模量；(e) 储能模量；

(f) 损耗模量

对于粘弹性固体，需要增加一个基线模量，写为

$$T(s) = E_0 + \sum_{k=1}^{2} \frac{E_k(\lambda_{\tau k}s)^{\alpha_k}}{\left[1+(\lambda_{\tau k}s)^{\varphi_k}\right]^{\frac{\alpha_k-\beta_k}{\varphi_k}}} \tag{3.25}$$

3.2.2　基于数据的方法

基于理论的方法拓展了我们构建广义粘弹性模型的途径，同时也积累了广义粘弹性模型形式与常见粘弹性响应之间的对应关系，这为我们从现有试验数据反向建立广义粘弹性模型创造了便利。

线性粘弹性试验数据在双对数坐标下经常显示出许多不同的区域，比如幂律区和平台区。某几个区域可以用一个包含单个松弛时间的松弛过程来表征。在这样的思路指导下，整个数据可以用多个含单松弛时间的模型来描述。这里着重使用传递函数方法来建立单松弛的线性粘弹性模型。本节给出拟合单松弛试验数据的一个广义形式的传递函数：

$$T(s) = \frac{\displaystyle\sum_{i=1}^{2} a_i \left[(\lambda_{\tau}s)^{\theta_i}+c_i\right]^{\alpha_i}}{\displaystyle\sum_{j=1}^{2} b_j \left[(\lambda_{\tau}s)^{\varphi_j}+d_j\right]^{\beta_j}} \tag{3.26}$$

其中，参数 a_i, c_i, θ_i, $\alpha_i(i=1,2)$ 和 b_j, d_j, φ_j, β_j $(j=1,2)$ 是非负数。本章中所有的单松弛的传递函数均可以看成是式 (3.26) 的特例。假设 $\alpha_2\theta_2 \geqslant \alpha_1\theta_1$ 以及 $\beta_2\varphi_2 \geqslant \beta_1\varphi_1$，为了保证所建立的模型满足热力学定律，式 (3.26) 需满足以下条件：

$$\alpha_2\theta_2 \geqslant \beta_2\varphi_2 \tag{3.27}$$

式 (3.26) 根据试验数据的具体特征可以得到简化。在双对数坐标下，试验数据的粘弹性函数经常展现出幂律和平台区域。对于单松弛模型，有两个不同区域的情况最为普遍。根据传递函数与粘弹性函数间的极限性质，式 (3.26) 的传递函数主要有三种不同的情形。

(1) 当传递函数的极限性质满足：$\lim\limits_{s\to 0}T(s)=E, \lim\limits_{s\to\infty}T(s)\propto s^{\alpha}$ 时，考虑式 (3.27) 中的性质，式 (3.26) 中的传递函数可以简化为

$$T(s) = E\left\{1-c^{\frac{\alpha}{\theta}}+\left[(\lambda_{\tau}s)^{\theta}+c\right]^{\frac{\alpha}{\theta}}\right\} \tag{3.28}$$

当 $c=0$ 时，上式即为分数阶 Kelvin 模型。

(2) 当传递函数满足：$\lim\limits_{s\to 0}T(s)\propto s^{\alpha}, \lim\limits_{s\to\infty}T(s)=E$ 时，根据以上性质，传递函数可以退化为

$$T(s) = \frac{E\left(\lambda_\tau s\right)^\alpha}{1 - d^{\frac{\alpha}{\varphi}} + \left[(\lambda_\tau s)^\varphi + d\right]^{\frac{\alpha}{\varphi}}} \tag{3.29}$$

当 $\varphi = d = 1$ 时可以得到修正的分数阶 Maxwell 模型，而当 $d = 0$ 时我们可以得到分数阶 Maxwell 模型。

(3) 当传递函数的极限性质满足：$\lim\limits_{s \to 0} T(s) \propto s^\alpha$, $\lim\limits_{s \to \infty} T(s) \propto s^\beta$ 时，根据上述性质，传递函数可以写成

$$T(s) = \frac{E\left(\lambda_\tau s\right)^\alpha}{1 - d^{\frac{\alpha-\beta}{\varphi}} + \left[(\lambda_\tau s)^\varphi + d\right]^{\frac{\alpha-\beta}{\varphi}}} \tag{3.30}$$

当 $d = 0$ 时，可以得到广义的分数 Maxwell 模型；当 $d = 1$ 和 $\beta = \varphi - \alpha$ 时，可以得到 FKFM 模型，进一步设定 $\varphi = 1$，就可以得到 FKM 模型。另外，当 $\alpha = \beta$ 时，我们可以得到 Scott-Blair 模型。

3.3　粘弹性数据描述

根据 3.2 节建立广义传递函数的方法，以下给出四个案例说明采用传递函数方法获得合适的粘弹性模型，并拟合粘弹性试验数据。

3.3.1　蠕变柔量

1. 聚乙酸乙烯酯的剪切蠕变

聚乙酸乙烯酯的蠕变柔量通常由三个不同的区域组成：一个平台区和在末端的两个幂律区，如图 3.8(a) 所示。使用现有的单模式粘弹性模型很难对此特征进行建模，这里尝试使用传递函数方法对其进行建模。根据图 3.8(a) 中所示的蠕变柔量的极限性质：

$$\lim\limits_{t \to 0} J(t) \propto t^\alpha, \quad \lim\limits_{t \to \infty} J(t) \propto t^\beta \tag{3.31}$$

那么根据式 (3.12)，所求的传递函数需满足以下要求：

$$\lim\limits_{s \to \infty} \frac{1}{T(s)} \propto s^{-\alpha}, \quad \lim\limits_{s \to 0} \frac{1}{T(s)} \propto s^{-\beta} \tag{3.32}$$

事实上，图 3.8(a) 中的蠕变过程可以认为是由两个单松弛时间的蠕变过程叠加而成。图 3.8(a) 中的区域 I 和 II，也就是幂律和平台转换区可以采用式 (3.28) 中的传递函数描述。为了减少参数数目，这里采用式 (3.28) 中的一个特例 ($\theta = 0$)，即 FK 模型来描述。同样地，区域 III 即幂律区可以采用式 (3.30) 中的一个特例 ($\alpha = \beta$)——SB 模型来描。因此，最终的传递函数可以写成

$$\frac{1}{T(s)} = \frac{1}{E}\left[\frac{1}{1 + (\lambda_{\tau 1} s)^\alpha} + \frac{1}{(\lambda_{\tau 2} s)^\beta}\right] \tag{3.33}$$

其中，$\lambda_{\tau 1} \ll \lambda_{\tau 2}$。三种类型的聚乙酸乙烯酯的剪切蠕变数据来自文献 [169]，如图 3.8(b) 所示。根据式 (3.33) 中的传递函数，采用最小二乘法拟合这三个数据。图 3.8(b) 中的结果表明，预测曲线与实验数据具有极好的一致性。相应的拟合参数如表 3.3 所示。表 3.3 的结果表明，松弛时间 $\lambda_{\tau 1}$ 比 $\lambda_{\tau 2}$ 小 3~5 个数量级，这表明了如预期一致的两个不同的松弛过程。对于这三个数据，弹性模量 E 的值没有变化，对应于这三个数据的恒定平台区域。对于不同的蠕变数据，参数 $\lambda_{\tau 1}$ 和 α 的变化很小，而参数 $\lambda_{\tau 2}$ 和 β 的变化较大。这意味着对于这三个数据，在图 3.8(a) 中区域 I 和 Ⅱ 的第一个松弛过程几乎相同，而第二个松弛过程 (即区域 Ⅲ) 则不同。

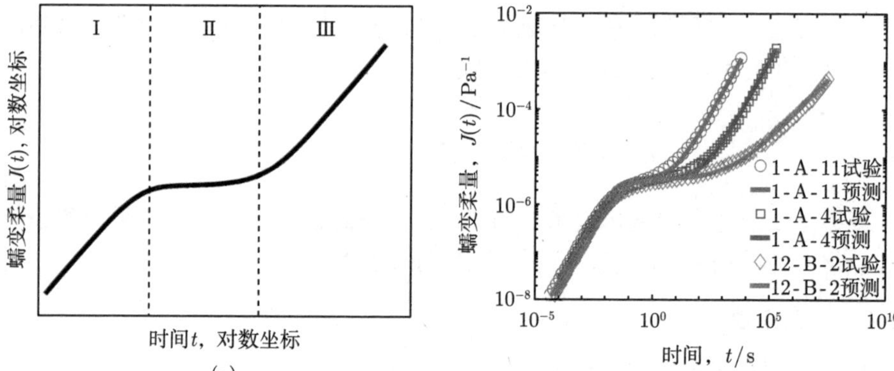

(a)　　　　(b)

图 3.8　(a) 聚乙酸乙烯酯的典型蠕变柔量；(b) 聚乙酸乙烯酯的剪切蠕变柔量数据 [169] 和根据式 (3.33) 中的传递函数预测的曲线

这里还研究了式 (3.33) 中每个参数对蠕变柔量的影响，如图 3.9 所示。参数的默认值设置为 $E = 1 \times 10^5$Pa，$\lambda_{\tau 1} = 0.01$s，$\lambda_{\tau 2} = 1000$s，$\alpha = 0.9$，$\beta = 0.5$。在每个子图中，只更改某一个参数，而保持其他参数固定。

表 3.3　使用式 (3.33) 中的传递函数拟合聚乙酸乙烯酯蠕变得到的参数

	E/Pa	$\lambda_{\tau 1}$/s	$\lambda_{\tau 2}$/s	α	β
1-A-11	3.0×10^5	0.03	10	0.89	0.9
1-A-4	3.0×10^5	0.05	160	0.85	0.88
12-B-2	3.0×10^5	0.07	3000	0.84	0.5

图 3.9 给出的结果清楚地表明，每个参数在确定蠕变柔量方面都发挥着独特的作用。具体来说，$\lambda_{\tau 1}$ 和 $\lambda_{\tau 2}$ 分别控制蠕变柔量从 I 区到 Ⅱ 区和 Ⅱ 区到 Ⅲ 区的转变时间。较大的 $\lambda_{\tau 1}$ 和 $\lambda_{\tau 2}$ 会导致较大的转变时间。参数 α 和 β 分别影响双对数图中幂律区域 I 和 Ⅲ 的斜率，即 α 和 β 的值越大，则斜率越大。弹性模量 E 影响整个蠕变柔量的值，即 E 越大，则蠕变柔量值越小。

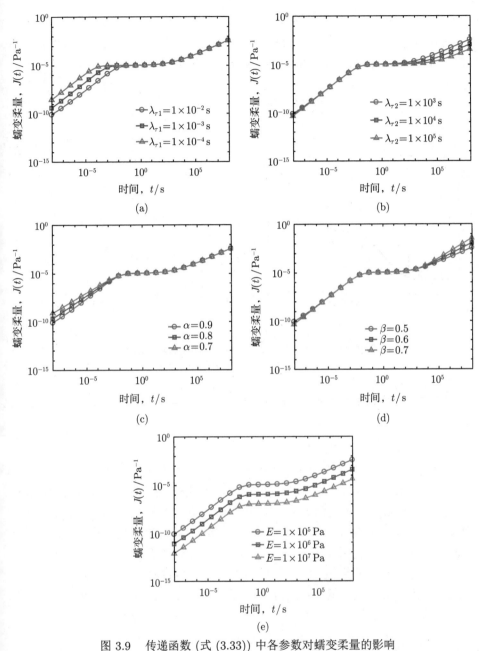

图 3.9 传递函数 (式 (3.33)) 中各参数对蠕变柔量的影响

(a) 松弛时间 $\lambda_{\tau 1}$；(b) 松弛时间 $\lambda_{\tau 2}$；(c) 分数阶导数的阶数 α；(d) 分数阶导数的阶数 β；(e) 弹性模量 E

2. 聚苯乙烯的剪切蠕变柔量

聚苯乙烯的蠕变柔量通常表现出四个区域：两个平台区和两个幂律区，如图 3.10(a) 所示。从图中可以看出，蠕变柔量的极限性质可以表示为

$$\lim_{t \to 0} J(t) = \frac{1}{E}, \quad \lim_{t \to \infty} J(t) \propto t^{\alpha} \tag{3.34}$$

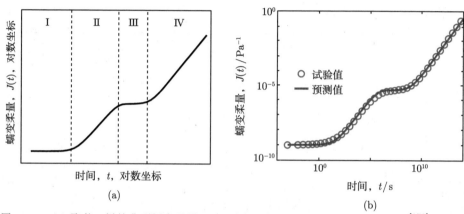

图 3.10　(a) 聚苯乙烯的典型蠕变柔量；(b) 聚苯乙烯的剪切蠕变柔量试验数据 [170] 和根据式 (3.36) 中的传递函数预测的曲线

根据式 (3.12)，所求的传递函数需满足以下条件：

$$\lim_{s \to \infty} \frac{1}{T(s)} = \frac{1}{E}, \quad \lim_{s \to 0} \frac{1}{T(s)} \propto s^{-\alpha} \tag{3.35}$$

可以通过将多个单松弛时间的传递函数组合在一起来表征此多松弛过程。图 3.10 (a) 中的第一个平台区域 (区域 I) 可以用一个弹簧模型来描述。接下来的幂律和平台区 (II 区和 III 区) 可以用式 (3.28) 中的传递函数表示。为了最小化参数数量，此处采用式 (3.28) 中当 $c = 0$ 时的一种特殊情况，即 FK 模型。最后的幂律区域 (IV 区) 可以用 SB 模型来表征，这是式 (3.30) 中传递函数当 $\alpha = \beta$ 时的特例。实际上，在数学上可以将区域 I，II 和 III 视为一个松弛过程。原因是从 I 区到 II 区和 II 区到 III 区的过渡时间可能是相互关联的。因此，传递函数的最终形式可以表示为

$$\frac{1}{T(s)} = \frac{1}{E_1} + \frac{1}{E_2\left[1 + (\lambda_{\tau 1} s)^{\alpha}\right]} + \left(\frac{1}{E_1} + \frac{1}{E_2}\right)\frac{1}{(\lambda_{\tau 2} s)^{\beta}} \tag{3.36}$$

其中，$\lambda_{\tau 1} \ll \lambda_{\tau 2}$。聚苯乙烯的剪切蠕变数据选自文献 [170]，如图 3.10(b) 所示。根据式 (3.36) 中的传递函数，这里用最小二乘法拟合聚苯乙烯的蠕变数据。从图 3.10(b) 所示的结果可以看出，预测曲线与实验数据几乎完全吻合。表 3.4 中

的拟合参数显示，松弛时间 $\lambda_{\tau 1}$ 比 $\lambda_{\tau 2}$ 小四个数量级，这印证了预期的两个不同的松弛过程。

表 3.4 使用式 (3.36) 中的传递函数拟合聚苯乙烯剪切蠕变数据得到的参数

E_1/Pa	E_2/Pa	$\lambda_{\tau 1}/\text{s}$	$\lambda_{\tau 2}/\text{s}$	α	β
1×10^9	2×10^5	5×10^5	1×10^9	0.89	0.96

此外，这里还探索了式 (3.36) 中每个参数对聚苯乙烯的蠕变柔量的影响，如图 3.11 所示。参数的默认值设置为：$E_1 = 1 \times 10^9\text{Pa}, E_2 = 1 \times 10^5\text{Pa}, \lambda_{\tau 1} = 1 \times 10^5\text{s}$, $\lambda_{\tau 2} = 1 \times 10^9\text{s}$, $\alpha = 0.8$ 及 $\beta = 0.9$。在图 3.11 的每个子图中，只改变一个参数而其他参数固定。图 3.11 中的结果清楚地表明，每个参数在确定蠕变柔量方面都发挥着不同的作用。具体而言，弹性模量 E_1 和 E_2 分别控制第一和第二平台区 (区域 I 和 III) 的值，较大的弹性模量导致较小的平台值；松弛时间 $\lambda_{\tau 1}$ 和 $\lambda_{\tau 2}$ 分别影响从区域 I 到 II 和区域 III 到 IV 的转变时间，较大的松弛时间导致较大的转变时间。在双对数图中，分数阶导数的阶数 α 和 β 分别影响第一和第二幂律区域 (II 区和 IV 区) 的斜率，更大的阶数导致更大的斜率。

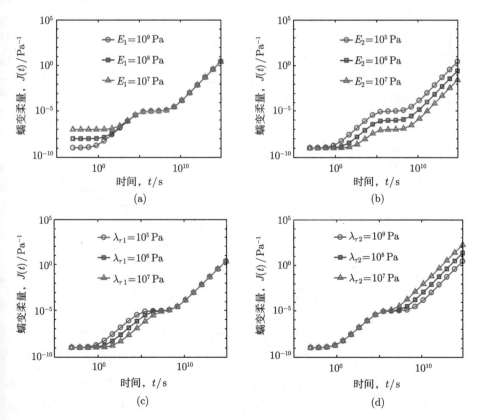

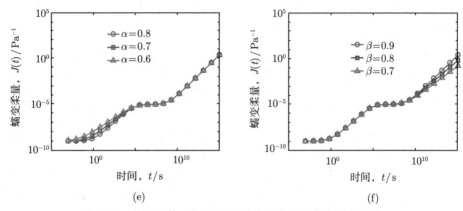

(e)　　　　　　　　　　　　　　　　　　　　(f)

图 3.11　传递函数 (式 (3.36)) 中各参数对蠕变柔量的影响

(a) 弹性模量 E_1；(b) 弹性模量 E_2；(c) 松弛时间 $\lambda_{\tau 1}$；(d) 松弛时间 $\lambda_{\tau 2}$；(e) 分数阶导数的阶数 α；

(f) 分数阶导数的阶数 β

3.3.2　动态响应

1. 多分散聚合物熔体

对于含有多分散的高分子量线性链的聚合物熔体，在实际的应力松弛试验中通常显示出三种不同的松弛模式[171]：Rouse 松弛 (I 区)，幂律区 (II 区) 和类Rouse 区 (III 区)，如图 3.12(a) 所示。图 3.12(b) 中给出的多分散聚合物熔体的代表性复数模量，在储能模量和损失模量中也通过中间区域表现出明显的过渡行为[172]。

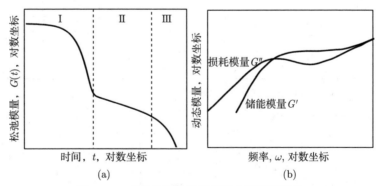

(a)　　　　　　　　　　　　　　　　　(b)

图 3.12　多分散聚合物熔体的典型流变特性

(a) 松弛模量；(b) 动态模量

Maxwell 模型可以很好地描述 Rouse 松弛。真正的挑战是如何为幂律和类Rouse 松弛过程 (II 区和 III 区，本书合称之为终端幂律松弛) 得到一个合适的模型。对于聚合物熔体，考虑两种模式的松弛模型可能是合理的：Rouse 松弛模式和终端幂律松弛模式。从高分子物理学的角度来看，前一种模式与短程运动所引起的结构松弛有关，而后一种模式则对应于涉及长程链运动的纠缠/解缠效应。

高多分散性的纠缠聚合物链显示出分散的多重效应，单模式 Maxwell 模型无法描述。在这种情况下，这里使用传递函数方法对该复杂现象进行建模。首先判别传递函数形式可能的限制，以缩小搜索范围。

首先，聚合物熔体通常可以以固定的应变速率维持稳态流动。根据式 (3.13)，所需的传递函数应满足以下条件：

$$\lim_{s \to 0} \left(\frac{T(s)}{s} \right) = \eta_0 \tag{3.37}$$

其中，η_0 是稳态剪切粘度。从材料参数的关系，可以设置 $\eta_0 = E\lambda_\tau$。其次，聚合物熔体通常在启动流动期间的初始阶段显示出粘度的幂律率变化。从式 (3.13) 可以推导出传递函数 $T(s)$ 应该具有以下性质：

$$\lim_{s \to \infty} T(s) \propto s^\alpha \tag{3.38}$$

根据量纲平衡，传递函数的最终极限值可以设置为 $E(\lambda_\tau s)^\alpha$。

基于性质式 (3.37) 和式 (3.38)，Mittag-Leffler 松弛 (Mittag-Leffler relaxation, MLR) 模型[167] 和分数阶粘壶模型[156](表 3.2) 满足这样的条件。MLR 模型的传递函数可以写成

$$T(s) = \frac{E\lambda_\tau s}{1 + (\lambda_\tau s)^{1-\alpha}} \tag{3.39}$$

为了提升模型的描述能力，这里建立了一个广义的四参数分数阶模型，其传递函数为

$$T(s) = \frac{E\lambda_\tau s}{[1 + (\lambda_\tau s)^\alpha]^\beta} \tag{3.40}$$

当 $\alpha = 1$ 时，该模型退化为分数阶粘壶；当 $\beta = 1$ 时，退化为 MLR 模型。当然，式 (3.40) 中的传递函数也可以通过令式 (3.30) 中参数 $d = \alpha = 1$，$\gamma = (1-\beta)/\varphi$ 而建立。结合 Maxwell 模型和四参数分数阶模型，最终的传递函数可以写成

$$T(s) = \frac{E_1\lambda_{\tau 1}s}{1 + \lambda_{\tau 1}s} + \frac{E_2\lambda_{\tau 2}s}{[1 + (\lambda_{\tau 2}s)^\alpha]^\beta} \tag{3.41}$$

采用式 (3.41) 拟合两个聚苯乙烯熔体在 160℃ 时的动态模量数据，拟合结果如图 3.13 所示。拟合参数在表 3.5 中列出。

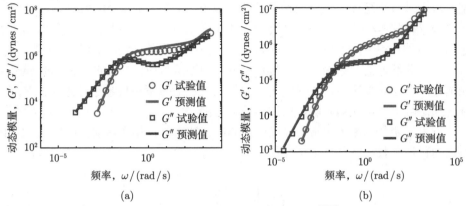

图 3.13 两个聚苯乙烯熔体在 160℃ 时动态模量数据[172] 及传递函数拟合

(a) 单分散样品；(b) 多分散的样品

表 3.5 使用式 (3.41) 中的传递函数拟合两个聚苯乙烯熔体的动态模量所得参数

	$E_1/(\text{dyn}^①/\text{cm}^2)$	$\lambda_{\tau 1}/\text{s}$	$E_2/(\text{dyn}/\text{cm}^2)$	$\lambda_{\tau 2}/\text{s}$	α	β
单分散样品	1.106×10^7	0.00073	1.352×10^6	27.74	0.8815	1
多分散样品	1.079×10^7	0.000655	5.79×10^5	75.96	0.502	1.699

在图 3.13 中的两种情况下，都实现了出色的数据拟合，除了单分散样品的储能模量有细微的不匹配。值得注意的是，从不同的松弛时间范围可以看出，这两种情况显示出快速的 Rouse 过程和缓慢的终端过程。该结果与图 3.12(a) 所示的缠结聚合物熔体的预期松弛模式一致。值得一提的是，使用广义 Maxwell 模型很难拟合这些试验数据，通常需要五个或更多模式，但会导致数据过度拟合。

2. 聚异丁烯的动态响应

聚异丁烯的松弛模量有时表现出四个不同的区域：两个平台区和两个幂律区，如图 3.14(a) 所示。我们尝试使用传递函数方法对其进行建模。

根据图 3.14(a) 中松弛模量的极限性质：

$$\lim_{t\to 0} G(t) = E, \quad \lim_{t\to \infty} G(t) \propto t^{-\alpha} \tag{3.42}$$

基于式 (3.11) 可知所求的传递函数需满足如下条件：

$$\lim_{s\to \infty} T(s) = E, \quad \lim_{s\to 0} T(s) \propto s^{\alpha} \tag{3.43}$$

可以通过将几个单松弛时间的传递函数结合来描述图 3.14(a) 中的多松弛过程。第一个平台区和幂律区 (I 区和 II 区) 可以用式 (3.29) 中的传递函数来表征。

---

① 1dyn=10^{-5}N。

作为式 (3.29) 的特殊情况，此处使用 FM 模型 (令式 (3.29) 中 $d = 0$)。此外，采用另一个 FM 模型来描绘第二平台和幂律区域 (区域 II 和 IV)。因此，传递函数的最终形式可以表示为

$$T(s) = \frac{E_1(\lambda_{\tau 1}s)^\alpha}{1 + (\lambda_{\tau 1}s)^\alpha} + \frac{E_2(\lambda_{\tau 2}s)^\beta}{1 + (\lambda_{\tau 2}s)^\beta} \tag{3.44}$$

聚异丁烯的动态实验数据取自文献 [173]，如图 3.14(b)~(d) 所示。根据传递函数和动态模量之间的关系，式 (3.44) 中的模型参数可以通过最小化以下函数来获取：

$$S = \frac{1}{M} \sum_{i=1}^{M} \left[\left(G_i'^{\mathrm{Exp}} - G_i'^{\mathrm{Pred}} \right)^2 + \left(G_i''^{\mathrm{Exp}} - G_i''^{\mathrm{Pred}} \right)^2 + \left(\tan \delta_i^{\mathrm{Exp}} - \tan \delta_i^{\mathrm{Pred}} \right)^2 \right] \tag{3.45}$$

其中，上标 Exp 和 Pred 分别表示来自实验数据和预测模型的值；参数 M 是实验数据的数量。图 3.14(b)~(d) 中的预测曲线表明，拟合曲线与动态实验数据吻合得很好，除了 $\tan\delta$ 数据的峰值略有低估。表 3.6 的拟合参数表明，松弛时间 $\lambda_{\tau 1}$ 比 $\lambda_{\tau 2}$ 小 11 个数量级，验证了两个不同的松弛过程如预期的那样。

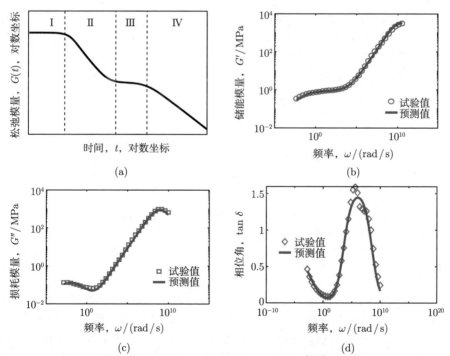

图 3.14　(a) 聚异丁烯的典型松弛模量；聚异丁烯的动态数据[173] 和根据式 (3.44) 中的传递
函数预测的曲线：(b) 储能模量，(c) 损耗模量，(d) 损耗角正切

表 3.6 　使用式 (3.44) 中的传递函数拟合聚异丁烯动态响应的参数

E_1/MPa	E_2/MPa	$\lambda_{\tau 1}/\mathrm{s}$	$\lambda_{\tau 2}/\mathrm{s}$	α	β
3500	0.8	$1.\times 10^{-9}$	100	0.63	0.4

3.4　粘弹性数据转换

本节采用 MFM 模型将时域数据转换为动态模量数据。时域数据包含蠕变柔量数据、带振荡的蠕变数据和实际松弛数据。

3.4.1　蠕变数据转换为动态模量数据

这里采用 MFM 模型拟合了聚酰亚胺的蠕变柔量数据[174]，如图 3.15(a) 所示。结果表明，MFM 模型与数据吻合良好。拟合参数在表 3.7 中给出。对于这种特殊情况，可以通过设置 $\alpha = 1$ 和 $\varphi = 1 - \beta$ 来简化 MFM 模型，但仍可以实现良好的拟合精度。所得模型本质上是表 3.2 所列 Mittag-Leffler 松弛模型。

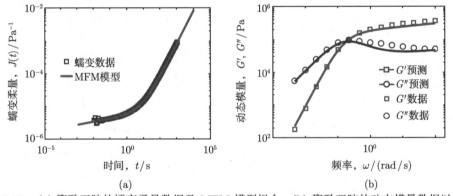

图 3.15 　(a) 聚酰亚胺的蠕变柔量数据及 MFM 模型拟合；(b) 聚酰亚胺的动态模量数据以及 MFM 模型的预测曲线

表 3.7 　MFM 模型拟合聚酰亚胺蠕变柔量所得的参数

E/Pa	λ_τ/s	α	β	φ
1.656×10^5	6.828	1	0.09495	0.9051

然后，根据式 (3.21) 和式 (3.22) 将获得的 MFM 模型用于预测聚酰亚胺的动态模量，并与动态模量数据进行比较。图 3.15(b) 中的结果表明，MFM 模型的预测曲线与动态模量数据吻合较好。应该注意的是，动态模量的原始预测结果是振荡的[175]，这是由参考文献 [174] 中的转换方法对蠕变数据进行数值微分引起的。与原转换方法相比，当前使用 MFM 传递函数模型的方法似乎更加直接和方便。

  另一方面，由于实际蠕变试验的惯性效应，通常会在应变数据中发现振荡运动，称为蠕变振铃[176]。四种聚合物流体：PSm，PEOs，CES 和 XG 的蠕变振铃数据取自文献 [176]。拟合结果如图 3.16 所示。这里采用 MFM 模型来拟合蠕变振铃数据。考虑到惯性效应，这里将蠕变应变与传递函数的关系表示为[176]

$$\tilde{\gamma}(s) = \frac{\sigma_0}{sT(s) + \mu s^3} \tag{3.46}$$

其中，σ_0 是蠕变应力；μ 是惯性系数；$\tilde{\gamma}(s)$ 是蠕变应变的 Laplace 变换。需要说明的是，对于 PSm，$\mu = 0.47\text{Pa·s}^2$；对于 PEOs，CES 和 XG，$\mu = 0.048\text{Pa·s}^2$；对于 PSm，$\sigma_0 = 100\text{Pa}$；对于 PEOs，$\sigma_0 = 1\text{Pa}$；对于 CES，$\sigma_0 = 0.05\text{Pa}$；对于 XG，$\sigma_0 = 5\text{Pa}$[176]。在推导式 (3.46) 中考虑了传递函数和蠕变柔量的关系。可以通过将 MFM 模型的传递函数插入式 (3.46) 中，然后进行数值 Laplace 逆变换而获得实际的蠕变应变。MFM 模型的拟合结果与参考文献 [176] 中的原始预测进行了比较，如图 3.16 所示。

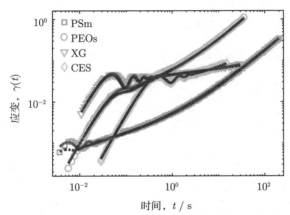

图 3.16 MFM 模型 (红色实线) 直接拟合的四种聚合物流体的蠕变振铃应变数据，并与原始
参考文献 [176] 中的预测 (蓝色虚线) 进行了比较

  从图 3.16 可以看出，MFM 模型的拟合曲线与所有四个数据集都非常吻合，并且与原始预测相似。特别地，对于 PSm 的初始振铃，MFM 模型表现得稍好一些。应该注意的是，为了进行数值 Laplace 变换，参考文献 [176] 中的原始预测方法需要对初始蠕变数据和长期蠕变数据进行一些假设，这会带来一些意料外的误差。与原始预测方法相比，使用 MFM 模型的转换方法似乎更加直接和方便。另外，表 3.8 中给出的拟合参数 α 对于所有四种流体均等于 1，这表明一个四参数的简化模型足以表征这些流体：

$$T(s) = \frac{E\lambda_\tau s}{\left[1 + (\lambda_\tau s)^\varphi\right]^{\frac{1-\beta}{\varphi}}} \tag{3.47}$$

表 3.8   通过 MFM 模型对四种聚合物流体的蠕变振铃数据进行拟合所得的参数

	E/Pa	λ_τ/s	α	φ	β
PSm	7×10^4	1	1	0.45	0.17
PEOs	18	2	1	0.8	0.4
XG	58	150	1	1.1	0.138
CES	0.77	30	1	0.9	0.21

此外，这里使用获得的 MFM 模型来预测四种流体的动态模量数据，并将其与参考文献 [176] 中的预测结果进行比较，如图 3.17 所示。可以看出，MFM 模型预测的动态模量与该数据非常吻合，并且预测精度大体上与原始方法相近。

图 3.17   四种流体的动态模量数据和 MFM 模型的预测曲线 (红色实线)，并与参考文献 [176] 中的预测结果 (蓝色虚线) 进行了比较

3.4.2   松弛数据转换为动态模量数据

根据式 (3.7)，松弛模量与传递函数通过 Laplace 逆变换直接相关。但是，实际松弛试验的理想阶跃应变无法达到，即在初始加载中存在一个小的应变逐渐增加的阶段。在这种情况下，如果可以通过某个模型来表征粘弹性材料，并且可以

通过数学表达式来逼近真实松弛应变数据在拉普拉斯变换空间对应的值，则可以
获得真实的松弛应力。

三种材料的实际的松弛应变和应力数据取自参考文献 [177]，即线性聚异戊二
烯 (PI) 熔体，线性 PI 熔体的双峰共混物和丁苯橡胶 (SBR)，如图 3.18 所示。可
以看出，应变数据在双对数图中显示出近似的初始幂律增加和随后的稳定平台区
域。考虑拉普拉斯变换的最终值理论，这里可以使用一个近似表达式来拟合应变
数据在拉普拉斯变换后的值：

$$\tilde{\varepsilon}(s) = \frac{\varepsilon_0}{s\left[1 + (\lambda_\varepsilon s)^a\right]^b} \tag{3.48}$$

其中，ε_0 表示稳定的松弛应变，例如，对于图 3.18(a) 中的线性聚异戊二烯熔体
的 $\varepsilon_0 = 0.1$，另外参数 λ_ε，a 和 b 应根据数据拟合得到。根据式 (3.48) 拟合三种
材料的应变数据，如图 3.18(a) 所示，拟合参数见表 3.9。可以看出，拟合曲线与
所有应变数据都吻合良好。另一方面，假设这三种材料可以通过双模式的 MFM
模型来表征，则直接拟合应力数据，如图 3.18(b) 所示，拟合参数见表 3.10。可
以看出，拟合曲线与所有应力数据均吻合。

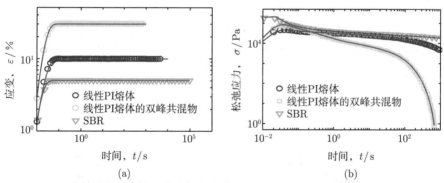

图 3.18　(a) 三种材料的实际松弛试验的应变数据，并通过式 (3.48) 中的应变表达式进行拟
　　　　合；(b) 相应的松弛应力数据，并通过双模式 MFM 模型进行拟合

表 3.9　根据式 (3.48) 拟合三种材料的实际松弛应变数据的参数

	ε_0	$\lambda_\varepsilon/\mathrm{s}$	a	b
线性 PI 熔体	0.1	0.01	1	2.6
线性 PI 熔体的双峰共混物	0.3	0.007	1	3.5
SBR	0.05	0.005	1	3.2

使用所得到的双模式 MFM 模型，可以根据式 (3.21) 和式 (3.22) 预测这些
材料的动态模量。将预测结果与相应的试验数据进行比较，如图 3.19 所示，可以

看出，双模式 MFM 模型的预测值与所有三个动态模量数据吻合得都很好。值得注意的是，参考文献 [177] 中的原始预测是振荡的，这是由对松弛数据的数值微分引起的。与参考文献 [177] 中的转换方法相比，当前的方法更加直接和方便。

表 3.10　通过双模式 MFM 模型拟合三种材料的实际松弛应力数据得到的拟合参数

线性 PI 熔体				线性 PI 熔体的双峰共混物				SBR			
E_1/Pa	5×10^5	E_2/Pa	1.8×10^5	E_1/Pa	6×10^4	E_2/Pa	1.7×10^4	E_1/Pa	2.3×10^8	E_2/Pa	3.5×10^5
$\lambda_{\tau1}$/s	1×10^{-2}	$\lambda_{\tau2}$/s	8×10^2	$\lambda_{\tau1}$/s	5×10^{-1}	$\lambda_{\tau2}$/s	1×10^2	$\lambda_{\tau1}$/s	9×10^{-5}	$\lambda_{\tau2}$/s	1.5×10^4
α_1	1	α_2	1	α_1	1	α_2	1	α_1	0.73	α_2	0.85
β_1	0.1	β_2	0.095	β_1	0.3	β_2	0.3	β_1	0	β_2	0.08
φ_1	1	φ_2	0.87	φ_1	1	φ_2	1.01	φ_1	0.7	φ_2	0.85

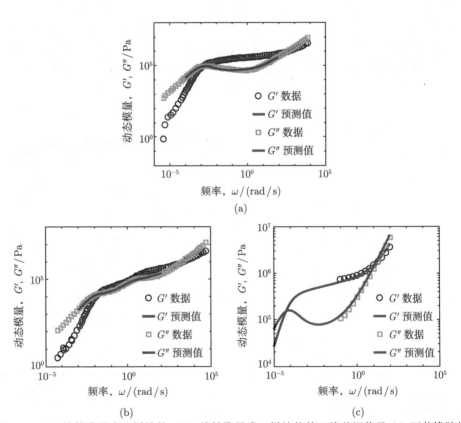

图 3.19　(a) 线性聚异戊二烯熔体，(b) 线性聚异戊二烯熔体的双峰共混物及 (c) 丁苯橡胶的动态模量数据和双模式 MFM 模型的预测

3.5　小　　结

　　本章根据传递函数的定义，阐明了传递函数与弹性–粘弹性对应原理的关系。结果表明，在粘弹性复合材料力学计算中，传递函数即是对应粘弹性材料在 Laplace 空间中的模量。紧接着，本章给出了传递函数与常见的粘弹性函数 (包括蠕变、松弛、瞬态粘度和动态模量) 之间的关系，也给出了常见的经典粘弹性模型和分数阶粘弹性模型的传递函数。结合传递函数与粘弹性之间的关系，本章提出了从理论和基于数据两种方法在 Laplace 空间中建立粘弹性模型。理论方法主要是选定两个极限粘弹性模型的传递函数，并使用简单的代数公式计算要得到的粘弹性模型的传递函数。而基于数据的方法是根据粘弹性数据的特征，以及粘弹性函数与传递函数的极限关系，逐步缩小范围直至得到最终的传递函数形式。最后，本章将这种基于传递函数建立粘弹性模型的方法应用到粘弹性数据拟合和转换中，包括对蠕变柔量数据和动态模量数据的拟合，以及蠕变、松弛数据转换为动态模量数据。经多组试验数据验证，该传递函数方法可以很好地进行时 (频) 域粘弹性数据逼近，以及时–频域粘弹性数据转换。

第 4 章　微观水泥浆体的弹性性能

4.1　水泥水化微结构时变特征

准确地表征水泥水化导致的微观结构演变是预测水泥浆体老化蠕变的基础。通常，可以采用数值和解析模型来预测水泥浆体中各相体积分数的演变。数值模型基于水泥水化过程的计算机模拟，如 CEMHYD3D 模型[178]、HYMOSTRUC 模型[179]、μic 模型[180] 和 DuCOM 模型[181]。与数值模型相比，解析模型[182-184] 更易于使用且更省时。通常，解析模型预测微观结构演变需要三个步骤：① 确定水泥主要熟料相 (硅酸三钙 (C_3S)、硅酸二钙 (C_2S)、铝酸三钙 (C_3A) 和铁铝酸四钙 (C_4AF)) 的水化度 ξ 随时间的演变；② 计算各相的体积分数随水化度的演变；③ 通过耦合前两步的结果，获得各相的体积分数随时间的演变。

4.1.1　水化度随时间的演变

对于水泥水化，Avrami 方程[91] 适用于描述水泥早期水化过程中的成核和生长反应，但它不能表征波特兰 (Portland) 水泥中发生的更复杂的反应[91]。考虑到成核和生长过程、扩散过程和水化产物壳形成过程，Parrot 和 Killoh[185] 提出了一种理论水泥水化模型，据报道该模型可以准确地预测各熟料矿物的实际溶解速率随时间的演变[80]。本书采用 Parrot 和 Killoh[185] 提出的水泥水化模型。由于相对湿度 (RH) 对水泥浆体的水化过程和力学性能均有显著影响[186]，根据 Krishnya 等[80] 的工作，这里采用了相对湿度 (RH) 模型，其公式表示为[80]

$$\mathrm{RH}\,(\%) = \begin{cases} 100\ t^{0.07w/c-0.0435}, & w/c > 0.4 \\ 100\ t^{0.375(w/c)^2-0.0375w/c-0.0625}, & w/c \leqslant 0.4 \end{cases} \tag{4.1}$$

其中，w/c 表示水灰比；t 代表水化时间。

随后，熟料矿物 X (= C_3S, C_2S, C_3A 和 C_4AF) 在时间 t 的成核和生长速率 $R_{t,1}^X$ 可由下式给出[80]：

$$R_{t,1}^X = \frac{K_1}{N_1}\left(1-\xi_t^X\right)\left[-\ln\left(1-\xi_t^X\right)\right]^{1-N_1} \tag{4.2}$$

其中，K_1，N_1 是与熟料矿物相关的方程常数，取值见表 4.1；ξ_t^X 表示 t 时刻熟料矿物 X 的水化度。熟料矿物 X 在 t 时刻的扩散率 $R_{t,2}^X$ 表示为

$$R_{t,2}^X = \frac{K_2 \left(1 - \xi_t^X\right)^{\frac{2}{3}}}{1 - \left(1 - \xi_t^X\right)^{\frac{1}{3}}} \tag{4.3}$$

其中, K_2 是方程常数, 取值参见表 4.1。另外, 熟料矿物 X 在 t 时刻的水化物壳形成率 $R_{t,3}^X$ 表示为

$$R_{t,3}^X = K_3 \left(1 - \xi_t^X\right)^{N_3} \tag{4.4}$$

其中, K_3, N_3 为方程常数, 取值参见表 4.1。t 时刻熟料矿物 X 的水化度 ξ_t^X 可以通过下式求解:

$$\xi_t^X = \xi_{t-1}^X + \Delta t \cdot \min\left(R_{t-1,1}^X, R_{t-1,2}^X, R_{t-1,3}^X\right) \cdot \beta_{w/c} \cdot \lambda_{RH} \cdot \frac{A}{A_0} \cdot \exp\left[\frac{E_a^X}{R}\left(\frac{1}{T_0} - \frac{1}{T}\right)\right] \tag{4.5}$$

其中, ξ_{t-1}^X 是前一个时间步熟料矿物 X 的水化度; Δt 表示时间步长; A 是水泥的 Blaine 表面积 (根据文献 [80], 取 $311\mathrm{m^2/kg}$); A_0 是水泥的参考表面积 (385 $\mathrm{m^2/kg}$); E_a^X 是熟料矿物 X 的表观活化能; R 是气体常数 ($8.314\mathrm{J/(mol \cdot K)}$); T_0 是参考温度 ($293.15\mathrm{K}$); T 表示温度。另外, $\beta_{w/c}$ 是水灰比相关的参数, 它按下式取值

$$\beta_{w/c} = \begin{cases} \left[1 + 3.333\left(H^X \cdot w/c - \xi_{t-1}^X\right)\right]^4, & \xi_{t-1}^X > H^X \cdot w/c \\ 1, & \xi_{t-1}^X \leqslant H^X \cdot w/c \end{cases} \tag{4.6}$$

其中, H^X 是和熟料矿物相关的常数, 见表 4.1[80,187]; λ_{RH} 是与相对湿度相关的参数, 写为

$$\lambda_{RH} = \left(\frac{\mathrm{RH} - 0.55}{0.45}\right)^4 \tag{4.7}$$

表 4.1   计算各熟料矿物水化度的常数[80,187]

	C_3S	C_2S	C_3A	C_4AF
K_1	1.5	0.5	1	0.37
N_1	0.7	1	0.85	0.7
K_2	0.05	0.006	0.04	0.015
K_3	1.1	0.2	1	0.4
N_3	3.3	5	3.2	3.7
H^X	1.8	1.35	1.6	1.45
$E_a/(\mathrm{J/mol})$	41570	20785	54040	34087

对于熟料矿物, 质量分数为 $m_{C_3S} = 0.57$, $m_{C_2S} = 0.18$, $m_{C_3A} = 0.1$, $m_{C_4AF} = 0.08$ 的水泥, 在三种水灰比: $w/c = 0.3$, 0.4 和 0.5, 以及 $25°C$ 的温度下, 水

化度随时间的演变可以根据式 (4.1) ~ 式 (4.7) 计算, 如图 4.1 所示。从图中可以看出, 水化过程在前 28 天迅速发展, 然后逐渐减慢。在这样的水泥熟料组分下, C_3S 水化最完全, C_2S 水化程度最低。此外, 各相的水化度和总水化度均随水泥水灰比的增加而增加。

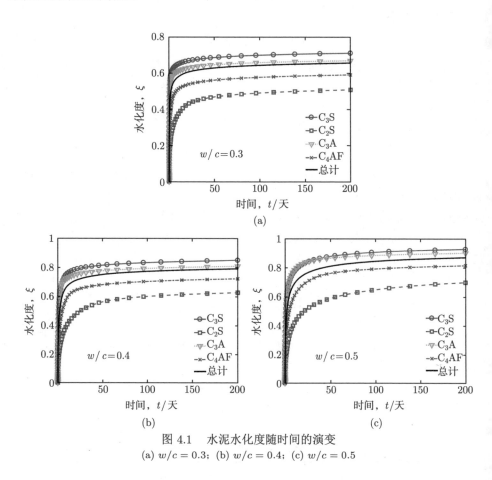

图 4.1　水泥水化度随时间的演变
(a) $w/c = 0.3$; (b) $w/c = 0.4$; (c) $w/c = 0.5$

4.1.2　各相体积分数随水化度的演变

对于各相体积分数的计算, 经典的 Powers 模型[188] 提供了一个经验公式, 用于计算三相 (未水化水泥颗粒、水化产物和孔隙) 的体积分数随水化度的演变。Powers 模型可以正确反映低水灰比下水泥不能完全水化的事实, 但是对于水泥浆体, 其仅考虑三相过于粗糙。Königsberger 等[189] 开发了一个考虑 C-S-H 致密化效应的解析水化模型。该模型可以给出包括未水化水泥颗粒、C-S-H 凝胶、氢氧化钙晶体 (CH)、毛细孔等多相在内的体积分数随水化度和水灰比演变的解析表达式。尽管该模型比 Powers 模型更精细，但仅考虑了水泥中的两种主要熟料 (C$_3$S 和 C$_2$S)，这显然会降低模型的精度。考虑到四种主要的水泥熟料 (C$_3$S、C$_2$S、C$_3$A 和 C$_4$AF)，Ulm 等[70] 给出了各相体积分数随水化度的演变公式，包括四个主要熟料相、HD C-S-H、LD C-S-H、CH、铝酸盐 (Alum.)、水和孔隙。据报道，该模型与试验数据吻合良好[70]。因此，这里采用 Ulm 模型计算各相的体积分数随水化度的演变。

首先 LD C-S-H 和 HD C-S-H 的体积 V_{LD} 和 V_{HD} 分别可由下式求得：

$$
\begin{aligned}
V_{\mathrm{LD}} = {} & V_{\mathrm{CSH}}^{\mathrm{C_3S}} \left(\xi_{\mathrm{C_3S}}^* - \langle \xi_{\mathrm{C_3S}}^* - \xi_{\mathrm{C_3S}} \rangle_+ \right) \\
& + V_{\mathrm{CSH}}^{\mathrm{C_2S}} \left(\xi_{\mathrm{C_2S}}^* - \langle \xi_{\mathrm{C_2S}}^* - \xi_{\mathrm{C_2S}} \rangle_+ \right)
\end{aligned} \tag{4.8}
$$

$$
\begin{aligned}
V_{\mathrm{HD}} = {} & V_{\mathrm{CSH}}^{\mathrm{C_3S}} \langle \xi_{\mathrm{C_3S}} - \xi_{\mathrm{C_3S}}^* \rangle_+ \\
& + V_{\mathrm{CSH}}^{\mathrm{C_2S}} \langle \xi_{\mathrm{C_2S}} - \xi_{\mathrm{C_2S}}^* \rangle_+
\end{aligned} \tag{4.9}
$$

其中，ξ_X 表示熟料 X (= C$_3$S, C$_2$S, C$_3$A 和 C$_4$AF) 的水化度；ξ_X^* 代表熟料 X 在水化的成核和增长过程中对应的水化度上限，即 $\xi_X \leqslant \xi_X^*$；$\langle x \rangle_+$ 表示取 x 的正值部分；$V_{\mathrm{CSH}}^{\mathrm{C_3S}}$ 和 $V_{\mathrm{CSH}}^{\mathrm{C_2S}}$ 分别表示由 C$_3$S 和 C$_2$S 作为反应物产生的 C-S-H 的体积，可由下式求出：

$$
\begin{aligned}
\frac{V_{\mathrm{CSH}}^{\mathrm{C_3S}}}{V_{\mathrm{c}}^0} &= \theta_{\mathrm{CSH}}^{\mathrm{C_3S}} \cdot \frac{\rho_{\mathrm{C_3S}}^*/M_{\mathrm{C_3S}}}{\rho_{\mathrm{CSH}}/M_{\mathrm{CSH}}} \\
\frac{V_{\mathrm{CSH}}^{\mathrm{C_2S}}}{V_{\mathrm{c}}^0} &= \theta_{\mathrm{CSH}}^{\mathrm{C_2S}} \cdot \frac{\rho_{\mathrm{C_2S}}^*/M_{\mathrm{C_2S}}}{\rho_{\mathrm{CSH}}/M_{\mathrm{CSH}}}
\end{aligned} \tag{4.10}
$$

其中，V_{c}^0 表示初始的水泥体积；$\theta_{\mathrm{CSH}}^{\mathrm{C_3S}}$ ($\theta_{\mathrm{CSH}}^{\mathrm{C_2S}}$) 表示消耗 1 mol C$_3$S(C$_2$S) 所生成 C-S-H 的摩尔数；$M_{\mathrm{C_3S}}, M_{\mathrm{C_2S}}$ 分别表示 C$_3$S, C$_2$S 的摩尔质量；ρ_{CSH} 和 M_{CSH} 分别表示 C-S-H 的质量密度和摩尔质量，相关参数取值见表 4.2。$\rho_{\mathrm{C_3S}}^*$ ($\rho_{\mathrm{C_2S}}^*$) 表示 C$_3$S (C$_2$S) 在水泥 (质量密度为 ρ_{c} 中) 的表观质量密度，可由下式求得：

$$
\begin{aligned}
\rho_{\mathrm{C_3S}}^* &= \rho_{\mathrm{c}} \frac{m_{\mathrm{C_3S}}}{\displaystyle\sum_X m_X} \\
\rho_{\mathrm{C_2S}}^* &= \rho_{\mathrm{c}} \frac{m_{\mathrm{C_2S}}}{\displaystyle\sum_X m_X}
\end{aligned} \tag{4.11}
$$

相关参数见表 4.2。水泥水化过程中各熟料 X 的体积 V_X 可由下式求得：

$$V_X = V_X^0 \left(1 - \xi_X\right), \quad \frac{V_X^0}{V_c^0} = \frac{m_X}{\sum\limits_X m_X} \tag{4.12}$$

其中，V_X^0 是熟料相 X 的初始体积。水的体积 V_w 为

$$V_w = V_w^0 - \sum_X V_w^X \cdot \xi_X \geqslant 0 \tag{4.13}$$

其中，V_w^0 是水的初始体积；V_w^X 是熟料相 X 完全水化所消耗的水的体积，可由下式求得：

$$\frac{V_w^X}{V_c^0} = \theta_w^X \cdot \frac{\rho_X^*/M_X}{\rho_w/M_w} \tag{4.14}$$

式中，θ_w^X 表示 1 mol 熟料相 X 水化过程中需要消耗的水的摩尔数；M_X，M_w 分别是熟料相 X 和水的摩尔质量；ρ_w 表示水的密度；ρ_X^* 表示熟料相 X 的表观质量密度，写为

$$\rho_X^* = \rho_c \frac{m_X}{\sum\limits_X m_X} \tag{4.15}$$

表 4.2　获取各相体积分数所需输入参数[70]

	反应物						产物	
	C_3S	C_2S	C_3A	C_4AF	w	c	C-S-H	CH
$\rho_X^*/(\text{g/cm}^3)$	$\rho_c \dfrac{m_{C_3S}}{\sum\limits_X m_X}$	$\rho_c \dfrac{m_{C_2S}}{\sum\limits_X m_X}$	$\rho_c \dfrac{m_{C_3A}}{\sum\limits_X m_X}$	$\rho_c \dfrac{m_{C_4AF}}{\sum\limits_X m_X}$	1	3.15	2.04	2.24
$M_X/(\text{g/mol})$	228.32	172.24	270.20	430.12	18	—	227.2	74
θ_{CSH}^X	1.0	1.0	—	—				
θ_{CH}^X	1.3	0.3	—	—				
θ_w^X	5.3	4.3	10.0	10.75				
θ_V^X	−0.073	−0.077	−0.077	−0.077				

另外，氢氧化钙晶体 CH 的体积可由下式求得

$$V_{CH} = V_{CH}^{C_3S} \cdot \xi_{C_3S} + V_{CH}^{C_2S} \cdot \xi_{C_2S} \tag{4.16}$$

其中，$V_{CH}^{C_3S}$ 和 $V_{CH}^{C_2S}$ 分别表示 CH 形成中熟料 C_3S 和 C_2S 的体积消耗，可由下式求出：

$$\frac{V_{CH}^{C_3S}}{V_c^0} = \theta_{CH}^{C_3S} \cdot \frac{\rho_{C_3S}^*/M_{C_3S}}{\rho_{CH}/M_{CH}}$$
$$\frac{V_{CH}^{C_2S}}{V_c^0} = \theta_{CH}^{C_2S} \cdot \frac{\rho_{C_2S}^*/M_{C_2S}}{\rho_{CH}/M_{CH}} \tag{4.17}$$

式中，$\theta_{\mathrm{CH}}^{\mathrm{C_3S}}$ $(\theta_{\mathrm{CH}}^{\mathrm{C_2S}})$ 表示水化 1 mol 的 $\mathrm{C_3S}$ ($\mathrm{C_2S}$) 所生成的 CH 的摩尔数；ρ_{CH} 为 CH 的质量密度；M_{CH} 为 CH 的摩尔质量，相关参数见表 4.2。孔隙的体积 V_{V} 为

$$V_{\mathrm{V}} = -\sum_{X} \Delta V_{\mathrm{V}}^{X} \cdot \xi_{X} \tag{4.18}$$

其中，$\Delta V_{\mathrm{V}}^{X}$ 表示熟料 X 完全水化导致的化学收缩，具体表示为

$$\frac{\Delta V_{\mathrm{V}}^{X}}{V_{\mathrm{c}}^{0}} = \theta_{\mathrm{V}}^{X} \cdot \frac{m_{X}}{\sum\limits_{X} m_{X}} \tag{4.19}$$

式中，θ_{V}^{X} 的取值见表 4.2。水泥混合物的体积为

$$V_{\mathrm{total}} = V_{\mathrm{c}}^{0} \cdot \left(1 + \frac{\rho_{\mathrm{c}}}{\rho_{\mathrm{w}}} \cdot \frac{w}{c}\right) \tag{4.20}$$

其中，w/c 表示水灰比。那么，各相体积分数为

$$\begin{aligned} f_{\mathrm{LD}} &= \frac{V_{\mathrm{LD}}}{V_{\mathrm{total}}}, \quad f_{\mathrm{HD}} = \frac{V_{\mathrm{HD}}}{V_{\mathrm{total}}}, \quad f_{X} = \frac{V_{X}}{V_{\mathrm{total}}} \\ f_{\mathrm{CH}} &= \frac{V_{\mathrm{CH}}}{V_{\mathrm{total}}}, \quad f_{\mathrm{w}} = \frac{V_{\mathrm{w}}}{V_{\mathrm{total}}}, \quad f_{\mathrm{V}} = \frac{V_{\mathrm{V}}}{V_{\mathrm{total}}} \end{aligned} \tag{4.21}$$

其中，f_{LD}，f_{HD}，f_{X}，f_{CH}，f_{w}，f_{V} 分别表示 LD C-S-H、HD C-S-H、熟料相 X、氢氧化钙晶体 CH、水、孔隙的体积分数。最后，铝酸根水化物的体积分数 f_{A} 为

$$f_{\mathrm{A}} = 1 - f_{\mathrm{LD}} - f_{\mathrm{HD}} - \sum_{X} f_{X} - f_{\mathrm{CH}} - f_{\mathrm{w}} - f_{\mathrm{V}} \tag{4.22}$$

对于与 4.1.1 节相同组分的水泥，在水灰比 $w/c = 0.3$，0.4 和 0.5 时，温度为 25℃ 条件下分别计算各相体积分数随水化度的演变情况，如图 4.2 所示。从图 4.2 可以看出，在低水灰比下，水泥水化度有个上限；当水灰比增加时，整体水化度增加；在较高水化度时，水泥可以完全水化。这与实际情况及经典的 Powers 模型[188,190] 吻合。另外，值得注意的是，本模型反映出 LD C-S-H 凝胶在各种水灰比下的体积分数均远大于 HD C-S-H 凝胶，这可为后续在水泥浆体亚微米尺度上运用平均场理论提供合理的指导。

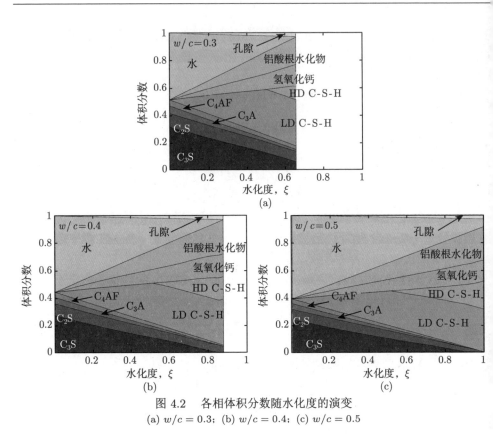

图 4.2 各相体积分数随水化度的演变

(a) $w/c = 0.3$；(b) $w/c = 0.4$；(c) $w/c = 0.5$

4.1.3 各相体积分数随时间的演变

结合 4.1.1 节和 4.1.2 节中的模型，对于相同组分的水泥和环境条件，这里可以计算各相体积分数随时间的演变，结果如图 4.3 所示。从图中可以看出，各相的体积分数在前 50 天变化很大，而在 150 天后几乎没有变化。此外，C-S-H 凝胶 (HD C-S-H 和 LD C-S-H) 的体积分数达 40%～ 50%，是主要的水化产物。

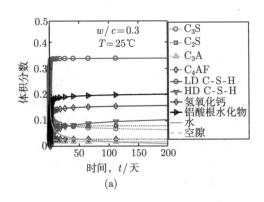

(a)

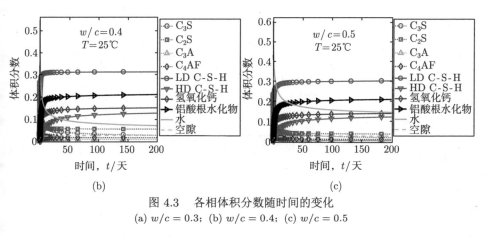

图 4.3 各相体积分数随时间的变化
(a) $w/c = 0.3$; (b) $w/c = 0.4$; (c) $w/c = 0.5$

4.2 水泥浆体弹性性能的多层级模型

通过结合 4.1 节中的水泥水化微结构，本节提出水泥浆体的弹性性能的多层级模型。这里首先以 Ulm 等[69] 测量得到的 HD C-S-H 和 LD C-S-H 的弹性模量为基础，将水化度曲线进行离散化，以方便水泥浆体老化弹性的计算。根据图 4.4 所示水泥浆体的多层级结构，逐级计算 C-S-H 凝胶和水泥浆体的有效弹性性能。

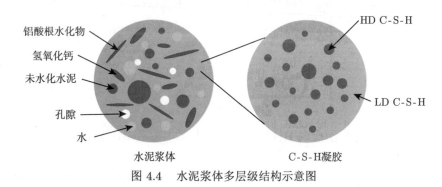

图 4.4 水泥浆体多层级结构示意图

4.2.1 亚微米尺度 C-S-H 凝胶的有效弹性性能

基于图 4.4 所示的水泥浆体的多级结构，在亚微米尺度上，C-S-H 凝胶由 HD C-S-H 和 LD C-S-H 组成夹杂–基体结构[70]。因此，这里采用 Mori-Tanaka(MT) 方法计算 C-S-H 凝胶的有效弹性性能。根据 Ulm 等[69] 的试验测量，HD C-S-H 和 LD C-S-H 的弹性模量分别取 29.4GPa 和 21.7GPa，根据文献 [10] 和 [71]，这里将 HD C-S-H 视为球形夹杂物，且 HD C-S-H 和 LD C-S-H 的泊松比均为 0.24。已知 HD C-S-H 和 LD C-S-H 的弹性模量和泊松比之后，可以推导出其弹性刚度

张量 $\boldsymbol{C}_{\mathrm{HD}}$ 和 $\boldsymbol{C}_{\mathrm{LD}}$，表示为

$$
\boldsymbol{C}_{\mathrm{HD}} = \frac{E_{\mathrm{HD}}}{1+v_{\mathrm{HD}}} \cdot
\begin{bmatrix}
\dfrac{1-v_{\mathrm{HD}}}{1-2v_{\mathrm{HD}}} & \dfrac{v_{\mathrm{HD}}}{1-2v_{\mathrm{HD}}} & \dfrac{v_{\mathrm{HD}}}{1-2v_{\mathrm{HD}}} & 0 & 0 & 0 \\
\dfrac{v_{\mathrm{HD}}}{1-2v_{\mathrm{HD}}} & \dfrac{1-v_{\mathrm{HD}}}{1-2v_{\mathrm{HD}}} & \dfrac{v_{\mathrm{HD}}}{1-2v_{\mathrm{HD}}} & 0 & 0 & 0 \\
\dfrac{v_{\mathrm{HD}}}{1-2v_{\mathrm{HD}}} & \dfrac{v_{\mathrm{HD}}}{1-2v_{\mathrm{HD}}} & \dfrac{1-v_{\mathrm{HD}}}{1-2v_{\mathrm{HD}}} & 0 & 0 & 0 \\
0 & 0 & 0 & \dfrac{1}{2} & 0 & 0 \\
0 & 0 & 0 & 0 & \dfrac{1}{2} & 0 \\
0 & 0 & 0 & 0 & 0 & \dfrac{1}{2}
\end{bmatrix}
\tag{4.23}
$$

$$
\boldsymbol{C}_{\mathrm{LD}} = \frac{E_{\mathrm{LD}}}{1+v_{\mathrm{LD}}} \cdot
\begin{bmatrix}
\dfrac{1-v_{\mathrm{LD}}}{1-2v_{\mathrm{LD}}} & \dfrac{v_{\mathrm{LD}}}{1-2v_{\mathrm{LD}}} & \dfrac{v_{\mathrm{LD}}}{1-2v_{\mathrm{LD}}} & 0 & 0 & 0 \\
\dfrac{v_{\mathrm{LD}}}{1-2v_{\mathrm{LD}}} & \dfrac{1-v_{\mathrm{LD}}}{1-2v_{\mathrm{LD}}} & \dfrac{v_{\mathrm{LD}}}{1-2v_{\mathrm{LD}}} & 0 & 0 & 0 \\
\dfrac{v_{\mathrm{LD}}}{1-2v_{\mathrm{LD}}} & \dfrac{v_{\mathrm{LD}}}{1-2v_{\mathrm{LD}}} & \dfrac{1-v_{\mathrm{LD}}}{1-2v_{\mathrm{LD}}} & 0 & 0 & 0 \\
0 & 0 & 0 & \dfrac{1}{2} & 0 & 0 \\
0 & 0 & 0 & 0 & \dfrac{1}{2} & 0 \\
0 & 0 & 0 & 0 & 0 & \dfrac{1}{2}
\end{bmatrix}
\tag{4.24}
$$

其中，v_{HD} 和 v_{LD} 分别代表 HD C-S-H 和 LD C-S-H 的泊松比；E_{HD} 和 E_{LD} 分别表示其弹性模量。

对于定向分布的 HD C-S-H 夹杂物 (横观各向同性)，这里采用 MT 方法计算任意时刻 t_i 对应 C-S-H 凝胶的有效弹性张量 C_{CSH}^i，写成[191]

$$
\boldsymbol{C}_{\mathrm{CSH}}^i = \boldsymbol{C}_{\mathrm{LD}} + f_{\mathrm{hd}}^i \left(\boldsymbol{C}_{\mathrm{HD}} - \boldsymbol{C}_{\mathrm{LD}} \right) \boldsymbol{A}_{\mathrm{g}}^{\mathrm{HD},i}
\tag{4.25}
$$

其中，f_{hd}^i 表示 t_i 时刻的 C-S-H 凝胶中 HD C-S-H 的体积分数，可根据 t_i 时刻的 LD C-S-H 和 HD C-S-H 的体积分数计算，$f_{\mathrm{hd}}^i = f_{\mathrm{HD}}^i/(f_{\mathrm{HD}}^i + f_{\mathrm{LD}}^i)$；$\boldsymbol{A}_{\mathrm{g}}^{\mathrm{HD},i}$ 为 t_i 时刻对应的 HD C-S-H 的全局应变集中张量，表示为

$$
\boldsymbol{A}_{\mathrm{g}}^{\mathrm{HD},i} = \boldsymbol{A}^{\mathrm{HD}} \left[\left(1 - f_{\mathrm{hd}}^i \right) \boldsymbol{I} + f_{\mathrm{hd}}^i \boldsymbol{A}^{\mathrm{HD}} \right]^{-1}
\tag{4.26}
$$

式中，$\boldsymbol{I}$ 代表四阶单位张量；$\boldsymbol{A}^{\mathrm{HD}}$ 是 HD C-S-H 的局部应变集中张量，可以写成如下形式：

$$\boldsymbol{A}^{\mathrm{HD}} = \boldsymbol{I} - \boldsymbol{S}_{\mathrm{HD}} \left[\boldsymbol{S}_{\mathrm{HD}} + (\boldsymbol{C}_{\mathrm{HD}} - \boldsymbol{C}_{\mathrm{LD}})^{-1} \boldsymbol{C}_{\mathrm{LD}} \right]^{-1} \tag{4.27}$$

这里，$\boldsymbol{S}_{\mathrm{HD}}$ 表示 HD C-S-H 在 C-S-H 凝胶中的 Eshelby 张量，它取决于 HD C-S-H 的长径比和 LD C-S-H 的泊松比，椭球形夹杂的 Eshelby 张量可以理论获取，如附录 A 所示。得到的 $\boldsymbol{C}^i_{\mathrm{CSH}}$ 是横观各向同性的，可以表示为[25]

$$\boldsymbol{C}^i_{\mathrm{CSH}} = \begin{bmatrix} c_{11}^{\mathrm{CSH}} & c_{12}^{\mathrm{CSH}} & c_{12}^{\mathrm{CSH}} & 0 & 0 & 0 \\ c_{12}^{\mathrm{CSH}} & c_{22}^{\mathrm{CSH}} & c_{23}^{\mathrm{CSH}} & 0 & 0 & 0 \\ c_{12}^{\mathrm{CSH}} & c_{23}^{\mathrm{CSH}} & c_{22}^{\mathrm{CSH}} & 0 & 0 & 0 \\ 0 & 0 & 0 & \frac{1}{2}\left(c_{22}^{\mathrm{CSH}} - c_{23}^{\mathrm{CSH}}\right) & 0 & 0 \\ 0 & 0 & 0 & 0 & c_{55}^{\mathrm{CSH}} & 0 \\ 0 & 0 & 0 & 0 & 0 & c_{55}^{\mathrm{CSH}} \end{bmatrix} \tag{4.28}$$

其中，c_{11}^{CSH}，c_{12}^{CSH}，$\cdots$，c_{55}^{CSH} 是矩阵 $\boldsymbol{C}^i_{\mathrm{CSH}}$ 中的系数，详细推导见附录 B。

对于随机分布的 HD C-S-H 夹杂，在 t_i 时刻对应的 C-S-H 凝胶的有效弹性张量可以由式 (4.28) 进行方向平均推导而来。得到的 $\langle \boldsymbol{C}^i_{\mathrm{CSH}} \rangle$ 是各向同性的，可以写成[25]

$$\langle \boldsymbol{C}^i_{\mathrm{CSH}} \rangle = \begin{bmatrix} \lambda_{\mathrm{CSH}}^i + 2\mu_{\mathrm{CSH}}^i & \lambda_{\mathrm{CSH}}^i & \lambda_{\mathrm{CSH}}^i & 0 & 0 & 0 \\ \lambda_{\mathrm{CSH}}^i & \lambda_{\mathrm{CSH}}^i + 2\mu_{\mathrm{CSH}}^i & \lambda_{\mathrm{CSH}}^i & 0 & 0 & 0 \\ \lambda_{\mathrm{CSH}}^i & \lambda_{\mathrm{CSH}}^i & \lambda_{\mathrm{CSH}}^i + 2\mu_{\mathrm{CSH}}^i & 0 & 0 & 0 \\ 0 & 0 & 0 & \mu_{\mathrm{CSH}}^i & 0 & 0 \\ 0 & 0 & 0 & 0 & \mu_{\mathrm{CSH}}^i & 0 \\ 0 & 0 & 0 & 0 & 0 & \mu_{\mathrm{CSH}}^i \end{bmatrix} \tag{4.29}$$

其中，λ_{CSH}^i 和 μ_{CSH}^i 表示 t_i 时刻对应的 C-S-H 凝胶的拉梅常数，具体写成

$$\lambda_{\mathrm{CSH}}^i = \frac{1}{15}\left(c_{11}^{\mathrm{CSH}} + 6c_{22}^{\mathrm{CSH}} + 8c_{12}^{\mathrm{CSH}} - 10c_{44}^{\mathrm{CSH}} - 4c_{55}^{\mathrm{CSH}}\right)$$
$$\mu_{\mathrm{CSH}}^i = \frac{1}{15}\left(c_{11}^{\mathrm{CSH}} + c_{22}^{\mathrm{CSH}} - 2c_{12}^{\mathrm{CSH}} + 5c_{44}^{\mathrm{CSH}} + 6c_{55}^{\mathrm{CSH}}\right) \tag{4.30}$$

此外，t_i 时刻 C-S-H 凝胶的有效弹性模量 E_{CSH}^i、泊松比 ν_{CSH}^i 和体积模量 K_{CSH}^i 可以分别表示为

$$E_{\mathrm{CSH}}^i = \frac{\mu_{\mathrm{CSH}}^i \left(3\lambda_{\mathrm{CSH}}^i + 2\mu_{\mathrm{CSH}}^i\right)}{\lambda_{\mathrm{CSH}}^i + \mu_{\mathrm{CSH}}^i}$$

$$\nu_{\mathrm{CSH}}^i = \frac{\lambda_{\mathrm{CSH}}^i}{2\left(\lambda_{\mathrm{CSH}}^i + \mu_{\mathrm{CSH}}^i\right)} \tag{4.31}$$

$$K_{\mathrm{CSH}}^i = \lambda_{\mathrm{CSH}}^i + \frac{2}{3}\mu_{\mathrm{CSH}}^i$$

4.2.2　微观水泥浆体有效弹性性能

根据图 4.4 所示水泥浆的多层级结构, 在微观尺度上, 水泥浆体由包括 C-S-H 凝胶、未水化的水泥颗粒 (C_3S、C_2S、C_3A 和 C_4AF)、氢氧化钙 (CH)、铝酸根水化物 (Alum.)、孔隙 (void) 和水 (water) 等相组成的无序结构。所有弹性相均假定为椭球形夹杂物, C-S-H 凝胶为球形夹杂物, 相关弹性参数总结在表 4.3 中。

表 4.3　水泥浆体各相的弹性性质

	弹性模量/GPa	泊松比	长径比	文献
C_3S	135	0.3	1	[70, 71]
C_2S	140	0.3	1	[70, 71]
C_3A	145	0.3	1	[70, 71]
C_4AF	125	0.3	1	[70, 71]
氢氧化钙	38	0.305	0.1	[71]
铝酸根水化物	22.4	0.25	10	[71, 72]
孔隙	0.001	0.001	1	[82]
水	0.001	0.499924	1	[82]

根据广义自洽格式[192], 具有定向分布颗粒结构 (横观各向同性) 的水泥浆体在 t_i 时刻对应的有效弹性张量 $\boldsymbol{C}_{\mathrm{cem}}^i$ 可写为[192]

$$\boldsymbol{C}_{\mathrm{cem}}^i = \sum_r f_r^i \boldsymbol{C}_r^i \boldsymbol{A}_r^i \tag{4.32}$$

其中, r ($= C_3S$, C_2S, C_3A, C_4AF, C-S-H, CH, Alum., void 和 water) 表示水泥浆体中的各相; f_r^i 表示 t_i 时刻对应的各相体积分数, 其中 f_{CSH}^i 表示 t_i 时刻对应的 C-S-H 凝胶的体积分数, $f_{\mathrm{CSH}}^i = f_{\mathrm{HD}}^i + f_{\mathrm{LD}}^i$; $\boldsymbol{C}_r^i$ 表示 t_i 时刻对应的各相的弹性张量, 对于 C-S-H 来说, 它等于 $\langle \boldsymbol{C}_{\mathrm{CSH}}^i \rangle$ (从式 (4.29) 获得), 对于其他弹性相, $\boldsymbol{C}_r$ 可以根据表 4.3 中各自的弹性模量和泊松比来获得 (与式 (4.23) 类似); $\boldsymbol{A}_r^i$ 表示 t_i 时刻对应的各相的应变集中张量, 写为

$$\boldsymbol{A}_r^i = \left[\boldsymbol{I} + \boldsymbol{S}_r^i \left(\boldsymbol{C}^{0,i}\right)^{-1}\left(\boldsymbol{C}_r^i - \boldsymbol{C}^{0,i}\right)\right]^{-1}$$

$$\cdot \left\{\sum_r f_r^i \left[\boldsymbol{I} + \boldsymbol{S}_r^i \left(\hat{\boldsymbol{C}}^{0,i}\right)^{-1}\left(\hat{\boldsymbol{C}}_r^i - \hat{\boldsymbol{C}}^{0,i}\right)\right]^{-1}\right\}^{-1} \tag{4.33}$$

Eshelby 张量 $\boldsymbol{S}_r^i$ 依赖于各相的长径比及 t_i 时刻对应的基体的泊松比, 椭球形夹杂的 Eshelby 张量可以解析获得, 具体见附录 A。另外, $\boldsymbol{C}^{0,i}$ 表示 t_i 时刻对应的基体的弹性张量。然而, 在水泥浆体的无序结构中没有明显的基体存在[77,83,192], 因此, 式 (4.33) 中的 $\boldsymbol{C}^{0,i}$ 由水泥浆体均匀化后的有效弹性张量 $\boldsymbol{C}_{\text{cem}}^i$ 代替。重写应变集中张量并将其插入式 (4.32), 水泥浆体 t_i 时刻对应的有效弹性张量 $\boldsymbol{C}_{\text{cem}}^i$ 为

$$\boldsymbol{C}_{\text{cem}}^i = \sum_r f_r^i \boldsymbol{C}_r^i \left[\boldsymbol{I} + \boldsymbol{S}_r^i \left(\boldsymbol{C}_{\text{cem}}^i \right)^{-1} \left(\boldsymbol{C}_r^i - \boldsymbol{C}_{\text{cem}}^i \right) \right]^{-1}$$
$$\cdot \left\{ \sum_r f_r^i \left[\boldsymbol{I} + \boldsymbol{S}_r^i \left(\boldsymbol{C}_{\text{cem}}^i \right)^{-1} \left(\boldsymbol{C}_r^i - \boldsymbol{C}_{\text{cem}}^i \right) \right]^{-1} \right\}^{-1} \tag{4.34}$$

可以看出, 未知的 $\boldsymbol{C}_{\text{cem}}^i$ 出现在等式 (4.34) 的两边, 因此宜采用迭代求解。在迭代求解 $\boldsymbol{C}_{\text{cem}}^i$ 的过程中, 选定一个各向同性的初始张量 $\boldsymbol{C}_0^{\text{cem}}$, 然后代入式 (4.34) 的右侧, 可以计算出第一次迭代后的张量 $\boldsymbol{C}_1^{\text{cem}}$。如果 $\boldsymbol{C}_1^{\text{cem}}$ 和 $\boldsymbol{C}_0^{\text{cem}}$ 之差足够小, 则迭代过程结束, $\boldsymbol{C}_{\text{cem}}^i$ 等于 $\boldsymbol{C}_1^{\text{cem}}$; 否则, 迭代过程继续, 直到相邻迭代中的两个张量近似相等。C-S-H 凝胶可视为水泥浆体中的增强相, 因此水泥浆体在 Laplace 空间的弹性模量一般小于 C-S-H 凝胶。因此作为示例, 可以选择水泥浆体的初始弹性模量和的泊松比为: $E_0^{\text{cem}} = 0.5 E_{\text{CSH}}^i$ 和 $v_0^{\text{cem}} = v_{\text{CSH}}^i$, 即可得到初始弹性张量 $\boldsymbol{C}_0^{\text{cem}}$ (与式 (4.23) 类似)。假设计算过程在第 j 次迭代后完成, 退出迭代的条件写成

$$\text{Rerr} = \frac{1}{36} \sum_{m=1}^6 \sum_{n=1}^6 \left| c_{mn}^j - c_{mn}^{j-1} \right| \leqslant 10^{-3} \tag{4.35}$$

其中, Rerr 表示相对误差; c_{mn}^j 和 c_{mn}^{j-1} 分别是第 j 次迭代和第 $j-1$ 次迭代对应的弹性张量 $\boldsymbol{C}_j^{\text{cem}}$ 和 $\boldsymbol{C}_{j-1}^{\text{cem}}$ 的系数。

获得的 $\boldsymbol{C}_{\text{cem}}^i$ 是横观各向同性的, 可以表示为[25]

$$\boldsymbol{C}_{\text{cem}}^i = \begin{bmatrix} c_{11}^{\text{cem}} & c_{12}^{\text{cem}} & c_{12}^{\text{cem}} & 0 & 0 & 0 \\ c_{12}^{\text{cem}} & c_{22}^{\text{cem}} & c_{23}^{\text{cem}} & 0 & 0 & 0 \\ c_{12}^{\text{cem}} & c_{23}^{\text{cem}} & c_{22}^{\text{cem}} & 0 & 0 & 0 \\ 0 & 0 & 0 & \frac{1}{2}\left(c_{22}^{\text{cem}} - c_{23}^{\text{cem}}\right) & 0 & 0 \\ 0 & 0 & 0 & 0 & c_{55}^{\text{cem}} & 0 \\ 0 & 0 & 0 & 0 & 0 & c_{55}^{\text{cem}} \end{bmatrix} \tag{4.36}$$

其中，c_{11}^{cem}，c_{12}^{cem}，$\cdots$，c_{55}^{cem} 是 $\boldsymbol{C}_{cem}^{i}$ 中的系数，具体推导见附录 B。对于随机分布的各相，t_i 时刻对应的水泥浆体的有效弹性张量 $\langle \boldsymbol{C}_{cem}^{i} \rangle$ 可以通过对 $\boldsymbol{C}_{cem}^{i}$ 进行方向平均得到，写为

$$\langle \boldsymbol{C}_{cem}^{i} \rangle = \begin{bmatrix} \lambda_{cem}^{i} + 2\mu_{cem}^{i} & \lambda_{cem}^{i} & \lambda_{cem}^{i} & 0 & 0 & 0 \\ \lambda_{cem}^{i} & \lambda_{cem}^{i} + 2\mu_{cem}^{i} & \lambda_{cem}^{i} & 0 & 0 & 0 \\ \lambda_{cem}^{i} & \lambda_{cem}^{i} & \lambda_{cem}^{i} + 2\mu_{cem}^{i} & 0 & 0 & 0 \\ 0 & 0 & 0 & \mu_{cem}^{i} & 0 & 0 \\ 0 & 0 & 0 & 0 & \mu_{cem}^{i} & 0 \\ 0 & 0 & 0 & 0 & 0 & \mu_{cem}^{i} \end{bmatrix}$$

$$(4.37)$$

其中，λ_{cem}^{i}，μ_{cem}^{i} 是 t_i 时刻对应的水泥浆体的拉梅常数，表述为

$$\lambda_{cem}^{i} = \frac{1}{15} \left(c_{11}^{cem} + 6c_{22}^{cem} + 8c_{12}^{cem} - 10c_{44}^{cem} - 4c_{55}^{cem} \right)$$

$$\mu_{cem}^{i} = \frac{1}{15} \left(c_{11}^{cem} + c_{22}^{cem} - 2c_{12}^{cem} + 5c_{44}^{cem} + 6c_{55}^{cem} \right)$$

$$(4.38)$$

进一步可以计算 t_i 时刻对应的水泥浆体的有效弹性模量 E_{cem}^{i}、泊松比 ν_{cem}^{i} 和体积模量 K_{cem}^{i} 分别为

$$E_{cem}^{i} = \frac{\mu_{cem}^{i} \left(3\lambda_{cem}^{i} + 2\mu_{cem}^{i} \right)}{\lambda_{cem}^{i} + \mu_{cem}^{i}}, \quad \nu_{cem}^{i} = \frac{\lambda_{cem}^{i}}{2 \left(\lambda_{cem}^{i} + \mu_{cem}^{i} \right)}, \quad K_{cem}^{i} = \lambda_{cem}^{i} + \frac{2}{3}\mu_{cem}^{i}$$

$$(4.39)$$

4.3　结果与讨论

本节根据建立的水泥浆体的多层级模型探究各因素对弹性性能的影响。这些因素包括龄期 t_c，水灰比 w/c，温度 T_s，Blaine 表面积 A，弹性水化物的形状，以及 HD C-S-H 与 LD C-S-H 的体积分数比。初始设定的各种条件及参数为：水泥的四种熟料质量分数为 $m_{C_3S} = 0.57$，$m_{C_2S} = 0.18$，$m_{C_3A} = 0.1$，$m_{C_4AF} = 0.08$，$w/c = 0.5$，$T_s = 25℃$，$A = 311m^2/kg$，$t_c = 28$ 天，氢氧化钙晶体和铝酸根水化物的长径比均取 1。

4.3.1　龄期 t_c 的影响

这里根据多层级模型计算水泥浆体的弹性模量随龄期的演变，结果如图 4.5 所示。从图中可以看出，龄期 t_c 越大，导致水泥浆体弹性模量越高，且在前 28 天弹性模量随龄期急剧变化，随后，模量增加速度逐渐减慢。根据 4.1 节的内容，

这里在图 4.6 中给出了水泥浆体的水化度曲线。从图 4.6 可以看到，随着龄期增加，水泥水化度逐渐增加，导致水泥浆体的刚度越来越高[193]，从而提高水泥浆体的模量。

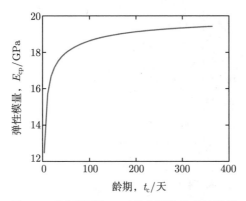

图 4.5　不同龄期 t_c 下的水泥浆体弹性模量

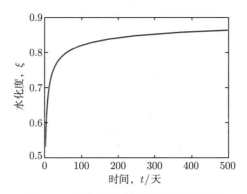

图 4.6　蠕变期间水泥浆体水化度曲线

4.3.2　水灰比 w/c 的影响

这里设定水灰比 $w/c = 0.3$, 0.4 和 0.5，龄期为 28 天，基于多层级模型计算水泥浆体的弹性模量随水灰比的演变，结果如图 4.7 所示。从图中可以看到，水泥浆体的弹性模量随水灰比的增加而递减。图 4.8 和图 4.9 分别展示了水泥浆体的水化度曲线和不同 w/c 下各相的体积分数随时间的演变。从图 4.8 可以看出，随着 w/c 的增加，水化度大大增加。此外，图 4.9 显示，w/c 的增加导致水的体积显著增加，水泥熟料、LD C-S-H 和氢氧化钙的体积分数减少。这可以从物理角度解释：w/c 的增加稀释了固相的体积分数。因此，w/c 的增加带来两个影响：① 水化过程的加速，以及 ② 固相的稀释。前者导致水泥浆的弹性模量增加[193]，而后者导致弹性模量减小。对于普通水泥浆体，根据图 4.7 中 w/c 对蠕变的影响，② 的影响大于 ① 的影响。

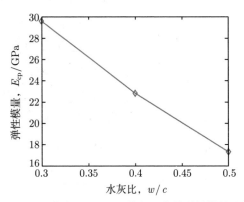

图 4.7　不同水灰比 w/c 下的水泥浆体弹性模量计算值

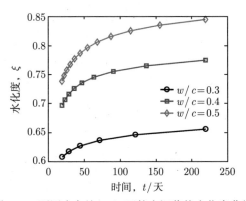

图 4.8　不同水灰比 w/c 下的水泥浆体水化度曲线

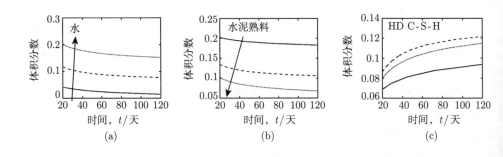

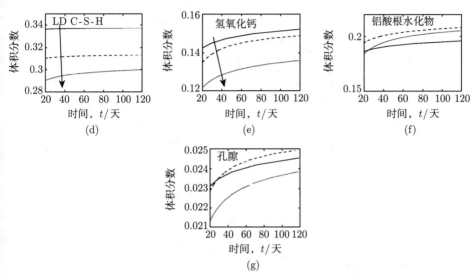

图 4.9 不同水灰比 w/c 下各相体积分数随时间的演变

实线表示 $w/c = 0.3$，虚线表示 $w/c = 0.4$，点线表示 $w/c = 0.5$

4.3.3 温度 T_s 的影响

这里设定温度为 5℃，15℃，25℃，35℃ 和 45℃，基于建立的多层级模型分别计算水泥浆体弹性模量，结果如图 4.10 所示。从图中可以看到，温度越高，导致水泥浆体弹性模量越高。图 4.11 中给出了不同温度下水泥浆体的水化度曲线。从图 4.11 中可以看出，随着温度的升高，水泥浆体水化度更高，水化更彻底。这表明更高的温度加速了水化反应的进行，从而增加水泥浆体弹性模量。

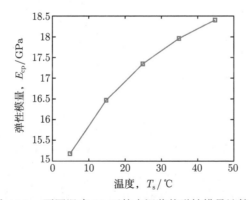

图 4.10 不同温度 T_s 下的水泥浆体弹性模量计算值

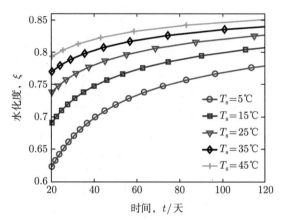

图 4.11　不同温度 T_s 下的水泥浆体水化度曲线

4.3.4　Blaine 表面积 A 的影响

这里设定 Blaine 表面积 A 为 $250\text{m}^2/\text{kg}$、$300\text{m}^2/\text{kg}$、$350\text{m}^2/\text{kg}$ 和 $400\text{m}^2/\text{kg}$，分别计算水泥浆体弹性模量，结果如图 4.12 所示。从图中可以看到，随着水泥颗粒 Blaine 表面积 A 的增加，其弹性模量逐渐增加。图 4.13 给出了不同 A 对应的水泥浆体水化度曲线。从图 4.13 可以看到，随着 A 的增加，水泥水化度逐渐增加。这表明 Blaine 表面积 A 的增加导致水化反应更彻底，进而导致水泥浆体弹性模量的增加。

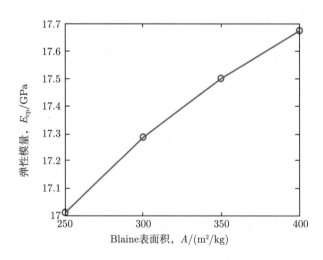

图 4.12　不同 Blaine 表面积 A 下的水泥浆体弹性模量计算值

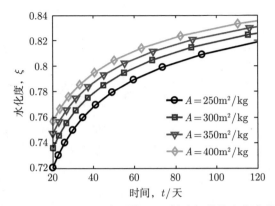

图 4.13　不同 Blaine 表面积 A 下的水泥浆体水化度曲线

4.3.5 弹性水化物长径比 κ_{ch}，κ_a 的影响

这里设定氢氧化钙晶体的长径比 κ_{ch} 为 0.1、0.4、0.7 和 1，铝酸根水化物的长径比 κ_a 为 10，以及设定铝酸根水化物的长径比 κ_a 为 10、7、4 和 1，氢氧化钙晶体的长径比 κ_{ch} 为 0.1，分别计算水泥浆体弹性模量演变，结果如图 4.14 所示。

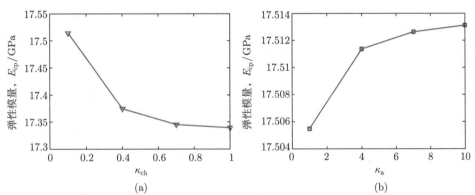

图 4.14　(a) 氢氧化钙晶体长径比 κ_{ch} 和 (b) 铝酸根水化物长径比 κ_a 对水泥浆体弹性模量的影响

从图中可以看到，水泥浆体的弹性模量随着氢氧化钙晶体长径比 κ_{ch} 的增加而明显降低，随着铝酸根水化物长径比 κ_a 的增加而稍微增加。这表明氢氧化钙晶体长径比对水泥浆体弹性性能的影响较大，而铝酸根水化物长径比对水泥浆体弹性性能的影响较小。总体来说，弹性水化物长径比越靠近 1，导致水泥浆体弹性模量越低。另外，图 4.15 给出了不同 κ_{ch}，κ_a 下水泥浆体水化度曲线，可以看出，弹性水化物的长径比对水泥浆体水化度曲线没有影响。因此，弹性水化物长径比对水泥浆体弹性性能的影响是纯物理的。

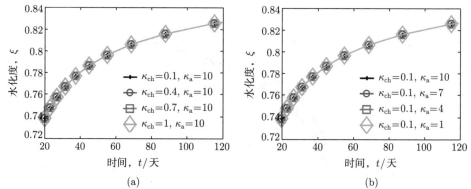

图 4.15　(a) 氢氧化钙晶体长径比 κ_{ch} 和 (b) 铝酸根水化物长径比 κ_{a} 对水泥浆体水化度曲线的影响

4.4　小　　结

本章提出了一个考虑多级结构和水化微观结构演化的水泥浆体弹性性能计算模型。在分层模型中，考虑四个主要熟料相 (C_3S、C_2S、C_3A 和 C_4AF) 随时间的水化反应，开发了耦合 Ulm 等[70] 和 Parrot 和 Killoh[185] 的理论水泥水化模型，获得了熟料的水化程度和各相 (熟料、HD C-S-H、LD C-S-H、CH、铝酸根水化物、孔隙和水) 随时间的体积分数。根据 Mori-Tanaka 方法与广义自洽格式，将 HD C-S-H 和 LD C-S-H 的弹性性能经过 C-S-H 凝胶升尺度到水泥浆体的有效弹性性能，探究了多种因素对水泥浆体弹性性能的影响，主要结论如下所述。

(1) 水泥浆体弹性模量随龄期的增加而增加，这是由于水化反应的发展，水泥浆体的刚度逐渐增加。龄期越大，弹性模量增加得越少，这是因为随着龄期的增长，水化反应逐渐变慢。

(2) 水灰比的增加导致弹性模量减小。水灰比的增加带来了两个效果：加速了水化反应的进行；稀释了固体相的体积分数。前者会导致弹性模量增加，而后者会导致弹性模量减少。总体来说，后者的效果大于前者。

(3) 温度越高，导致弹性模量越大。原因是更高的温度加速了水化反应的进行，进而增加弹性模量。

(4) 随着水泥颗粒 Blaine 表面积的增加，弹性模量逐渐增加，原因是 Blaine 表面积的增加加速了水化反应的进行。

(5) 弹性水化物长径比越靠近 1，所得水泥浆体弹性模量越小。氢氧化钙晶体长径比对水泥浆体弹性性能的影响较大，而铝酸根水化物长径比对水泥浆体弹性性能的影响较小。

第 5 章　细观混凝土的弹性性能

5.1　混凝土弹性性能的细观力学模型

混凝土在细观尺度上的复合结构可以看成是由两步形成的：首先，骨料嵌入 ITZ 中形成有效夹杂相；然后，有效夹杂相嵌入水泥浆基体中形成混凝土复合材料，如图 5.1 所示。这里采用广义自洽 (GSC)-Mori-Tanaka(MT) 方法计算混凝土的弹性性能。首先采用 GSC 方法计算任意时刻 t_i 上有效夹杂相的弹性性能，接着运用 MT 方法计算 t_i 时刻混凝土复合材料的弹性性能。

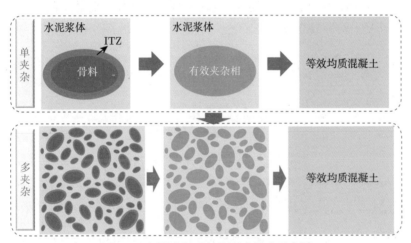

图 5.1　混凝土细观结构两步组成示意图

5.1.1　有效夹杂相的有效弹性性能

对于单向排列的骨料，采用广义自洽机制计算有效夹杂相 t_i 时刻对应的刚度张量为

$$C_{\mathrm{comp}}^{i} = C_{\mathrm{itz}}^{i} + f_1 \left(C_{\mathrm{p}} - C_{\mathrm{itz}}^{i} \right) A_{\mathrm{g}}^{\mathrm{p}} \tag{5.1}$$

其中，$C_{\mathrm{itz}}^{i}, C_{\mathrm{comp}}^{i}$ 分别是 ITZ 和有效夹杂相 comp 在 t_i 时刻对应的刚度张量。水泥基复合材料 ITZ 在硬度和弹性模量方面的性能要低于硬化水泥浆体[194]，假定 ITZ 在 t_i 时刻对应的刚度张量满足 $C_{\mathrm{itz}}^{i} = k \cdot C_{\mathrm{cp}}^{i}$，其中 k 为弹性系数且小于 1，水泥浆体在 t_i 时刻对应的弹性性能可由第 4 章获取。一般而言，ITZ 的弹性模量

及强度为水泥浆基体的 $1/3 \sim 1/2^{[195-197]}$，据此，本书默认取弹性系数 k 为 $1/2$。C_p 是骨料颗粒的刚度张量，根据文献 [77]，设定骨料的弹性模量和泊松比分别为 $65\,\mathrm{GPa}$ 和 0.3。f_1 是骨料在有效夹杂相 comp 中的体积分数，$f_1 = f_\mathrm{p}/(f_\mathrm{p} + f_\mathrm{itz})$，其中 f_p 和 f_itz 分别是骨料和 ITZ 的体积分数。椭球形颗粒的界面体积分数与颗粒形状、分布有关，可由下式给出 [198]：

$$f_\mathrm{itz} = (1 - f_\mathrm{p}) \left\{ 1 - \exp\left[\chi\left(h_\mathrm{d}\right)\right] \right\} \tag{5.2}$$

$$\begin{aligned}
\chi\left(h_\mathrm{d}\right) = -\frac{6 f_\mathrm{p}}{\left\langle D_\mathrm{eq}^3 \right\rangle} &\left[\frac{3\left\langle D_\mathrm{eq}^2 \right\rangle h_\mathrm{d} + 3r\left\langle D_\mathrm{eq} \right\rangle h_\mathrm{d}^2 + 4r h_\mathrm{d}^3}{3r\left(1 - f_\mathrm{p}\right)} \right. \\
&\left. + \frac{3 f_\mathrm{p}\left\langle D_\mathrm{eq}^2 \right\rangle^2 h_\mathrm{d}^2 + 4r f_\mathrm{p}\left\langle D_\mathrm{eq} \right\rangle\left\langle D_\mathrm{eq}^2 \right\rangle h_\mathrm{d}^3}{r^2\left(1 - f_\mathrm{p}\right)^2\left\langle D_\mathrm{eq}^3 \right\rangle} \right]
\end{aligned} \tag{5.3}$$

其中，h_d 是界面厚度；r 是颗粒球形度；平均等效粒径 $\langle D_\mathrm{eq} \rangle$、平均等效平方粒径 $\langle D_\mathrm{eq}^2 \rangle$ 以及平均等效立方粒径 $\langle D_\mathrm{eq}^3 \rangle$ 可根据颗粒的粒径分布求得

$$\begin{aligned}
\left\langle D_\mathrm{eq} \right\rangle &= \int_{D_\mathrm{min\,eq}}^{D_\mathrm{max\,eq}} D_\mathrm{eq} f_n\left(D_\mathrm{eq}\right) \mathrm{d}D_\mathrm{eq} \\
\left\langle D_\mathrm{eq}^2 \right\rangle &= \int_{D_\mathrm{min\,eq}}^{D_\mathrm{max\,eq}} D_\mathrm{eq}^2 f_n\left(D_\mathrm{eq}\right) \mathrm{d}D_\mathrm{eq} \\
\left\langle D_\mathrm{eq}^3 \right\rangle &= \int_{D_\mathrm{min\,eq}}^{D_\mathrm{max\,eq}} D_\mathrm{eq}^3 f_n\left(D_\mathrm{eq}\right) \mathrm{d}D_\mathrm{eq}
\end{aligned} \tag{5.4}$$

其中，$D_\mathrm{max\,eq}$，$D_\mathrm{min\,eq}$，D_eq 分别是最大等效粒径、最小等效粒径、等效粒径，根据下式求解：$D_\mathrm{max\,eq} = 2\sqrt{V_\mathrm{p\,max}/\pi}$，$D_\mathrm{min\,eq} = 2\sqrt{V_\mathrm{p\,min}/\pi}$，$D_\mathrm{eq} = 2\sqrt{V_\mathrm{p}/\pi}$，这里 $V_\mathrm{p\,max}$，$V_\mathrm{p\,min}$，V_p 分别表示最大骨料、最小骨料、骨料的体积。Fuller 分布和等体积分数 (EVF) 分布的粒径分布概率密度函数 $f_n(D_\mathrm{eq})$ 可由下式求得

$$f_n\left(D_\mathrm{eq}\right) = \frac{-q}{D_\mathrm{eq}^{q+1}\left(D_\mathrm{max\,eq}^{-q} - D_\mathrm{min\,eq}^{-q}\right)} \begin{cases} q = 2.5 \rightarrow \text{Fuller 分布} \\ q = 3.0 \rightarrow \text{EVF 分布} \end{cases} \tag{5.5}$$

其中，q 的取值指示不同的粒径分布函数。初始参数设定为 $h_\mathrm{d} = 0.03\,\mathrm{mm}$，$D_\mathrm{min\,eq} = 5\,\mathrm{mm}$，$D_\mathrm{max\,eq} = 20\,\mathrm{mm}$，尺寸分布满足 EVF 分布。

式 (5.1) 中 $\boldsymbol{A}_\mathrm{g}^\mathrm{p}$ 为在 t_i 时刻中骨料颗粒在有效夹杂相中的全局应变集中张量，其表达式为

$$\boldsymbol{A}_\mathrm{g}^\mathrm{p} = \boldsymbol{A}^\mathrm{p}\left[\left(1 - f_1\right)\boldsymbol{I} + f_1 \boldsymbol{A}^\mathrm{p}\right]^{-1} \tag{5.6}$$

其中，I 是四阶单位张量；A^{p} 是在 t_i 时刻骨料颗粒在有效夹杂相的局部应变集中张量，其表达式为

$$A^{\mathrm{p}} = I - S_{\mathrm{p}} \left[S_{\mathrm{p}} + \left(C_{\mathrm{p}} - C_{\mathrm{itz}}^{i} \right)^{-1} C_{\mathrm{itz}}^{i} \right]^{-1} \tag{5.7}$$

式中，S_{p} 是骨料颗粒在 ITZ 中的 Eshelby 张量，它依赖于骨料的形状和 ITZ 的泊松比。椭球形夹杂的 Eshelby 张量可以解析求得，具体可以参见文献 [25] 中的附件 A。

对于随机分布的骨料相，comp 在 t_i 时刻对应的有效刚度张量 $\langle C_{\mathrm{comp}}^{i} \rangle$ 可通过对 C_{comp}^{i} 进行方向平均得到

$$\langle C_{\mathrm{comp}}^{i} \rangle = \begin{bmatrix} \lambda_{\mathrm{comp}}^{i} + 2\mu_{\mathrm{comp}}^{i} & \lambda_{\mathrm{comp}}^{i} & \lambda_{\mathrm{comp}}^{i} & 0 & 0 & 0 \\ \lambda_{\mathrm{comp}}^{i} & \lambda_{\mathrm{comp}}^{i} + 2\mu_{\mathrm{comp}}^{i} & \lambda_{\mathrm{comp}}^{i} & 0 & 0 & 0 \\ \lambda_{\mathrm{comp}}^{i} & \lambda_{\mathrm{comp}}^{i} & \lambda_{\mathrm{comp}}^{i} + 2\mu_{\mathrm{comp}}^{i} & 0 & 0 & 0 \\ 0 & 0 & 0 & \mu_{\mathrm{comp}}^{i} & 0 & 0 \\ 0 & 0 & 0 & 0 & \mu_{\mathrm{comp}}^{i} & 0 \\ 0 & 0 & 0 & 0 & 0 & \mu_{\mathrm{comp}}^{i} \end{bmatrix} \tag{5.8}$$

其中，$\lambda_{\mathrm{comp}}^{i}$，$\mu_{\mathrm{comp}}^{i}$ 是 comp 在 t_i 时刻的拉梅常数，表示为

$$\begin{aligned} \lambda_{\mathrm{comp}}^{i} &= \frac{1}{15} \left(c_{11}^{\mathrm{comp}} + 6c_{22}^{\mathrm{comp}} + 8c_{12}^{\mathrm{comp}} - 10c_{44}^{\mathrm{comp}} - 4c_{55}^{\mathrm{comp}} \right) \\ \mu_{\mathrm{comp}}^{i} &= \frac{1}{15} \left(c_{11}^{\mathrm{comp}} + c_{22}^{\mathrm{comp}} - 2c_{12}^{\mathrm{comp}} + 5c_{44}^{\mathrm{comp}} + 6c_{55}^{\mathrm{comp}} \right) \end{aligned} \tag{5.9}$$

式中，c_{11}^{comp}，c_{12}^{comp}，$\cdots$，c_{55}^{comp} 是矩阵 (5.1) 中的系数，具体表述见附件 A[25]。根据弹性常数之间的关系，可以得到有效夹杂相 comp 在 t_i 时刻对应的有效弹性模量 E_{comp}^{i}、泊松比 v_{comp}^{i} 和体积模量 K_{comp}^{i}：

$$\begin{aligned} E_{\mathrm{comp}}^{i} &= \frac{\mu_{\mathrm{comp}}^{i} \left(3\lambda_{\mathrm{comp}}^{i} + 2\mu_{\mathrm{comp}}^{i} \right)}{\lambda_{\mathrm{comp}}^{i} + \mu_{\mathrm{comp}}^{i}} \\ v_{\mathrm{comp}}^{i} &= \frac{\lambda_{\mathrm{comp}}^{i}}{2 \left(\lambda_{\mathrm{comp}}^{i} + \mu_{\mathrm{comp}}^{i} \right)} \\ K_{\mathrm{comp}}^{i} &= \lambda_{\mathrm{comp}}^{i} + \frac{2}{3} \mu_{\mathrm{comp}}^{i} \end{aligned} \tag{5.10}$$

5.1.2　混凝土有效弹性性能

接下来，将 comp 视为夹杂，嵌入水泥浆基体中形成混凝土复合材料，记作 con。对于单向排列的有效夹杂相，运用 MT 方法，可得混凝土在 t_i 时刻对应的有效刚度张量 $\boldsymbol{C}^i_{\mathrm{con}}$ 为

$$\boldsymbol{C}^i_{\mathrm{con}} = \boldsymbol{C}^i_{\mathrm{cp}} + f_2 \left(\boldsymbol{C}^i_{\mathrm{comp}} - \boldsymbol{C}^i_{\mathrm{cp}} \right) \boldsymbol{A}^{\mathrm{comp}}_{\mathrm{g}} \tag{5.11}$$

其中，f_2 是有效夹杂相 comp 在混凝土中的体积分数，$f_2 = f_{\mathrm{p}} + f_{\mathrm{itz}}$；$\boldsymbol{A}^{\mathrm{comp}}_{\mathrm{g}}$ 为 t_i 时刻有效夹杂相在混凝土中的全局应变集中张量，其表达式为

$$\boldsymbol{A}^{\mathrm{comp}}_{\mathrm{g}} = \boldsymbol{A}^{\mathrm{comp}} \left[(1 - f_2) \boldsymbol{I} + f_2 \boldsymbol{A}^{\mathrm{comp}} \right]^{-1} \tag{5.12}$$

式中，$\boldsymbol{A}^{\mathrm{comp}}$ 为 t_i 时刻有效夹杂相在混凝土中的局部应变集中张量，其表达式为

$$\boldsymbol{A}^{\mathrm{comp}} = \boldsymbol{I} - \boldsymbol{S}_{\mathrm{comp}} \left[\boldsymbol{S}_{\mathrm{comp}} + \left(\boldsymbol{C}^i_{\mathrm{comp}} - \boldsymbol{C}^i_{\mathrm{cp}} \right)^{-1} \boldsymbol{C}^i_{\mathrm{cp}} \right]^{-1} \tag{5.13}$$

这里，$\boldsymbol{S}_{\mathrm{comp}}$ 是有效夹杂相 comp 在水泥浆基体中的 Eshelby 张量。由于 ITZ 厚度较小，本章认为 comp 的 Eshelby 张量与相应的骨料的 Eshelby 张量相同。

对于随机分布的有效夹杂相，混凝土在 t_i 时刻对应的有效刚度张量 $\langle \boldsymbol{C}^i_{\mathrm{con}} \rangle$ 可以通过对 $\boldsymbol{C}^i_{\mathrm{con}}$ 进行方向平均而得到：

$$\langle \boldsymbol{C}^i_{\mathrm{con}} \rangle = \begin{bmatrix} \lambda^i_{\mathrm{con}} + 2\mu^i_{\mathrm{con}} & \lambda^i_{\mathrm{con}} & \lambda^i_{\mathrm{con}} & 0 & 0 & 0 \\ \lambda^i_{\mathrm{con}} & \lambda^i_{\mathrm{con}} + 2\mu^i_{\mathrm{con}} & \lambda^i_{\mathrm{con}} & 0 & 0 & 0 \\ \lambda^i_{\mathrm{con}} & \lambda^i_{\mathrm{con}} & \lambda^i_{\mathrm{con}} + 2\mu^i_{\mathrm{con}} & 0 & 0 & 0 \\ 0 & 0 & 0 & \mu^i_{\mathrm{con}} & 0 & 0 \\ 0 & 0 & 0 & 0 & \mu^i_{\mathrm{con}} & 0 \\ 0 & 0 & 0 & 0 & 0 & \mu^i_{\mathrm{con}} \end{bmatrix} \tag{5.14}$$

其中，λ^i_{con}，μ^i_{con} 是混凝土在 t_i 时刻对应的拉梅常数，可以表达为

$$\lambda^i_{\mathrm{con}} = \frac{1}{15} \left(c^{\mathrm{con}}_{11} + 6c^{\mathrm{con}}_{22} + 8c^{\mathrm{con}}_{12} - 10c^{\mathrm{con}}_{44} - 4c^{\mathrm{con}}_{55} \right)$$
$$\mu^i_{\mathrm{con}} = \frac{1}{15} \left(c^{\mathrm{con}}_{11} + c^{\mathrm{con}}_{22} - 2c^{\mathrm{con}}_{12} + 5c^{\mathrm{con}}_{44} + 6c^{\mathrm{con}}_{55} \right) \tag{5.15}$$

式中，c^{con}_{11}，c^{con}_{12}，$\cdots$，c^{con}_{55} 是矩阵 (5.11) 中的系数，具体表述见附件 A[25]。根据弹性常数之间的关系，可以得到素混凝土在 t_i 时刻对应的有效弹性模量 E^i_{con}、泊松比 v^i_{con}：

$$E^i_{\mathrm{con}} = \frac{\mu^i_{\mathrm{con}} \left(3\lambda^i_{\mathrm{con}} + 2\mu^i_{\mathrm{con}} \right)}{\lambda^i_{\mathrm{con}} + \mu^i_{\mathrm{con}}}, \quad v^i_{\mathrm{con}} = \frac{\lambda^i_{\mathrm{con}}}{2 \left(\lambda^i_{\mathrm{con}} + \mu^i_{\mathrm{con}} \right)} \tag{5.16}$$

5.2 骨料形状对弹性性能的影响

本节根据 5.1 节中的细观力学方法探究骨料形状对混凝土蠕变的影响，不考虑 ITZ。默认输入参数见表 5.1。

表 5.1 混凝土弹性计算默认输入参数

参数类型	取值
骨料	体积分数 $f_p = 0.7$，弹性模量 65GPa，泊松比 0.3
水泥浆体	$m_{C_3S} = 0.57$，$m_{C_2S} = 0.18$，$m_{C_3A} = 0.1$，$m_{C_4AF} = 0.08$； 水灰比 $w/c = 0.5$，Blaine 表面积 $A = 311\mathrm{m}^2/\mathrm{kg}$，弹性水化物长径比 $\kappa_{ch} = 1$，$\kappa_a = 1$
加载条件	温度 $T_s = 25\,^\circ\mathrm{C}$；龄期 $t_c = 28$ 天

对于骨料长径比 κ 从 $0.01 \sim 100$ 演变，骨料体积分数为 0.5、0.6 和 0.7 的情况，计算混凝土的弹性模量，结果如图 5.2 所示。从图中可以看出，当长径比为 1 时，混凝土获得最小的弹性模量值；当长径比 κ 从 1 逐渐增大或者减小时，弹性模量值均增加。另外，骨料体积分数的增加会显著增加混凝土的弹性模量值，却不改变长径比对弹性模量的影响规律。

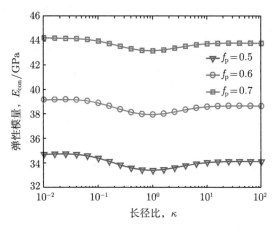

图 5.2 不同长径比 κ 骨料下混凝土有效弹性模量

为了进一步探究椭球骨料形状对混凝土弹性性能的影响，这里引入球形度的概念。球形度是表征颗粒形貌的参数，其越接近于 1，则颗粒越接近于球形。颗粒的球形度定义为：与颗粒相同体积的球体的表面积和物体的表面积的比。球体的球形度为 1，其他颗粒的球形度小于 1。根据定义，任意颗粒球形度的定义为

$$r = \frac{4\pi \left(\dfrac{3V_p}{4\pi}\right)^{\frac{2}{3}}}{S_p} \tag{5.17}$$

其中，V_p 和 S_p 分别是颗粒的体积和表面积。根据椭球的表面积和体积公式，可得椭球体的球形度与长径比之间的关系为

$$
r = \begin{cases} \dfrac{2\kappa^{\frac{2}{3}}}{1 + E \cdot F}, & \kappa > 1 \\[2mm] \dfrac{2\kappa^{\frac{2}{3}}}{1 + E \cdot H}, & \kappa < 1 \end{cases} \tag{5.18}
$$

其中，

$$
\begin{aligned}
E &= \frac{\kappa^2}{2\sqrt{|\kappa^2 - 1|}} \\
F &= \frac{\pi}{2} + \arcsin \frac{\kappa^2 - 2}{\kappa^2} \\
H &= \ln \frac{2 - \kappa^2 + 2\sqrt{1 - \kappa^2}}{\kappa^2}
\end{aligned} \tag{5.19}
$$

根据文献 [110]，[111]，[199] 和 [200]，真实的混凝土骨料的球形度一般大于 0.6，且长径比为 0.3 ~ 3。据此控制椭球骨料的长径比和球形度，采用表 5.1 中的输入参数，计算了真实椭球骨料下混凝土的弹性模量随椭球球形度的演变规律，如图 5.3 所示。由图可知，当同时控制球形度和长径比时，真实椭球骨料球形度只能在 0.77 ~ 1 变化。在此球形度范围之内，不论是细长型 ($\kappa > 1$) 或是扁平型 ($\kappa < 1$) 椭球，弹性模量均随球形度而单调递减。

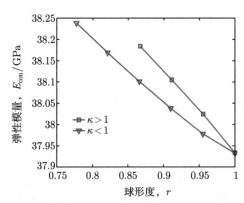

图 5.3　真实椭球骨料下混凝土弹性模量随球形度的演变

5.3　骨料粒径、ITZ 对弹性性能的影响

本节基于 5.1 节建立的计算方法，考察骨料粒径、ITZ 对混凝土弹性性能的影响，默认输入参数见表 5.2。

表 5.2　混凝土弹性计算默认输入参数

参数类型	取值
骨料	体积分数 $f_p = 0.7$，骨料长径比为 2.34，弹性模量 65GPa，泊松比 0.3；$D_{\min eq} = 0.1\text{mm}$，$D_{\max eq} = 20\text{mm}$，EVF 分布
ITZ	ITZ 厚度 $h_d = 0.02\text{mm}$，弹性系数 $k = 0.5$，泊松比 0.2
水泥浆体	$m_{C_3S} = 0.57$, $m_{C_2S} = 0.18$, $m_{C_3A} = 0.1$, $m_{C_4AF} = 0.08$；$w/c = 0.5$，Blaine 表面积 $A = 311$ m^2/kg，弹性水化物长径比 $\kappa_{ch} = 1$, $\kappa_a = 1$
加载条件	温度 $T_s = 25℃$；龄期 $t_c = 28$ 天

5.3.1　骨料粒径分布

设定粒径分布分别满足 EVF 和 Fuller 分布，其他条件如表 5.2 所示，根据 5.1 节中的细观力学方法计算含 ITZ 的混凝土的有效弹性模量，如图 5.4 所示。从图中可以看到，EVF 分布导致的弹性模量明显低于 Fuller 分布。这里根据式 (5.2) 计算了这两种情况下 ITZ 的体积分数，Fuller 分布和 EVF 分布对应的 ITZ 体积分数分别为 6.94％ 和 17.04％。可以看到，EVF 分布律导致的 ITZ 体积分数明显高于 Fuller 分布律，这表明粒径分布律导致 ITZ 的体积分数不同，从而导致混凝土弹性性质不同。另外，式 (5.5) 给出的 $f_n(D_{eq})$ 是基于颗粒数目的概率密度函数，为了显式地给出各种粒径大小对应的体积分数，这里可以采用基于体积的概率密度函数 $f_v(D_{eq})$：

$$f_v(D_{eq}) = \frac{f_n(D_{eq})V(D_{eq})}{\int_{D\min eq}^{D\max eq} f_n(D_{eq}) \cdot V(D_{eq})\mathrm{d}D_{eq}} = \frac{D_{eq}^{2-q}}{\int_{D\min eq}^{D\max eq} D_{eq}^{2-q}\mathrm{d}D_{eq}} \quad (5.20)$$

其中，$V(D_{eq})$ 表示等效粒径为 D_{eq} 的颗粒的体积，$V(D_{eq}) = 1/\left[6\pi(D_{eq})^3\right]$。对上式进行积分即可得到粒径的体积分数的分布函数 $F_v(D_{eq})$：

$$F_v(D_{eq}) = \int_{D\min eq}^{D\max eq} f_v(D_{eq})\mathrm{d}D_{eq} \quad (5.21)$$

对于 Fuller 分布和 EVF 分布情况，粒径分布函数可解析表达为

$$F_v(D_{eq}) = \begin{cases} \dfrac{D_{eq}^{\frac{1}{2}} - D_{\min eq}^{\frac{1}{2}}}{D_{\max eq}^{\frac{1}{2}} - D_{\min eq}^{\frac{1}{2}}}, & q = 2.5 \to \text{Fuller} \\[3mm] \dfrac{\ln D_{eq} - \ln D_{\min eq}}{\ln D_{\max eq} - \ln D_{\min eq}}, & q = 3.0 \to \text{EVF} \end{cases} \quad (5.22)$$

图 5.5 给出了不同骨料粒径分布律下的粒径体积分数的分布函数，也就是粒径筛分曲线。从图 5.5 可以看到，在相同筛分体积分数下，EVF 分布律相比 Fuller 分

布律导致更多的小颗粒。而对于越小的粒径，它的比表面积越大，对于等厚度的 ITZ 来说，就会导致更高的 ITZ 体积分数，进而起到降低混凝土模量的作用。

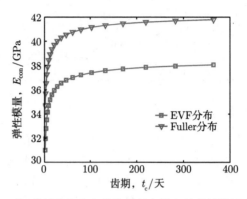

图 5.4　不同骨料粒径分布律的混凝土的有效弹性模量计算曲线

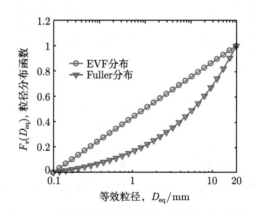

图 5.5　不同骨料粒径分布律下的粒径筛分曲线

5.3.2　最大粒径

这里设定最大等效粒径为 $D_{\max\ eq} = 3\mathrm{mm}$，$5\mathrm{mm}$，$10\mathrm{mm}$，$20\mathrm{mm}$，其他条件如表 5.2 所示，根据 5.1 节中的细观力学方法分别计算含 ITZ 的混凝土的有效弹性模量，如图 5.6 所示。从图中可以看到，随着最大等效粒径的增加，混凝土弹性模量逐渐增加。计算四种最大等效粒径情况下 ITZ 的体积分数，分别为 22.77%、21.03%、18.89% 和 17.04%，表明 ITZ 体积分数随最大等效粒径的增加而减小。这说明最大等效粒径对混凝土弹性性能的影响来源于其导致 ITZ 体积分数的不同。根据式 (5.22)，图 5.7 给出了不同最大等效粒径对应的粒径筛分曲线。

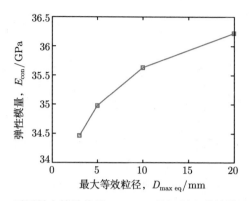

图 5.6 不同最大等效粒径 $D_{\max eq}$ 的混凝土弹性模量计算值

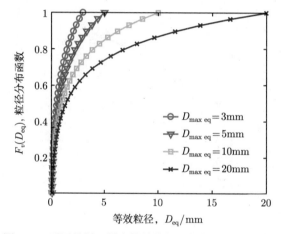

图 5.7 不同骨料下最大等效粒径对应的粒径筛分曲线

从图 5.7 中可以看到,最大等效粒径越小,则对应小粒径骨料越多,而小粒径骨料的比表面积较大,粒径更高,就会导致 ITZ 的体积分数越高,进而降低混凝土的模量。

5.3.3 细度

这里设定细度为 $D_{\min eq} = 0.1\mathrm{mm}$,$0.5\mathrm{mm}$,$1\mathrm{mm}$,$5\mathrm{mm}$,其他条件如表 5.2 所示,根据 5.1 节中的细观力学方法分别计算含 ITZ 的混凝土的有效弹性模量,如图 5.8 所示。从图 5.8 可以看到,最小等效粒径越大,混凝土弹性模量越大。计算四种最小等效粒径情况下 ITZ 的体积分数分别为 17.04%、4.99%、2.98% 和 1.01%。这表明不同的最小等效粒径导致 ITZ 的体积分数不同,进而影响混凝土蠕变。根据式 (5.22),图 5.9 给出了不同最小等效粒径下的粒径筛分曲线。

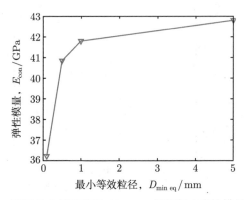

图 5.8　不同最小等效粒径 $D_{\min\,\text{eq}}$ 的混凝土弹性模量计算值

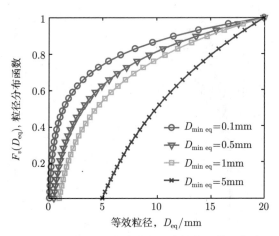

图 5.9　不同最小等效粒径对应的粒径筛分曲线

　　从图 5.9 可以看到，在相同体积分数下，越小的最小等效粒径导致更多的小粒径骨料，进而增加 ITZ 的体积分数，从而降低混凝土弹性模量。

5.3.4　ITZ 厚度

　　这里设定 ITZ 厚度分别为 $h_{\text{d}} = 0.01\text{mm}$，0.02mm，0.03mm，0.05mm，其他条件如表 5.2 所示，根据 5.1 节中的细观力学模型分别计算含 ITZ 的混凝土的有效弹性模量，如图 5.10 所示。从图中可以看到，ITZ 的厚度增大导致混凝土弹性模量降低。根据式 (5.2) 计算这四种厚度的 ITZ 的体积分数，分别为 8.91%、17.04%、23.19% 和 28.93%。可以看到，随着厚度的增加，ITZ 的体积分数也增加。可以认为，ITZ 厚度增加导致 ITZ 体积分数增加，进而导致混凝土弹性模量降低。

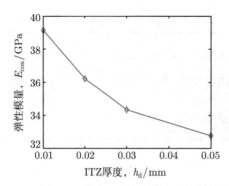

图 5.10   不同 ITZ 厚度 h_d 的混凝土弹性模量计算值

5.3.5 ITZ 弹性系数

这里设定弹性系数 k 为 0.3、0.5、0.7 和 1，其他条件如表 5.2，采用 5.1 节中的细观力学模型分别计算混凝土的弹性模量，如图 5.11 所示。从图中可以看到，粘弹性系数越大，混凝土弹性模量越大。这是因为粘弹性系数增大导致 ITZ 的弹性模量和硬度增大，从而导致混凝土弹性模量增大。需要指出的是，当 k 取 1 时，ITZ 与水泥浆基体具有相同的弹性性质，即等效于不含 ITZ 的情况，此时对应的混凝土弹性模量最高。

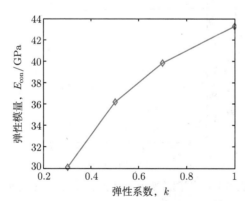

图 5.11   不同 ITZ 弹性系数 k 的混凝土弹性模量计算值

5.4   加载条件、水泥浆体性质对弹性性能的影响

本节基于 5.1 节建立的计算方法考察加载条件、水泥浆体性质对混凝土弹性性能的影响，默认输入参数见表 5.3。

表 5.3　混凝土弹性计算默认输入参数

参数类型	取值
骨料	体积分数 $f_p = 0.7$，骨料长径比为 2.34，弹性模量 65GPa，泊松比 0.3；$D_{\min\,\text{eq}} = 0.1\text{mm}$，$D_{\max\,\text{eq}} = 20\text{mm}$，Fuller 分布
ITZ	ITZ 厚度 $h_d = 0.02\text{mm}$，弹性系数 $k = 0.5$，泊松比 0.2
水泥浆体	$m_{C_3S} = 0.57$，$m_{C_2S} = 0.18$，$m_{C_3A} = 0.1$，$m_{C_4AF} = 0.08$；$w/c = 0.5$，Blaine 表面积 $A = 311\text{m}^2/\text{kg}$，弹性水化物长径比 $\kappa_{ch} = 1$，$\kappa_a = 1$
加载条件	温度 $T_s = 25\text{℃}$；龄期 $t_c = 28$ 天

5.4.1　龄期

　　这里设定龄期为 3 天、7 天、14 天和 28 天，其他条件如表 5.3 所示，根据第 4 章建立的水泥浆体多层级模型以及本章建立的细观力学计算方法分别计算混凝土的弹性模量，结果如图 5.12 所示。从图 5.12 可以看到，龄期越大，则混凝土弹性模量越大，体现出混凝土老化特征。这是由于龄期增加导致水泥浆体的弹性模量增大，进而使得混凝土弹性模量增大。另外，为了比较龄期对混凝土及水泥浆体弹性性能的影响大小，首先这里采用 $t_c = 3$ 天和 $t_c = 28$ 天混凝土弹性模量的差值比上前者的模量值，计算结果为 15.1％。相应地，这里计算了相同条件下水泥浆体 $t_c = 3$ 天和 $t_c = 28$ 天的模量差值比上前者的模量值，计算结果为 39.3％。这表明龄期对水泥浆体弹性性能的影响比对混凝土更明显。

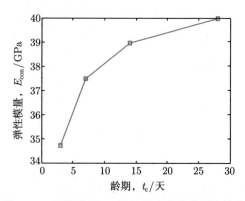

图 5.12　不同龄期 t_c 的混凝土弹性模量计算值

5.4.2　温度

　　设定温度 T_s 为 5℃、15℃、25℃、35℃ 和 45℃，其他条件如表 5.3，根据第 4 章建立的水泥浆体多层级模型以及本章建立的细观力学计算方法分别计算混凝土的弹性性能，结果如图 5.13 所示。从图 5.13 可知，温度越高，混凝土弹性模量越高。这是由于温度升高导致水泥浆体的弹性模量增大。另外，为了比较温度对混凝土及水泥浆体弹性性能的影响大小，首先采用 $T_s = 5℃$ 和 $T_s = 45℃$ 混凝土的弹性模量的差值比上前者的模量值,计算结果为 8.1%。相应地,这里计算了相同条件下水泥浆体 $T_s = 5℃$ 和 $T_s = 45℃$ 的弹性模量的差值比上前者的模量值,计算结果为 21.3%,这表明温度对水泥浆体弹性性能的影响明显比混凝土大。

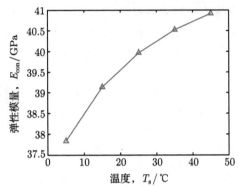

图 5.13 不同温度 T_s 下混凝土弹性模量计算值

5.4.3 水灰比

这里设定水灰比 w/c 为 0.3,0.4,0.5,其他条件如表 5.3 所示,分别计算混凝土弹性模量,如图 5.14 所示。从图 5.14 可以看到,水灰比显著影响混凝土的弹性性能,即水灰比越大,混凝土弹性模量越小。这是由于水灰比增大导致水泥浆体的弹性模量减小。另外,为了比较水灰比对混凝土及水泥浆体弹性模量的影响大小,首先这里采用 $w/c = 0.3$ 和 $w/c = 0.5$ 混凝土模量的差值比上后者的模量值,计算结果为 21.5%。相应地,这里计算了相同条件下水泥浆体 $w/c = 0.3$ 和 $w/c = 0.5$ 的模量的差值比上后者的模量值,计算结果为 70.7%。这表明水灰比对水泥浆体的弹性性能的影响远大于对混凝土弹性性能的影响。

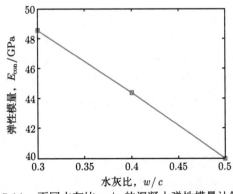

图 5.14 不同水灰比 w/c 的混凝土弹性模量计算值

5.4.4　Blaine 表面积

这里设定 Blaine 表面积 A 为 $250\text{m}^2/\text{kg}$、$300\text{m}^2/\text{kg}$、$350\text{m}^2/\text{kg}$ 和 $400\text{m}^2/\text{kg}$，其他条件如表 5.3 所示，分别计算混凝土弹性性能，如图 5.15 所示。从图中可知，Blaine 表面积越大，混凝土弹性模量越大。这是由于 Blaine 表面积增大导致水泥浆体的弹性模量增大。另外，为了比较 Blaine 表面积对混凝土及水泥浆体弹性模量影响的大小，首先采用 $A = 250\text{m}^2/\text{kg}$ 和 $A = 400\text{m}^2/\text{kg}$ 混凝土弹性模量的差值比上前者的模量值，计算结果为 1.5%。相应地，这里计算了相同条件下水泥浆体 $A = 250\text{m}^2/\text{kg}$ 和 $A = 400\text{m}^2/\text{kg}$ 的模量差值比上前者的模量值，计算结果为 3.9%。这表明 Blaine 表面积对混凝土弹性性能的影响小于对水泥浆体弹性性能的影响。

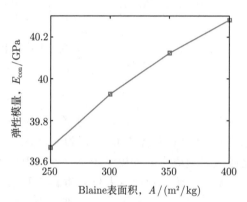

图 5.15　不同 Blaine 表面积 A 下混凝土弹性模量计算值

5.4.5　弹性水化产物的长径比

这里设定氢氧化钙晶体的长径比 κ_{ch} 为 0.1、0.4、0.7 和 1，铝酸根水化物的长径比 κ_{a} 固定为 10；另设定铝酸根水化物的长径比 κ_{a} 为 10，4，1，氢氧化钙晶体长径比 κ_{ch} 固定为 0.1，骨料体积分数为 0.5，其他条件如表 5.3 所示，分别计算混凝土弹性模量，如图 5.16 所示。从图中可以看到，氢氧化钙晶体和铝酸根水化物的长径比越接近 1，混凝土弹性模量越小。这是由于氢氧化钙晶体和铝酸根水化物的长径比越接近 1，水泥浆体的弹性模量越低。另外，为了比较弹性水化物形状对混凝土及水泥浆体蠕变影响的大小，这里以氢氧化钙晶体长径比为对象，固定 $\kappa_{\text{a}} = 10$，对 $\kappa_{\text{ch}} = 0.1$ 和 $\kappa_{\text{ch}} = 1$ 混凝土弹性模量的差值比上后者的模量值，计算结果为 0.58%。相应地，这里计算了相同条件下水泥浆体 $\kappa_{\text{ch}} = 0.1$ 和 $\kappa_{\text{ch}} = 1$ 的弹性模量的差值比上后者的模量值，计算结果为 1%，这表明弹性水化物长径比对混凝土弹性性能的影响小于对水泥浆体弹性性能的影响。

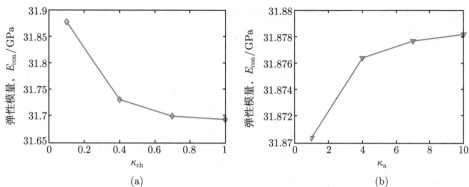

图 5.16 不同 (a) 氢氧化钙晶体长径比 κ_{ch} 和 (b) 铝酸根水化物长径比 κ_{a} 下混凝土弹性模量计算值

5.4.6 从微观到细观尺度传递特征

从前面的分析可以看到,加载条件、水泥浆体性质等参数对水泥浆体素混凝土弹性性能的影响大小不同,现将这些参数对弹性性能的影响总结在图 5.17 中。

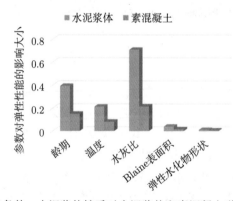

图 5.17 加载条件、水泥浆体性质对水泥浆体和素混凝土弹性性能影响大小

从图 5.17 可知,各参数对微观水泥浆体的影响均大于对细观素混凝土蠕变的大小,也即这些参数对蠕变的影响从微观传递到细观时有一个损耗。这里以对微观水泥浆体蠕变的影响为基准,定义一个计算尺度传递损耗量的公式:

$$\mathrm{Loss}_{\mathrm{cp}\to\mathrm{pc}}(x) = \frac{IE_{\mathrm{cp}}(x) - IE_{\mathrm{pc}}(x)}{IE_{\mathrm{cp}}(x)} \tag{5.23}$$

其中,$IE_{\mathrm{cp}}(x)$ 和 $IE_{\mathrm{pc}}(x)$ 分别表示参数 x (加载龄期、温度、水灰比、Blaine 表面积及弹性水化物形状) 对水泥浆体 (cement paste, cp) 弹性影响 (influence of elasticity, IE) 的大小和对素混凝土 (plain concrete, pc) 弹性影响的大小;$\mathrm{Loss}_{\mathrm{cp}\to\mathrm{pc}}(x)$

表示参数 x 对微观水泥浆体弹性影响到细观素混凝土弹性性能的影响尺度传递中的损耗量。根据式 (5.23) 计算各参数的损耗量，总结在图 5.18 中。

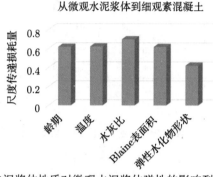

图 5.18　加载条件、水泥浆体性质对微观水泥浆体弹性的影响到细观素混凝土弹性的影响
尺度传递中的损耗量

从图 5.18 可以看到，水灰比对弹性性能影响的损耗最大，接近 70%，而弹性水化物形状对弹性性能影响的损耗最小，约 40%。

5.5　小　　结

本章采用广义自洽 (GSC)-Mori-Tanaka(MT) 方法建立了描述含 ITZ 的混凝土弹性性能的细观力学模型。在细观尺度上，分别采用 GSC 方法和 MT 方法计算有效夹杂相和混凝土的弹性性能。其中椭球形骨料的 Eshelby 张量可以通过解析获得。考虑的 ITZ 体积分数与骨料形状、分布有关。基于建立的混凝土弹性性能计算模型，系统探究了骨料形状、粒径分布、最大粒径、最小粒径、ITZ 厚度、弹性系数、龄期、温度、水灰比、Blaine 表面积、弹性水化物形状对混凝土弹性性能的影响，主要结论如下所述。

(1) 球形骨料对应最低的混凝土弹性模量，骨料长径比从 1 增大或减小时均会导致混凝土弹性模量增加。骨料体积分数的增加会显著增加混凝土的弹性模量值，却不改变长径比对模量的影响规律。对于真实椭球，混凝土模量随骨料球形度而单调递减。

(2) ITZ 厚度越大，骨料越细，采用 EVF 粒径分布律，更小的最大、最小粒径会导致更低的混凝土弹性模量，且这些因素是通过增加 ITZ 的体积分数来影响混凝土弹性模量的。另外，弹性系数越大，导致 ITZ 的模量和硬度越大，进而增加混凝土的模量。

(3) 加载龄期越早，水灰比越大，温度越低，Blaine 表面积越小，氢氧化钙晶体和铝酸根水化物的长径比越接近 1，这些均会导致混凝土弹性模量越低。另外，这些加载条件及水泥浆体性质对弹性模量的影响随着尺度的升高而降低，且水灰比对弹性性能影响的损耗最大，弹性水化物形状对弹性影响的损耗最小。

第 6 章　细-宏观纤维增强混凝土的弹性性能

6.1　纤维混凝土的弹性计算模型

根据文献 [134]，不同形状的纤维对素混凝土基体有不同大小的"锚固"作用，为方便起见，这里将纤维对基体的锚固能力简化为对纤维周围等厚度的素混凝土基体的刚度增强，这一等厚度的刚度增强基体区域称为纤维的锚固区 (fiber anchorage zone)，如图 6.1 所示。

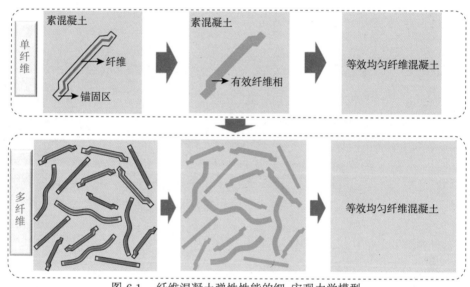

图 6.1　纤维混凝土弹性性能的细-宏观力学模型

根据前面的分析，在细观尺度上，纤维混凝土可以认为是由素混凝土基体相、纤维，以及其锚固区组成的复合材料体系。这里分两步计算纤维混凝土有效弹性性能。首先，采用广义自洽机制计算纤维及其周围锚固区所形成的有效纤维相的弹性性能；其次，采用 Mori-Tanaka 方法计算有效纤维相嵌入素混凝土所形成的纤维混凝土的弹性性能，如图 6.1 所示。

6.1.1　纤维与其锚固区组成的有效纤维相的弹性性能

如前所述，纤维锚固区是附着在纤维周围等厚度的刚度增强区域。纤维锚固区有两个相关参数需要通过试验反分析确定：一是纤维锚固区的体积；二是纤维锚固区的刚度。由于纤维混凝土的试验数据有限，则在此假定纤维锚固区的体积仅与纤维的形状及类型有关，且锚固区体积是纤维的 k_v 倍，即

$$f_\mathrm{A} = k_\mathrm{v} \cdot f_\mathrm{f} \tag{6.1}$$

其中，f_f、f_A 分别是纤维及其锚固区的体积分数；k_v 是纤维锚固区的体积系数。另外，纤维锚固区的刚度不仅与纤维形状、类型有关，还与相应的素混凝土基体的刚度有关。假定纤维锚固区与素混凝土基体具有相同的泊松比、相似的粘弹性形式，且锚固区的刚度是素混凝土刚度的 k_g 倍，那么锚固区在任意时刻 t_i 对应的刚度张量 $\boldsymbol{C}_\mathrm{A}^i$ 可表示为

$$\boldsymbol{C}_\mathrm{A}^i = k_\mathrm{g} \cdot \boldsymbol{C}_\mathrm{pc}^i \tag{6.2}$$

其中，k_g 是锚固区刚度增强系数。根据后面钢纤维混凝土蠕变数据的反分析，获取的钢纤维锚固区参数为：体积系数 $k_\mathrm{v} = 5$；刚度增强系数，直纤维 $k_\mathrm{g} = 2.4$，波浪形纤维 $k_\mathrm{g} = 2.6$，钩端纤维 $k_\mathrm{g} = 2.8$。

　　随机分布纤维与定向分布纤维两种情况下的混凝土如图 6.2 所示。首先，对于定向分布纤维与随机分布纤维，这里采用广义自洽机制分别计算由纤维及其周围锚固区组成的有效纤维相的弹性性能。

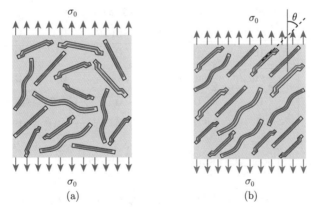

图 6.2　(a) 随机分布纤维混凝土与 (b) 定向分布纤维混凝土的示意图
(红色实线为混凝土加载方向，黑色虚线为纤维定向分布方向，θ 为偏转角度)

1. 定向分布纤维

　　根据及文献 [25]，单向排布纤维的有效纤维相 (effective fiber) 在 t_i 时刻对应的有效刚度张量 $\boldsymbol{C}_\mathrm{ef}^i$ 为

$$\boldsymbol{C}_\mathrm{ef}^i = \boldsymbol{C}_\mathrm{A}^i + f_1 \left(\boldsymbol{C}_\mathrm{f} - \boldsymbol{C}_\mathrm{A}^i \right) \boldsymbol{A}_\mathrm{g}^\mathrm{f} \tag{6.3}$$

其中，C_f 为纤维的刚度张量；f_1 为纤维在有效纤维相中的体积分数，$f_1 = f_f/(f_f + f_A)$；A_g^f 为 t_i 时刻纤维在有效纤维相中的全局应变集中张量，其表达式为

$$A_g^f = A^f \left[(1 - f_1) I + f_1 A^f \right]^{-1} \tag{6.4}$$

式中，I 为四阶单位张量；A^f 为 t_i 时刻纤维在有效纤维相中的局部应变集中张量，其表达式为

$$A^f = I - S_f \left[S_f + \left(C_f - C_A^i \right)^{-1} C_A^i \right]^{-1} \tag{6.5}$$

这里，S_f 为纤维在有效纤维相中的 Eshelby 张量，非椭球纤维的 Eshelby 张量可采用体积平均 Eshelby 张量数值求得，本章中构造的纤维的 Eshelby 张量见附录 A。

对于定向分布纤维，如图 6.2 所示，当纤维与蠕变加载方向的偏角为 $\theta°$ ($0° \leqslant \theta \leqslant 90°$) 时，有效纤维相在 t_i 时刻对应的有效刚度张量可以写成 [201]：

$$C_{ef}^{i,\theta} = T_1 (\theta) C_{ef}^i T_2 (\theta) \tag{6.6}$$

其中，$T_1(\theta)$ 和 $T_2(\theta)$ 是方向转换矩阵，写成

$$T_1 (\theta) = \begin{bmatrix} \cos^2 \theta & \sin^2 \theta & 0 & \sin 2\theta & 0 & 0 \\ \sin^2 \theta & \cos^2 \theta & 0 & -\sin 2\theta & 0 & 0 \\ 0 & 0 & 1 & 0 & 0 & 0 \\ -\dfrac{1}{2} \sin 2\theta & \dfrac{1}{2} \sin 2\theta & 0 & \cos 2\theta & 0 & 0 \\ 0 & 0 & 0 & 0 & \cos \theta & \sin \theta \\ 0 & 0 & 0 & 0 & -\sin \theta & \cos \theta \end{bmatrix} \tag{6.7}$$

$$T_2 (\theta) = \begin{bmatrix} \cos^2 \theta & \sin^2 \theta & 0 & -\dfrac{1}{2} \sin 2\theta & 0 & 0 \\ \sin^2 \theta & \cos^2 \theta & 0 & \dfrac{1}{2} \sin 2\theta & 0 & 0 \\ 0 & 0 & 1 & 0 & 0 & 0 \\ \sin 2\theta & -\sin 2\theta & 0 & \cos 2\theta & 0 & 0 \\ 0 & 0 & 0 & 0 & \cos \theta & -\sin \theta \\ 0 & 0 & 0 & 0 & \sin \theta & \cos \theta \end{bmatrix} \tag{6.8}$$

那么，有效纤维相在 t_i 时刻对应的加载方向上的弹性模量 (主弹性模量) $E_{ef}^{i,\theta}$ 可以通过下式求得

$$E_{ef}^{i,\theta} = 1/R_{ef}^{i,\theta} (1,1), \quad R_{ef}^{i,\theta} = \left[C_{ef}^{i,\theta} \right]^{-1} \tag{6.9}$$

其中，$R_{\text{ef}}^{i,\theta}$ 是有效纤维相在 t_i 时刻对应的有效柔度张量。

2. 随机分布纤维

对于随机分布的纤维，有效纤维相在 t_i 时刻对应的有效刚度张量 $C_{\text{ef}}^{i,\text{rd}}$ 是各向同性的，写成矩阵形式为

$$
C_{\text{ef}}^{i,\text{rd}} = \begin{bmatrix}
\lambda_{\text{ef}}^{i,\text{rd}} + 2\mu_{\text{ef}}^{i,\text{rd}} & \lambda_{\text{ef}}^{i,\text{rd}} & \lambda_{\text{ef}}^{i,\text{rd}} & 0 & 0 & 0 \\
\lambda_{\text{ef}}^{i,\text{rd}} & \lambda_{\text{ef}}^{i,\text{rd}} + 2\mu_{\text{ef}}^{i,\text{rd}} & \lambda_{\text{ef}}^{i,\text{rd}} & 0 & 0 & 0 \\
\lambda_{\text{ef}}^{i,\text{rd}} & \lambda_{\text{ef}}^{i,\text{rd}} & \lambda_{\text{ef}}^{i,\text{rd}} + 2\mu_{\text{ef}}^{i,\text{rd}} & 0 & 0 & 0 \\
0 & 0 & 0 & \mu_{\text{ef}}^{i,\text{rd}} & 0 & 0 \\
0 & 0 & 0 & 0 & \mu_{\text{ef}}^{i,\text{rd}} & 0 \\
0 & 0 & 0 & 0 & 0 & \mu_{\text{ef}}^{i,\text{rd}}
\end{bmatrix}
\tag{6.10}
$$

其中，$\lambda_{\text{ef}}^{i,\text{rd}}$，$\mu_{\text{ef}}^{i,\text{rd}}$ 是有效纤维相在 t_i 时刻对应的拉梅常数，可以表述为

$$
\begin{aligned}
\lambda_{\text{ef}}^{i,\text{rd}} &= \frac{1}{15} \left(c_{11}^{\text{ef}} + 6c_{22}^{\text{ef}} + 8c_{12}^{\text{ef}} - 10c_{44}^{\text{ef}} - 4c_{55}^{\text{ef}} \right) \\
\mu_{\text{ef}}^{i,\text{rd}} &= \frac{1}{15} \left(c_{11}^{\text{ef}} + c_{22}^{\text{ef}} - 2c_{12}^{\text{ef}} + 5c_{44}^{\text{ef}} + 6c_{55}^{\text{ef}} \right)
\end{aligned}
\tag{6.11}
$$

其中，c_{11}^{ef}，c_{12}^{ef}，$\cdots$，c_{55}^{ef} 是矩阵 (6.3) 中的系数，具体表达式可见附录 B[25]。根据弹性常数之间的关系，可以得到有效纤维相在 t_i 时刻对应的有效弹性模量 $E_{\text{ef}}^{i,\text{rd}}$、泊松比 $\nu_{\text{ef}}^{i,\text{rd}}$ 和体积模量 $K_{\text{ef}}^{i,\text{rd}}$ 分别为

$$
\begin{aligned}
E_{\text{ef}}^{i,\text{rd}} &= \frac{\mu_{\text{ef}}^{i,\text{rd}} \left(3\lambda_{\text{ef}}^{i,\text{rd}} + 2\mu_{\text{ef}}^{i,\text{rd}} \right)}{\lambda_{\text{ef}}^{i,\text{rd}} + \mu_{\text{ef}}^{i,\text{rd}}} \\
\nu_{\text{ef}}^{i,\text{rd}} &= \frac{\lambda_{\text{ef}}^{i,\text{rd}}}{2 \left(\lambda_{\text{ef}}^{i,\text{rd}} + \mu_{\text{ef}}^{i,\text{rd}} \right)} \\
K_{\text{ef}}^{i,\text{rd}} &= \lambda_{\text{ef}}^{i,\text{rd}} + \frac{2}{3}\mu_{\text{ef}}^{i,\text{rd}}
\end{aligned}
\tag{6.12}
$$

6.1.2 纤维混凝土的弹性性能

对于如图 6.2 所示的定向分布纤维与随机分布纤维两种情况下的混凝土，这里将采用 Mori-Tanaka 方法[202] 分别计算纤维混凝土有效弹性性能。

1. 定向分布纤维

对于不同纤维形状、类型混杂的纤维混凝土，这里采用多夹杂的 Mori-Tanaka 方法[202]，首先计算出单向排列的有效纤维相对应的混凝土在 t_i 时刻对应的有效

刚度张量 C_{fc}^{i}

$$C_{\text{fc}}^{i} = C_{\text{pc}}^{i} + \left\{ \sum_{m=1}^{N} \left[f_i \left(C_{\text{ef}}^{i,m} - C_{\text{pc}}^{i} \right) A_m^{\text{ef}} \right] \right\} \left[\left(1 - \sum_{m=1}^{N} f_m \right) I + \sum_{m=1}^{N} \left(f_m A_m^{\text{ef}} \right) \right]^{-1}$$

$$(6.13)$$

其中，N 表示含所有掺杂的不同种类的有效纤维相；f_i 表示第 i 种有效纤维相的体积分数，$f_i = f_{\text{f}\_i} + f_{\text{A}\_i}$，这里 f_{f_i} 和 f_{A_i} 分别表示第 i 种纤维及其锚固区的体积分数；$C_{\text{ef}}^{i,m}$ 表示第 m 种单向排布纤维的有效纤维相在 t_i 时刻对应的有效刚度张量 (式 (6.3))；A_m^{ef} 表示第 m 种有效纤维相在 t_i 时刻的局部应变集中张量，可表示为

$$A_m^{\text{ef}} = I - S_{\text{ef}}^{m} \left[S_{\text{ef}}^{m} + \left(C_{\text{ef}}^{i,m} - C_{\text{pc}}^{i} \right)^{-1} C_{\text{pc}}^{i} \right]^{-1}$$

$$(6.14)$$

其中，S_{ef}^{m} 表示第 m 种纤维对应的有效纤维相在 t_i 时刻的 Eshelby 张量，与第 m 种纤维的 Eshelby 张量 S_{f_i} 相同。

对于定向分布纤维，当纤维与蠕变加载方向的偏角为 $\theta°$ ($0° \leqslant \theta \leqslant 90°$) 时，纤维混凝土在 t_i 时刻对应的有效刚度张量 $C_{\text{fc}}^{i,\theta}$ 可以写成[201]：

$$C_{\text{fc}}^{i,\theta} = T_1 \left(\theta \right) C_{\text{fc}}^{i} T_2 \left(\theta \right)$$

$$(6.15)$$

那么，纤维混凝土在 t_i 时刻对应的加载方向上的弹性模量 (主弹性模量) $E_{\text{fc}}^{i,\theta}$ 可以通过下式求得

$$E_{\text{fc}}^{i,\theta} = 1/R_{\text{fc}}^{i,\theta} \left(1, 1 \right), \quad R_{\text{fc}}^{i,\theta} = \left[C_{\text{fc}}^{i,\theta} \right]^{-1}$$

$$(6.16)$$

其中，$R_{\text{fc}}^{i,\theta}$ 是有效纤维相在 t_i 时刻对应的有效柔度张量。

2. 随机分布纤维

对于随机分布的纤维对应的混凝土在 t_i 时刻对应的有效刚度张量 $C_{\text{fc}}^{i,\text{rd}}$，可以通过对式 (6.13) 进行方向平均得到

$$C_{\text{fc}}^{i,\text{rd}} = \begin{bmatrix} \lambda_{\text{fc}}^{i,\text{rd}} + 2\mu_{\text{fc}}^{i,\text{rd}} & \lambda_{\text{fc}}^{i,\text{rd}} & \lambda_{\text{fc}}^{i,\text{rd}} & 0 & 0 & 0 \\ \lambda_{\text{fc}}^{i,\text{rd}} & \lambda_{\text{fc}}^{i,\text{rd}} + 2\mu_{\text{fc}}^{i,\text{rd}} & \lambda_{\text{fc}}^{i,\text{rd}} & 0 & 0 & 0 \\ \lambda_{\text{fc}}^{i,\text{rd}} & \lambda_{\text{fc}}^{i,\text{rd}} & \lambda_{\text{fc}}^{i,\text{rd}} + 2\mu_{\text{fc}}^{i,\text{rd}} & 0 & 0 & 0 \\ 0 & 0 & 0 & \mu_{\text{fc}}^{i,\text{rd}} & 0 & 0 \\ 0 & 0 & 0 & 0 & \mu_{\text{fc}}^{i,\text{rd}} & 0 \\ 0 & 0 & 0 & 0 & 0 & \mu_{\text{fc}}^{i,\text{rd}} \end{bmatrix}$$

$$(6.17)$$

其中，$\lambda_{\text{fc}}^{i,\text{rd}}$，$\mu_{\text{fc}}^{i,\text{rd}}$ 是随机分布纤维混凝土在 t_i 时刻对应的拉梅常数，可以表述为

$$\lambda_{\text{fc}}^{i,\text{rd}} = \frac{1}{15}\left(c_{11}^{\text{fc}} + 6c_{22}^{\text{fc}} + 8c_{12}^{\text{fc}} - 10c_{44}^{\text{fc}} - 4c_{55}^{\text{fc}}\right)$$
$$\mu_{\text{fc}}^{i,\text{rd}} = \frac{1}{15}\left(c_{11}^{\text{fc}} + c_{22}^{\text{fc}} - 2c_{12}^{\text{fc}} + 5c_{44}^{\text{fc}} + 6c_{55}^{\text{fc}}\right)$$

(6.18)

式中，c_{11}^{fc}，c_{12}^{fc}，$\cdots$，c_{55}^{fc} 是矩阵 (5.18) 中的系数，具体表达式可见附录 B[25]。根据弹性常数之间的关系，可以得到随机分布纤维混凝土在 t_i 时刻对应的有效弹性模量 $E_{\text{fc}}^{i,\text{rd}}$：

$$E_{\text{fc}}^{i,\text{rd}} = \frac{\mu_{\text{fc}}^{i,\text{rd}}\left(3\lambda_{\text{fc}}^{i,\text{rd}} + 2\mu_{\text{fc}}^{i,\text{rd}}\right)}{\lambda_{\text{fc}}^{i,\text{rd}} + \mu_{\text{fc}}^{i,\text{rd}}}$$

(6.19)

6.2 纤维形状对混凝土弹性性能的影响

根据文献 [147] 和 [203]，本书构造了三种常见的钢纤维形状：直纤维、钩端纤维和波浪形纤维。每种纤维构造三种长径比：10，20 和 30，另外，还构造了长径比为 50，56，65 的直纤维和长径比为 59 的钩端纤维，总共 13 种基本纤维形状，并以"形状 + 长径比"来编号，其中 Z 表示直纤维，G 表示钩端纤维，B 表示波浪形纤维；数字表示长径比。除此之外，为了更细致地研究纤维形状的影响，这里改变钩端纤维和波浪形纤维的形状参数，包括钩端纤维中钩端平直部分的长度 a，钩端倾斜部分的长度 b，钩端倾斜角度 ψ，以及波浪形纤维中单波浪的宽度 p，共计 10 种额外纤维形状，编号在基本纤维编号的基础上加上改动的形状参数及其改变后的数值，具体形状、参数及编号见表 6.1，这些纤维的 Eshelby 张量结果见附录 A。

弹性性能计算时，输入参数总结在表 6.2 中。根据 6.1 节中模型，这里分别计算上述含表 6.1 中纤维形状的钢纤维混凝土弹性性能，探究纤维形状对混凝土弹性性能的影响。

表 6.1 三种钢纤维形状

	编号	长径比	具体参数 (单位：mm)
直纤维	Z10	10	$l = 10, d = 1$
	Z20	20	$l = 10, d = 0.5$
	Z30	30	$l = 10, d = 1/3$
	Z50	50	$l = 10, d = 0.2$
	Z56	56	$l = 10, d = 0.1786$
	Z65	65	$l = 10, d = 0.1538$

编号	长径比	具体参数 (单位: mm)
G10	10	$l = 10$, $a = 0.8333$, $b = 1/3$, $d = 1$, $\psi = 48°$
G20	20	$l = 10$, $a = 0.8333$, $b = 1/3$, $d = 0.5$, $\psi = 48°$
G30	30	$l = 10$, $a = 0.8333$, $b = 1/3$, $d = 1/3$, $\psi = 48°$
G30-a2	30	$l = 10$, $a = 2$, $b = 1/3$, $d = 1/3$, $\psi = 48°$
G30-a3	30	$l = 10$, $a = 3$, $b = 1/3$, $d = 1/3$, $\psi = 48°$
G30-b1	30	$l = 10$, $a = 0.8333$, $b = 1$, $d = 1/3$, $\psi = 48°$
G30-b2	30	$l = 10$, $a = 0.8333$, $b = 2$, $d = 1/3$, $\psi = 48°$
G30-ψ15	30	$l = 10$, $a = 0.8333$, $b = 1/3$, $d = 1/3$, $\psi = 15°$
G30-ψ75	30	$l = 10$, $a = 0.8333$, $b = 1/3$, $d = 1/3$, $\psi = 75°$
G59	59	$l = 10$, $a = 0.8333$, $b = 1/3$, $d = 0.1695$, $\psi = 48°$
B10	10	$l = 10$, $d = 1$, $p = 1$
B20	20	$l = 10$, $d = 0.5$, $p = 1$
B30	30	$l = 10$, $d = 1/3$, $p = 1$
B30-p2	30	$l = 10$, $d = 1/3$, $p = 2$
B30-p3	30	$l = 10$, $d = 1/3$, $p = 3$
B30-p4	30	$l = 10$, $d = 1/3$, $p = 4$
B30-p5	30	$l = 10$, $d = 1/3$, $p = 5$

（行首标注：钩端纤维、波浪形纤维）

注: 其中 l 是纤维长度, d 是纤维直径, 钩端纤维中 a 为钩端平直部分的长度, b 为钩端倾斜部分的长度, ψ 为钩端倾斜角度, 波浪形纤维中 p 为波浪形的宽度。

表 6.2　纤维混凝土弹性计算默认参数输入

参数类型	取值
纤维	钢纤维弹性模量为 201 GPa, 泊松比为 0.31, 锚固区参数见 5.3.1 节
骨料	体积分数 $f_p = 0.5$, 骨料长径比为 2.34, 弹性模量 65GPa, 泊松比 0.3; $D_{\min eq} = 0.1$mm, $D_{\max eq} = 10$mm, EVF 分布
ITZ	ITZ 厚度 $h_d = 0.03$mm, 粘弹性系数 $k = 0.5$, 泊松比 0.2
水泥浆体	$m_{C_3S} = 0.57$, $m_{C_2S} = 0.18$, $m_{C_3A} = 0.1$, $m_{C_4AF} = 0.08$; 水灰比 $w/c = 0.5$, Blaine 表面积 $A = 311\text{m}^2/\text{kg}$, 弹性水化物长径比 $\kappa_{ch} = 1$, $\kappa_a = 1$
蠕变加载条件	温度 $T_s = 25℃$; 龄期 $t_c = 28$ 天

6.2.1　直纤维

基于 6.1 节的纤维混凝土弹性计算模型, 这里计算了表 6.1 中的 6 种长径比的直钢纤维混凝土的弹性模量, 如图 6.3 所示, 其中纤维体积分数分别为 1%、2% 和 3%。从图 6.3 可以看出, 纤维体积分数的增加会显著提升混凝土的弹性模量。

而直纤维的长径比对混凝土的弹性模量影响较小，弹性模量随着纤维长径比的增大而略微增加。

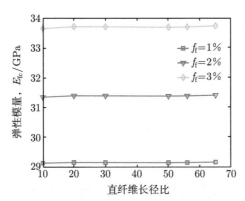

图 6.3　纤维体积分数分别为 1%、2% 和 3% 的直纤维混凝土弹性模量

6.2.2 钩端纤维

　　基于 6.1 节的模型，这里计算了表 6.1 中的四种长径比的基本钩端纤维混凝土的弹性模量，如图 6.4 所示，其中纤维体积分数分别为 1%、2% 和 3%。从图中可以看出，钩端纤维体积分数的增加会显著提升混凝土弹性模量。而钩端纤维的长径比对混凝土的弹性性能的影响较小，模量随钩端纤维长径比的增加而略微增加。

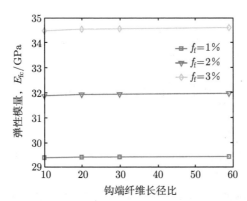

图 6.4　纤维体积分数分别为 1%、2% 和 3% 的钩端纤维混凝土的弹性模量

　　为了进一步探究钩端纤维形状对混凝土弹性性能的影响，这里改变钩端纤维平直部分的长度 a 分别为 0.8333mm、2mm 和 3mm，即表 6.1 中的三种钩端钢纤维：G30、G30-a2 和 G30-a3。根据 6.1 节的模型，计算这三种钢纤维含量为

3%时的弹性模量，如图 6.5 所示。从图中可以看到，a 对混凝土弹性性能影响不大，随着 a 的增加，钢纤维混凝土弹性模量增加，但是 a 继续增加反而导致钢纤维混凝土弹性模量的降低。

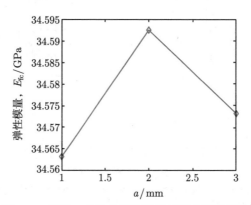

图 6.5　不同 a 值的钩端钢纤维混凝土弹性模量

另外，这里改变钩端纤维中钩端倾斜部分的长度 b 为 0.3333mm、1mm 和 2mm，分别对应于表 5.6 中的 G30、G30-b1、G30-b2 钢纤维。根据 6.1 节的模型，计算这三种钢纤维混凝土弹性模量，其中纤维体积分数为 3%，如图 6.6 所示。从图中可以看到，随着 b 的增加，钢纤维混凝土弹性模量增加，但是当 b 进一步增加时，模量却呈现降低趋势。

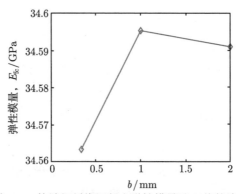

图 6.6　钩端钢纤维混凝土弹性模量随 b 值的演变

这里还改变钩端纤维中钩端倾斜角度 ψ 为 15°、48° 和 75°，分别对应于表 5.6 中的 G30-ψ15、G30、G30-ψ75 钢纤维。根据 6.1 节的模型，计算这三种钢纤维混凝土弹性模量，如图 6.7 所示。从图中可以看到，随着 ψ 的增加，钢纤维混凝土弹性模量降低，当 ψ 值过大时，纤维混凝土弹性模量反而增加。

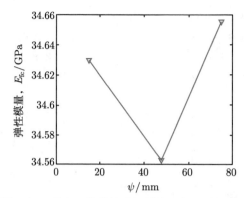

图 6.7　不同 ψ 值的钩端钢纤维混凝土弹性模量

6.2.3　波浪形纤维

根据 6.1 节的模型，这里计算了表 6.1 中的三种长径比的波浪形纤维混凝土的弹性模量，如图 6.8 所示，其中纤维体积分数为 3%。从图 6.8 可以看出，波浪形纤维混凝土弹性模量值随其纤维长径比的增加而增加。

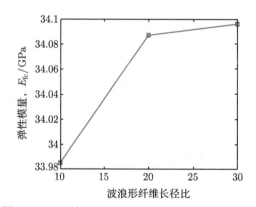

图 6.8　不同波浪形纤维长径比的混凝土弹性模量

此外，这里对于长径比为 30 的波浪形纤维 B30 ($p = 1\text{mm}$)，改变波浪的宽度 p 为 2mm、3mm、4mm 和 5mm，分别对应于表 6.1 中的 B30-p2、B30-p3、B30-p4 和 B30-p5 钢纤维。参照文献 [204]，定义波浪形纤维的波纹度 δ 为

$$\delta = \frac{2p}{l} \tag{6.20}$$

其中，l 为纤维的长度。参照表 6.1，那么前述 5 种波浪形钢纤维的波纹度 δ 分别为 0.2、0.4、0.6、0.8 和 1。根据 6.1 节的模型，计算这五种钢纤维混凝土的弹性模量，其中纤维体积分数为 3%，如图 6.9 所示。从图中可以看到，随着 δ 的增加，钢纤维混凝土弹性模量不断增加。

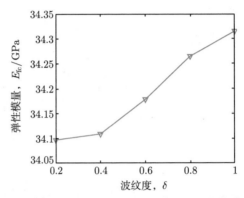

图 6.9 波浪形钢纤维混凝弹性模量随 δ 值的演变

6.2.4 三种纤维形状对比

另外，这里比较了表 6.1 中构造的三种形状纤维，长径比分别为 10、20 和 30 的 9 种纤维在纤维体积分数为 3% 时的混凝土弹性模量，如图 6.10 所示。从图 6.10 中可以看到，直纤维混凝土的弹性模量最低，波浪形纤维混凝土的弹性模量更高，钩端纤维混凝土弹性模量最高。且不同纤维长径比不影响纤维形状对混凝土蠕变的影响规律。

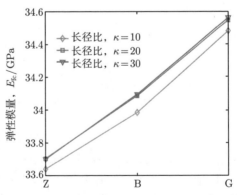

图 6.10 混凝土弹性模量值随纤维形状的演变

6.3 纤维锚固区参数对混凝土弹性性能的影响

输入参数见表 6.2，这里根据 6.1 节的模型，研究纤维锚固区参数对混凝土弹性性能的影响。

6.3.1 体积系数 k_v

对于钢纤维混凝土，这里取长径比为 30 的钩端纤维，纤维体积分数为 3% 且为随机分布，当取体积系数 $k_v = 2$，5，10，15 时，其他参数如表 6.2 所示，基于 6.1 节的模型，分别计算钢纤维混凝土的弹性模量，结果如图 6.11 所示。从图中可以看到，体积系数越大，混凝土弹性模量越高。

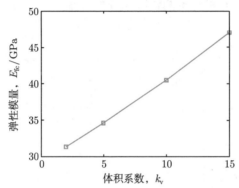

图 6.11　不同体积系数 k_v 下钢纤维混凝土的弹性模量

6.3.2 刚度增强系数 k_g

对于钢纤维混凝土，这里取长径比为 30 的钩端纤维，取刚度增强系数 $k_g = 2$，3，4，5，其他参数如表 6.2 所示，基于 6.1 节的模型，分别计算钢纤维混凝土的弹性模量，结果如图 6.12 所示。从图中可以看到，刚度增强系数越大，混凝土弹性模量越大，表明此时钢纤维对混凝土基体的锚固效应越强。

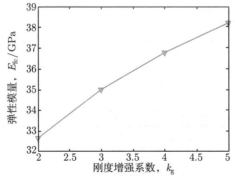

图 6.12　不同刚度增强系数 k_g 下钢纤维混凝土的弹性模量

6.4   定向纤维方向对混凝土弹性性能的影响

这里采用长径比为 30 的钩端钢纤维，纤维体积分数为 3%，其他参数如表 6.2 所示，基于 6.1 节的模型，分别计算偏转角度 θ 从 0° 到 90° 时定向分布钢纤维混凝土的弹性模量，并与相应的随机分布钢纤维混凝土弹性模量比较，如图 6.13 所示。从图中可以看到，随着偏转角度的增加，混凝土弹性模量不断减小。当钢纤维与混凝土加载方向一致时 ($\theta = 0°$)，混凝土弹性模量最大；当钢纤维与混凝土加载方向垂直时 ($\theta = 90°$)，混凝土弹性模量最小。因为偏转角度越小，则钢纤维及锚固区在加载方向上的刚度更大，从而可以提升混凝土的弹性模量。另外，图 6.13 显示，随机分布钢纤维的混凝土弹性模量几乎与 45° 定向分布钢纤维混凝土弹性模量值相当。

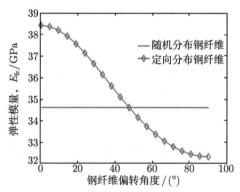

图 6.13   不同角度定向分布及随机分布钢纤维混凝土的弹性模量

6.5   纤维掺杂对混凝土弹性性能的影响

6.5.1   不同长径比纤维的掺杂

这里选用长径比分别为 10 和 59 的钩端钢纤维，以总纤维体积分数 5% 进行三种剂量的掺杂，如表 6.3 所示，其他参数见表 6.2，基于 6.1 节的模型，分别计算混凝土的弹性模量，并与不掺杂情况进行对比，结果如图 6.14 所示。

表 6.3   不同长径比钢纤维的掺杂

掺杂	G10	G59
掺杂 1	1%	4%
掺杂 2	2.5%	2.5%
掺杂 3	4%	1%

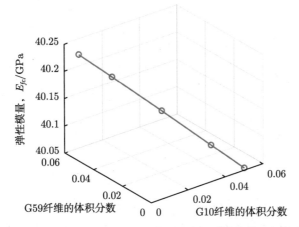

图 6.14   两种长径比钩端钢纤维 (G10 和 G59) 在不同掺杂量下混凝土的弹性模量

从图 6.14 中可以看到，与不掺杂情况相比，不同长径比钢纤维的掺杂对混凝土弹性模量影响不大，混凝土弹性模量随着 G10 含量的增加而降低。仅含 G59 纤维的混凝土弹性模量最大，而仅含 G10 纤维的混凝土弹性模量最小，一定剂量的 G10 和 G59 纤维掺杂导致的混凝土弹性模量介于两者之间。

6.5.2   不同形貌纤维的掺杂

这里选用长径比为 30 的钩端和直钢纤维，以总纤维体积分数 5% 进行三种剂量的掺杂，如表 6.4 所示。

表 6.4   不同形貌钢纤维的掺杂

掺杂	G30	Z30
掺杂 1	1%	4%
掺杂 2	2.5%	2.5%
掺杂 3	4%	1%

其他参数见表 6.2，基于 6.1 节的模型，分别计算混凝土的弹性模量，并与不掺杂情况进行对比，结果如图 6.15 所示。从图中可以看到，与不掺杂情况相比，不同形貌钢纤维的掺杂对混凝土弹性模量影响较大，混凝土弹性模量随着 G30 纤维含量的增加而提升。这是因为钩端钢纤维的锚固效应强于直纤维，因此掺杂更多的钩端钢纤维可以有效提升混凝土模量。纤维掺杂导致的混凝土弹性模量介于两种纤维不掺杂情况导致的模量之间。

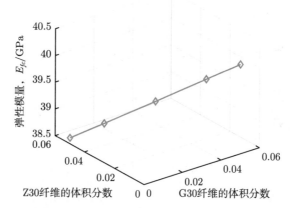

图 6.15　两种形貌钢纤维 (G30 和 Z30) 在不同掺杂量下混凝土的弹性模量

6.6　微细观参数对纤维混凝土弹性性能的影响

本节探究微观参数 (包括水灰比、Blaine 表面积、弹性水化产物形状)、细观参数 (包括骨料形状、粒径分布、最大粒径、细度、ITZ 厚度、ITZ 弹性系数) 及加载条件 (包括龄期、温度) 对纤维混凝土弹性性能的影响，默认输入参数见表 6.5。

表 6.5　纤维混凝土弹性计算默认输入参数

参数类型	取值
纤维	体积分数 $f_f = 3\%$，钩端钢纤维 G30，钢纤维弹性模量为 201GPa，泊松比为 0.31，锚固区参数见 5.3.1 节
骨料	体积分数 $f_p = 0.7$，骨料长径比为 2.34，弹性模量 65GPa，泊松比 0.3；$D_{\text{min eq}} = 0.1\text{mm}$，$D_{\text{max eq}} = 20\text{mm}$，Fuller 分布
ITZ	ITZ 厚度 $h_d = 0.02\text{mm}$，弹性系数 $k = 0.5$，泊松比 0.2
水泥浆体	$m_{\text{C}_3\text{S}} = 0.57$，$m_{\text{C}_2\text{S}} = 0.18$，$m_{\text{C}_3\text{A}} = 0.1$，$m_{\text{C}_4\text{AF}} = 0.08$；水灰比 $w/c = 0.5$，Blaine 表面积 $A = 311\text{m}^2/\text{kg}$，弹性水化物长径比 $\kappa_{\text{ch}} = 1$，$\kappa_a = 1$
加载条件	温度 $T_s = 25℃$；龄期 $t_c = 28$ 天

6.6.1　龄期

这里设定龄期分别为 3 天，7 天，14 天，28 天，其他条件见表 6.5，根据第 4 ~ 6 章建立起来的多尺度模型计算纤维混凝土弹性模量，结果如图 6.16 所示。从图 6.16 可以看到，加载龄期越晚，混凝土弹性模量越高，体现出纤维混凝土老化弹性特征。另外，这里计算 $t_c = 3$ 天和 $t_c = 28$ 天纤维混凝土弹性模量的差值比上前者的模量值，作为龄期对纤维混凝土模量的影响，计算结果为 14.5%，与素混凝土 (15.1%) 和水泥浆体 (39.3%) 比较表明，龄期对弹性模量的影响随着尺度的升高而降低。

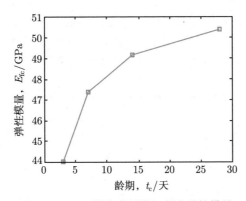

图 6.16 不同龄期的纤维混凝土弹性模量

6.6.2 温度

这里设定温度 T_s 分别为 5℃、15℃、25℃、35℃ 和 45℃,其他条件见表 6.5,根据第 4～6 章建立起来的多尺度模型计算纤维混凝土弹性模量,结果如图 6.17 所示。从图中可知,温度越高,纤维混凝土弹性模量越高。这里采用 $T_s = 5℃$ 和 $T_s = 45℃$ 纤维混凝土的弹性模量差值比上前者的模量值来量化温度对弹性性能的影响,结果为 7.8%。与素混凝土 (8.1%) 和水泥浆体相比 (21.3%),温度对纤维混凝土弹性性能的影响随着尺度的升高而降低。

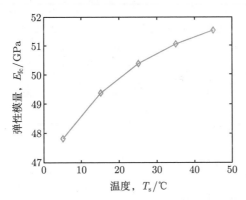

图 6.17 不同温度下纤维混凝土的弹性模量

6.6.3 水灰比

这里设定水灰比 w/c 分别为 0.3, 0.4, 0.5,其他条件如表 6.5,根据第 4～6 章建立起来的多尺度模型计算纤维混凝土弹性模量,结果如图 6.18 所示。从图中可以看到,水灰比越大,纤维混凝土弹性模量显著降低。这里采用 $w/c = 0.3$ 和

$w/c = 0.5$ 混凝土的弹性模量差值比上后者的模量值，作为量化水灰比对弹性性能的影响，结果为 20.7%。与素混凝土 (21.5%) 和水泥浆体 (70.7%) 相比，表明水灰比对纤维混凝土弹性性能的影响随着尺度的升高而降低。

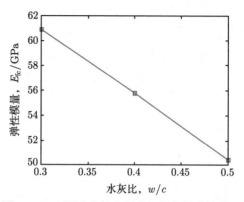

图 6.18　不同水灰比下纤维混凝土的弹性模量

6.6.4　Blaine 表面积

这里设定 Blaine 表面积 A 分别为 250m²/kg、300m²/kg、350m²/kg 和 400 m²/kg，其他条件见表 6.5，根据第 4 ~ 6 章建立起来的多尺度模型计算纤维混凝土弹性模量，结果如图 6.19 所示。从图中可知，Blaine 表面积越大，纤维混凝土弹性模量越高。这里采用 $A = 250$m²/kg 和 $A = 400$m²/kg 纤维混凝土的弹性模量差值比上前者的模量值，作为量化 Blaine 表面积对弹性性能的影响，结果为 1.48%。与素混凝土 (1.5%) 和水泥浆体 (3.9%) 相比，表明 Blaine 表面积对纤维混凝土弹性性能的影响随着尺度的升高而降低。

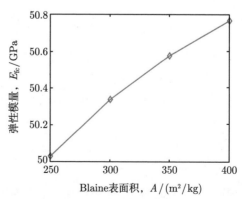

图 6.19　不同 Blaine 表面积下纤维混凝土的弹性模量

6.6.5　弹性水化产物的长径比

　　这里设定氢氧化钙晶体的长径比 κ_{ch} 分别取 0.1、0.4、0.7 和 1，铝酸根水化物的长径比 κ_{a} 固定为 10，骨料体积分数为 0.5，其他条件见表 6.5，根据第 4 ~ 6 章建立起来的多尺度模型计算纤维混凝土弹性模量，结果如图 6.20 所示。从图中可以看到，氢氧化钙晶体的长径比越接近 1，则纤维混凝土弹性模量越低。这里计算 $\kappa_{\mathrm{ch}} = 0.1$ 和 $\kappa_{\mathrm{ch}} = 1$ 时纤维混凝土的弹性模量差值比上后者的模量值，作为弹性水化产物长径比对纤维混凝土弹性性能影响大小的量化，结果为 0.56%。与素混凝土 (0.58%) 和水泥浆体 (1%) 相比，表明弹性水化物长径比对纤维混凝土弹性性能影响最小，而对水泥浆体弹性性能的影响最大，在尺度由低到高传递过程中其对纤维混凝土弹性性能的影响递减。

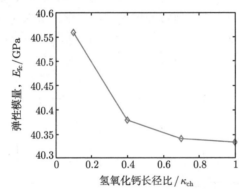

图 6.20　不同氢氧化钙晶体长径比条件下纤维混凝土弹性模量

6.6.6　骨料粒径分布

　　这里设定骨料粒径分布分别为 EVF 和 Fuller 分布，其他条件见表 6.5，根据第 4 ~ 6 章建立起来的多尺度模型计算纤维混凝土弹性模量，结果如图 6.21 所

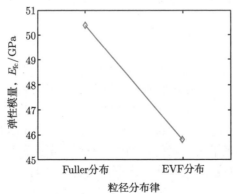

图 6.21　不同骨料粒径分布条件下纤维混凝土的弹性模量

示。从图中可以看到，EVF 分布导致的纤维混凝土弹性模量明显低于 Fuller 分布。我们计算 EVF 分布和 Fuller 分布时纤维混凝土的弹性模量的差值比上前者的模量值，来量化粒径分布律对纤维混凝土弹性性能的影响，结果为 10%。与素混凝土 (10.4%) 相比，表明粒径分布对纤维混凝土弹性性能的影响随尺度升高而降低。

6.6.7　最大粒径

这里设定骨粒最大粒径为 $D_{\max\,eq} = 3\text{mm}, 5\text{mm}, 10\text{mm}, 20\text{mm}$，采用 EVF 分布，其他条件见表 6.5，根据第 4 ∼ 6 章建立起来的多尺度模型计算纤维混凝土弹性模量，结果如图 6.22 所示。从图中可以看到，随着最大粒径的增加，纤维混凝土弹性模量逐渐增加。这里计算 $D_{\max\,eq} = 3\text{mm}$ 和 $D_{\max\,eq} = 20\text{mm}$ 时纤维混凝土弹性模量的差值比上前者的模量值，来量化最大粒径对纤维混凝土弹性性能的影响，结果为 4.95%。与素混凝土 (5.1%) 相比，表明最大粒径对纤维混凝土弹性性能的影响随尺度升高而降低。

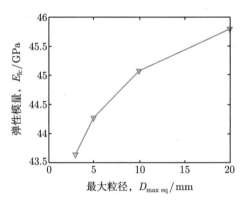

图 6.22　不同最大粒径下纤维混凝土的弹性模量

6.6.8　细度

这里设定骨料细度为 $D_{\min\,eq} = 0.1\text{mm}, 0.5\text{mm}, 1\text{mm}, 5\text{mm}$，采用 EVF 分布，其他条件见表 6.5，根据第 4 ∼ 6 章建立起来的多尺度模型计算纤维混凝土弹性模量，结果如图 6.23 所示。从图中可以看到，细度越大，纤维混凝土弹性模量越大。这里计算 $D_{\min\,eq} = 0.1\text{mm}$ 和 $D_{\min\,eq} = 5\text{mm}$ 时纤维混凝土弹性模量的差值比上前者的模量值，来量化细度对纤维混凝土弹性性能的影响，结果为 17.5%。与素混凝土 (18.1%) 相比，表明细度对纤维混凝土弹性模量的影响随尺度升高而降低。

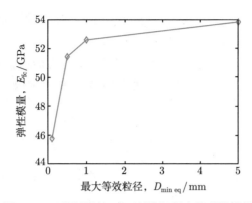

图 6.23 不同骨料细度下纤维混凝土的弹性模量

6.6.9 ITZ 厚度

这里设定 ITZ 厚度 $h_d = 0.01$mm，0.02mm，0.03mm，0.05mm，采用 EVF 分布，其他条件见表 6.5，根据第 4～6 章建立起来的多尺度模型计算纤维混凝土弹性模量，结果如图 6.24 所示。从图中可以看到，ITZ 厚度越大，纤维混凝土弹性模量越低。这里计算 $h_d = 0.01$mm 和 $h_d = 0.05$mm 时纤维混凝土的弹性模量的差值比上后者的模量值，来量化骨料 ITZ 厚度对纤维混凝土弹性性能的影响，结果为 18.9%。与素混凝土 (19.5%) 相比，表明 ITZ 厚度对纤维混凝土弹性性能的影响随尺度升高而降低。

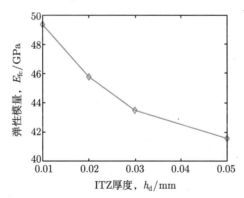

图 6.24 不同 ITZ 厚度下纤维混凝土的弹性模量

6.6.10 ITZ 弹性系数

这里设定 ITZ 弹性系数 k_{ITZ} 分别为 0.3、0.5、0.7 和 1，采用 EVF 分布，其他条件见表 6.5，根据第 4～6 章建立起来的多尺度模型计算纤维混凝土弹性模量, 结果如图 6.25 所示。从图中可以看到, ITZ 粘弹性系数越大, 纤维混凝土弹性模量越大。这里计算 $k = 0.3$ 和 $k = 1$ 时纤维混凝土弹性模量的差值比上前者的模量值, 来量化 ITZ 弹性系数对纤维混凝土弹性性能的影响, 结果为 42.1%。与素混凝土 (43.7%) 相比, 表明 ITZ 弹性系数对纤维混凝土弹性性能的影响随尺度升高而降低。

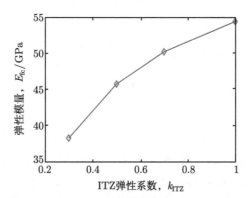

图 6.25　不同 ITZ 弹性系数下纤维混凝土的弹性模量

6.6.11　骨料形状

这里设定骨料形状为真实椭球, 不考虑 ITZ, 其他条件见表 6.5, 根据第 $4 \sim 6$ 章建立起来的多尺度模型计算纤维混凝土弹性模量, 并绘制出纤维混凝土的弹性模量随骨料球形度的演变, 结果如图 6.26 所示。从图中可以看到, 纤维混凝土的弹性模量随骨料球形度近似单调递减。这里计算这些骨料对应的最小及最大弹性模量的差值比上最小模量, 来量化骨料形状对纤维混凝土弹性性能的影响, 结果

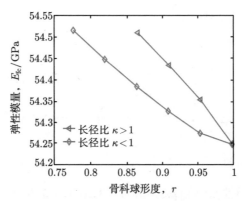

图 6.26　不同骨料形状下纤维混凝土的弹性模量随骨料球形度的演变

为 0.49%。与素混凝土 (0.8%) 相比，表明骨料形状对素混凝土影响较纤维混凝土更大，提示骨料形状对弹性性能的影响随尺度升高而降低。

6.6.12 从细观到细–宏观尺度传递特征

从前面的分析可以看到，微细观参数对细观素混凝土和对纤维混凝土弹性性能的影响大小不同，现将这些参数对弹性性能的影响总结在图 6.27 中。

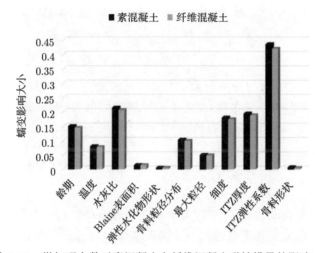

图 6.27　微细观参数对素混凝土和纤维混凝土弹性模量的影响大小

从图 6.27 可知，各参数对素混凝土弹性模量的影响均大于对纤维混凝土的弹性模量的影响，也即这些参数对弹性性能的影响从细观到细–宏观时有一个损耗。我们以对细观素混凝土弹性性能的影响大小为基准，定义一个计算尺度传递损耗量的公式：

$$\text{Loss}_{\text{pc}\to\text{fc}}(x) = \frac{\text{IE}_{\text{pc}}(x) - \text{IE}_{\text{fc}}(x)}{\text{IE}_{\text{pc}}(x)} \tag{6.21}$$

其中，$\text{IE}_{\text{pc}}(x)$ 和 $\text{IE}_{\text{fc}}(x)$ 分别表示上述微细观参数 x 对素混凝土 (pc) 弹性性能的影响大小和对纤维混凝土 (fiber concrete, fc) 弹性性能影响的大小；$\text{Loss}_{\text{pc}\to\text{fc}}(x)$ 表示参数 x 对细观素混凝土弹性的影响到细–宏观纤维混凝土弹性的影响尺度传递中的损耗量。根据式 (6.21) 计算各参数的损耗量，总结在图 6.28 中。

从图 6.28 可以看到，ITZ 粘弹性系数对弹性性能的影响的损耗最大，超过了35%，而 Blaine 表面积对弹性性能影响的损耗最小，低于 2%。

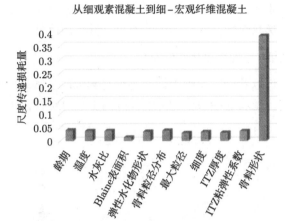

图 6.28   微细观参数对细观素混凝土弹性模量的影响到细–宏观纤维混凝土弹性模量的影响
尺度传递中的损耗量

6.7   小   结

本章耦合广义自洽机制 (GSC) 及多夹杂的 Mori-Tanaka(MT) 方法建立了描述含纤维锚固区的非椭球形纤维混凝土弹性模型。考虑定向分布纤维和多种形状纤维，分别采用 GSC 方法和 MT 方法计算有效纤维相和纤维混凝土的弹性模量。根据建立的模型，系统探究了包括直纤维、波浪形纤维、钩端纤维在内的纤维形状对混凝土弹性性能的影响，并进一步考虑纤维锚固区参数、纤维方向、纤维掺杂等因素对混凝土弹性性能的影响，另外还研究了微细观参数对纤维混凝土弹性性能的影响及其尺度传递损耗特征。主要结论如下所述。

(1) 对于三种形状的钢纤维混凝土，混凝土弹性模量均随纤维的长径比的增加而轻微增加；对于相同长径比的纤维，直钢纤维混凝土的模量最低，而钩端钢纤维混凝土模量最高。对于钩端钢纤维形状，随着钩端钢纤维平直部分长度 (钩端倾斜部分的长度) 的增加，钢纤维混凝土弹性模量增加，但是该长度继续增加反而导致混凝土模量降低；随着钩端钢纤维中钩端倾斜角度的增加，钢纤维混凝土模量不断减小，当该角度值过大时，钢纤维混凝土模量反而增加。对于波浪形钢纤维形状，随着其波纹度的增加，钢纤维混凝土弹性模量不断增加。另外，钢纤维体积分数的增加会显著提升混凝土的弹性模量。

(2) 混凝土弹性模量随着体积系数 k_v 和刚度增强系数 k_g 的增加而增加。

(3) 定向分布纤维混凝土弹性模量随着纤维偏转角度的增加而单调降低，另外，45° 定向分布纤维混凝土弹性模量与相应的随机分布纤维混凝土弹性性能近似相同。

(4) 纤维掺杂导致的混凝土弹性模量介于两种纤维不掺杂情况导致的模量之间。混凝土弹性模量随着长径比较小纤维含量的增加而降低。不同形状钢纤维的掺杂对混凝土弹性性能影响较大。混凝土弹性模量随着钩端钢纤维含量的增加而增加。

(5) 水泥浆体微观参数 (水灰比、Blaine 表面积、弹性水化物长径比)、素混凝土细观参数 (粒径分布、最大粒径、细度、ITZ 厚度、ITZ 粘弹性系数、骨料形状)、加载条件 (加载龄期、温度) 对水泥基复合材料弹性性能的影响均随尺度的升高而降低。在尺度传递过程中，骨料形状对弹性模量影响的损耗最大，超过了 35%，Blaine 表面积对弹性性能影响的损耗最小，低于 2%。

第 7 章 微观水泥浆体的粘弹性性能

水泥浆体作为混凝土蠕变的主要来源，精准预测水泥浆体蠕变是预测混凝土蠕变的前提。水泥浆体拥有复杂的多层级微观结构，且水泥水化微结构随时间不断演变而导致水泥浆体蠕变性能发生变化，则定量表征水泥水化微结构的时变特征是探析水泥浆体蠕变的基础。在水泥浆体的众多水化产物及反应物中，水化硅酸钙 (C-S-H) 凝胶被认为是其蠕变 "基因"。因此，解码 C-S-H 的蠕变行为是研究水泥浆体蠕变的关键。本章首先对水泥水化微结构的时变特征进行定量表征；其次，引入水泥浆体的多层级结构特征，采用第 3 章提出的传递函数方法并结合平均场理论构建水泥浆体蠕变的多层级模型；然后基于分数阶特慢本构关系和建立的多层级模型，反分析两组成熟的硬化水泥浆体蠕变试验数据，解码 HD C-S-H 和 LD C-S-H 的蠕变响应；进一步与相关试验数据比较，测试与分析该多层级模型的精度和可靠性；最后，讨论与探析水化曲线离散间隔、加载龄期、水灰比、温度、Blaine 表面积、弹性水化物形状、HD C-S-H 与 LD C-S-H 体积分数比等参数对水泥浆体蠕变的影响。

7.1 水泥浆体蠕变多层级模型

通过结合 4.1 节中的水泥水化微结构，本节提出了水泥浆体的多层级蠕变模型。这里首先耦合分数阶特慢本构模型以及传递函数方法，给出 HD C-S-H 和 LD C-S-H 的蠕变模型；进而将水化度曲线进行离散化，以方便水泥浆体老化蠕变的计算；根据图 4.4 所示水泥浆体的多层级结构，逐级计算 C-S-H 凝胶和水泥浆体的有效蠕变性能。此外，基于所提出的多层级蠕变模型进行反演分析，以获得 HD C-S-H 和 LD C-S-H 的蠕变特性。

7.1.1 HD C-S-H 和 LD C-S-H 的蠕变模型

在水泥浆体中，C-S-H 是唯一的蠕变相，由于弹性相对蠕变律的影响较小，C-S-H 的蠕变可以采用水泥浆体的蠕变模型表示。著名的 B3 模型常用来描述 C-S-H 凝胶的蠕变[10,82]。然而，B3 模型中过多的参数增加了参数拟合的难度。另外，B3 模型中的一些参数直接用来描述 C-S-H 凝胶，使得参数的物理意义不明确。此外，幂律函数也被用来表征 C-S-H 的蠕变[84,94]，但是据报道，它不能捕捉 C-S-H 的长期蠕变行为[84]。通过纳米压痕试验，对数律被用来描述 C-S-H 的蠕变[76,92,95]：

$$J(t) = \frac{1}{E_0} + \frac{1}{C} \ln\left(1 + \frac{t}{\theta}\right) \tag{7.1}$$

其中，E_0 是弹性模量；C 是蠕变模量；θ 是特征时间。作为对数律的扩展，仅具有 3 个参数的分数特慢本构 (FUC) 关系已得到验证，它可以很好地表征包括水泥浆体在内的一系列材料的广义特慢粘弹性行为[205]。因此，这里采用 FUC 关系来表征 HD C-S-H 和 LD C-S-H 的蠕变特性，表示为

$$\begin{cases} \sigma_{\mathrm{e}} = E_0 \varepsilon_{\mathrm{e}} \\ \sigma_{\mathrm{v}} = E_0 \cdot {}_0\delta_{\mathrm{t}}^{\beta} \varepsilon_{\mathrm{v}} \\ \sigma = \sigma_{\mathrm{e}} = \sigma_{\mathrm{v}} \\ \varepsilon = \varepsilon_{\mathrm{e}} + \varepsilon_{\mathrm{v}} \end{cases} \tag{7.2}$$

其中，β 是结构参数，$0 < \beta \leqslant 1$；下标 e 和 v 分别代表胡克弹簧和特慢粘壶[205]中的物理量；${}_0\delta_{\mathrm{t}}^{\beta}$ 表示具有逆 Mittag-Leffler (ML) 结构函数的非局部结构导数，其定义为

$${}_0\delta_{\mathrm{t}}^{\beta} p(x,t) = \frac{1}{\Gamma(1-\beta)} \left[\dot{M}_{\beta}^{-1}\left(1 + \frac{t}{\theta}\right)\right]^{-1} \frac{\partial}{\partial t} \int_0^t p(x,\tau)$$

$$\cdot \left[M_{\beta}^{-1}\left(1 + \frac{t}{\theta}\right) - M_{\beta}^{-1}\left(1 + \frac{\tau}{\theta}\right)\right]^{-\beta} \dot{M}_{\beta}^{-1}\left(1 + \frac{\tau}{\theta}\right) \mathrm{d}\tau \tag{7.3}$$

其中，上标 "·" 表示对时间的一阶导数；$\Gamma(\cdot)$ 是伽马 (Gamma) 函数；$M_{\beta}^{-1}(t)$ 是逆 ML 函数。ML 函数表示为

$$M_{\beta}(t) = \sum_{i=0}^{\infty} \frac{t^i}{\Gamma(1 + \beta i)} \tag{7.4}$$

逆 ML 函数可以通过 ML 函数进行数值计算。FUC 关系的蠕变柔量是通过式 (7.2) 中设定恒定的应力而得到的：

$$J(t) = \frac{1}{E_0}\left\{1 + \frac{1}{\Gamma(1 + \beta)}\left[M_{\beta}^{-1}\left(1 + \frac{t}{\theta}\right)\right]^{\beta}\right\} \tag{7.5}$$

对于 $\beta = 1$，ML 函数可简化为指数函数。因此，式 (7.5) 中的 FUC 关系的蠕变柔量可以退化为对数律。

此外，弹性–粘弹性对应原理有助于计算粘弹性复合材料的有效性能[206,207]，其中 Laplace 空间中的模量计算是先决条件，如图 7.1 所示。

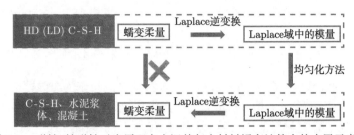

图 7.1　弹性–粘弹性对应原理在水泥基复合材料蠕变计算中的应用示意图

　　文献中，广义 Maxwell (GM) 模型通常用于拟合 Laplace 空间中的模量[81]。然而，GM 模型中的模式过多会导致过度拟合的问题[208]，并增加参数拟合的难度[84]。最近，苏祥龙等提出了一种无需假定串并联结构来处理粘弹性数据的传递函数方法[160,208]，如第 2 章所示。本书中采用双模式分数阶 Maxwell (FM) 传递函数[208] 来表征 Laplace 空间中 HD C-S-H 和 LD C-S-H 的弹性模量，表示为

$$\hat{E}_{\mathrm{HD}} = \frac{E_1^{\mathrm{HD}} \left(\lambda_{\tau 1}^{\mathrm{HD}} s\right)^{\alpha_1^{\mathrm{HD}}}}{1 + \left(\lambda_{\tau 1}^{\mathrm{HD}} s\right)^{\alpha_1^{\mathrm{HD}}}} + \frac{E_2^{\mathrm{HD}} \left(\lambda_{\tau 2}^{\mathrm{HD}} s\right)^{\alpha_2^{\mathrm{HD}}}}{1 + \left(\lambda_{\tau 2}^{\mathrm{HD}} s\right)^{\alpha_2^{\mathrm{HD}}}} \tag{7.6}$$

$$\hat{E}_{\mathrm{LD}} = \frac{E_1^{\mathrm{LD}} \left(\lambda_{\tau 1}^{\mathrm{LD}} s\right)^{\alpha_1^{\mathrm{LD}}}}{1 + \left(\lambda_{\tau 1}^{\mathrm{LD}} s\right)^{\alpha_1^{\mathrm{LD}}}} + \frac{E_2^{\mathrm{LD}} \left(\lambda_{\tau 2}^{\mathrm{LD}} s\right)^{\alpha_2^{\mathrm{LD}}}}{1 + \left(\lambda_{\tau 2}^{\mathrm{LD}} s\right)^{\alpha_2^{\mathrm{LD}}}} \tag{7.7}$$

其中，E_1 和 E_2 代表模量；$\lambda_{\tau 1}$ 和 $\lambda_{\tau 2}$ 是特征时间；α_1 和 α_2 表示分数阶导数的阶数[208]；下标 "1" 和 "2" 分别表示双模式 FM 传递函数中的第一模式和第二模式；上标和下标 HD 和 LD 分别代表 HD C-S-H 和 LD C-S-H。这些参数可以在7.1.5 节中通过反分析获取 (表 7.2)。

7.1.2　水化度与弹性模量曲线的离散

　　由于水化微观结构的不断演变 (如 4.1 节所示)，很难直接计算水泥浆体的蠕变。此外，HD C-S-H 和 LD C-S-H 的弹性模量 $\hat{E}_{\mathrm{HD}}$ 和 $\hat{E}_{\mathrm{LD}}$ 中的复变量 s 会大大降低计算效率，甚至导致计算失败。为了便于蠕变计算，这里分别离散连续水化度曲线和 Laplace 空间中 HD C-S-H 和 LD C-S-H 的弹性模量曲线。

1. 水化度曲线

　　对水化度曲线的离散化，是假设蠕变持续时间 $t_c \leqslant t \leqslant t_{\mathrm{end}}$ (t_c 和 t_{end} 分别代表加载年龄和蠕变结束龄期) 由 N 个恒定的水化度平台区间组成，即 $t_1 \leqslant t \leqslant t_2$，$t_2 \leqslant t \leqslant t_3$，$\cdots$，$t_N \leqslant t \leqslant t_{N+1}$，其中 t_1 和 t_{N+1} 分别等于 t_c 和 t_{end}。在每个水化平台区间，水泥浆体的微观结构被认为是恒定的。例如，将图 4.1 中的总水化曲线以 0.01 的水化度增量离散化，结果如图 7.2 所示。

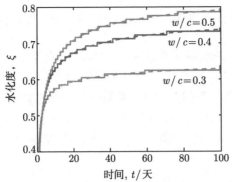

图 7.2 连续水化度曲线 (虚线) 与离散水化度曲线 (实线)

可以看到, 平台时间间隔在早龄期非常小, 并随着龄期的增长而变长, 这与水化速率有关。水泥浆体中各相 q ($=$ C_3S, C_2S, C_3A, C_4AF, HD C-S-H, LD C-S-H, CH, Alum., void 和 water) 在第 i 个平台区间上的体积分数 f_q^i 可以分别获得。

2. Laplace 空间中 HD C-S-H 和 LD C-S-H 的弹性模量曲线的离散

对 HD C-S-H 和 LD C-S-H 在 Laplace 空间中的弹性模量曲线 $\hat{E}_{HD}$ 和 $\hat{E}_{LD}$ 的离散化, 首先是将复变量 s 在 Laplace 空间中离散为 $10^{-10} \sim 10^{10}$ 的范围。这样宽的范围可以保证包含 $\hat{E}_{HD}$ 和 $\hat{E}_{LD}$ 整体的粘弹性特征, 即 $s_k = 10^{-10+20(k-1)/(K-1)}$, 其中 $k = 1, 2, \cdots, K$, s_k 是 s 的离散值, K 代表 s_k 的个数 (一般来说, $K = 1000$ 就能获得足够的精度)。将 $\hat{E}_{HD}$ 和 $\hat{E}_{LD}$ 中的 s 替换为 s_k, 得到 Laplace 空间中 s_k 对应的 HD C-S-H 和 LD C-S-H 的弹性模量, 分别标记为 $\hat{E}_{HD}^k$ 和 $\hat{E}_{LD}^k$。图 7.3 是根据 7.1.5 节的反分析结果 (表 7.2) 绘制的 Laplace 空间的 $\hat{E}_{HD}$ 和 $\hat{E}_{LD}$ 的离散化示意图。

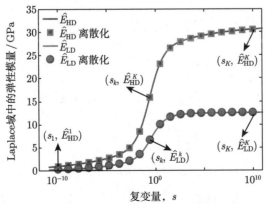

图 7.3 HD C-S-H 和 LD C-S-H 在 Laplace 空间中的弹性模量曲线的离散化示意图

7.1.3　基于传递函数的亚微米尺度 C-S-H 凝胶的有效蠕变性能

基于图 4.4 所示的水泥浆体的多级结构，在亚微米尺度上，C-S-H 凝胶是由 HD C-S-H 和 LD C-S-H 组成的夹杂–基体结构[70]。因此，这里采用 Mori-Tanaka(MT) 方法计算 C-S-H 凝胶的有效蠕变。获得 C-S-H 凝胶的有效蠕变性质需要两个步骤：① 在 Laplace 空间中确定每个复变量 s_k 和第 i 个平台区间的 C-S-H 凝胶的弹性性质；② 计算 C-S-H 凝胶的有效蠕变性能。具体的计算流程如图 7.4 所示。

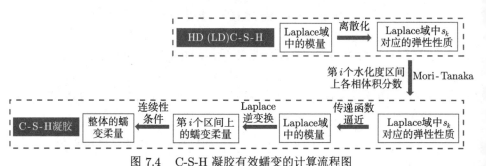

图 7.4　C-S-H 凝胶有效蠕变的计算流程图

1. 在 Laplace 空间中确定每个复变量 s_k 和第 i 个平台区间的 C-S-H 凝胶的弹性性质

获得 $\hat{E}_{\mathrm{HD}}^k$ 和 $\hat{E}_{\mathrm{LD}}^k$ 之后，结合 HD C-S-H 和 LD C-S-H 的泊松比，可以推导出复变量 s_k 对应的 HD C-S-H 和 LD C-S-H 在 Laplace 空间中的弹性张量 $\hat{C}_{\mathrm{HD}}^k$ 和 $\hat{C}_{\mathrm{LD}}^k$，表示为[25]

$$\hat{C}_{\mathrm{HD}}^k = \frac{\hat{E}_{\mathrm{HD}}^k}{1+v_{\mathrm{HD}}} \cdot \begin{bmatrix} \dfrac{1-v_{\mathrm{HD}}}{1-2v_{\mathrm{HD}}} & \dfrac{v_{\mathrm{HD}}}{1-2v_{\mathrm{HD}}} & \dfrac{v_{\mathrm{HD}}}{1-2v_{\mathrm{HD}}} & 0 & 0 & 0 \\[2mm] \dfrac{v_{\mathrm{HD}}}{1-2v_{\mathrm{HD}}} & \dfrac{1-v_{\mathrm{HD}}}{1-2v_{\mathrm{HD}}} & \dfrac{v_{\mathrm{HD}}}{1-2v_{\mathrm{HD}}} & 0 & 0 & 0 \\[2mm] \dfrac{v_{\mathrm{HD}}}{1-2v_{\mathrm{HD}}} & \dfrac{v_{\mathrm{HD}}}{1-2v_{\mathrm{HD}}} & \dfrac{1-v_{\mathrm{HD}}}{1-2v_{\mathrm{HD}}} & 0 & 0 & 0 \\[2mm] 0 & 0 & 0 & \dfrac{1}{2} & 0 & 0 \\[2mm] 0 & 0 & 0 & 0 & \dfrac{1}{2} & 0 \\[2mm] 0 & 0 & 0 & 0 & 0 & \dfrac{1}{2} \end{bmatrix} \tag{7.8}$$

$$\hat{C}_{\text{LD}}^{k} = \frac{\hat{E}_{\text{LD}}^{k}}{1+v_{\text{LD}}} \cdot \begin{bmatrix} \dfrac{1-v_{\text{LD}}}{1-2v_{\text{LD}}} & \dfrac{v_{\text{LD}}}{1-2v_{\text{LD}}} & \dfrac{v_{\text{LD}}}{1-2v_{\text{LD}}} & 0 & 0 & 0 \\[2mm] \dfrac{v_{\text{LD}}}{1-2v_{\text{LD}}} & \dfrac{1-v_{\text{LD}}}{1-2v_{\text{LD}}} & \dfrac{v_{\text{LD}}}{1-2v_{\text{LD}}} & 0 & 0 & 0 \\[2mm] \dfrac{v_{\text{LD}}}{1-2v_{\text{LD}}} & \dfrac{v_{\text{LD}}}{1-2v_{\text{LD}}} & \dfrac{1-v_{\text{LD}}}{1-2v_{\text{LD}}} & 0 & 0 & 0 \\[2mm] 0 & 0 & 0 & \dfrac{1}{2} & 0 & 0 \\[2mm] 0 & 0 & 0 & 0 & \dfrac{1}{2} & 0 \\[2mm] 0 & 0 & 0 & 0 & 0 & \dfrac{1}{2} \end{bmatrix} \tag{7.9}$$

其中，v_{HD} 和 v_{LD} 分别代表 HD C-S-H 和 LD C-S-H 的泊松比。根据文献 [10] 和 [71]，这里将 HD C-S-H 视为球形夹杂物，且 HD C-S-H 和 LD C-S-H 的泊松比均为 0.24。

对于定向分布的 HD C-S-H 夹杂物 (横观各向同性)，根据弹性–粘弹性对应原理[158]，这里采用 MT 方法计算 s_k 与第 i 个平台区间对应的 C-S-H 凝胶在 Laplace 空间中的有效弹性张量 $\hat{C}_{\text{CSH}}^{k,i}$，写成[191]

$$\hat{C}_{\text{CSH}}^{k,i} = \hat{C}_{\text{LD}}^{k} + f_{\text{hd}}^{i} \left(\hat{C}_{\text{HD}}^{k} - \hat{C}_{\text{LD}}^{k} \right) \hat{A}_{\text{g}}^{\text{HD},k,i} \tag{7.10}$$

其中，f_{hd}^{i} 表示第 i 个平台区间的 C-S-H 凝胶中 HD C-S-H 的体积分数，可根据第 i 个平台区间的 LD C-S-H 和 HD C-S-H 的体积分数计算，$f_{\text{hd}}^{i} = f_{\text{HD}}^{i}/(f_{\text{HD}}^{i} + f_{\text{LD}}^{i})$；$\hat{A}_{\text{g}}^{\text{HD},k,i}$ 为在 Laplace 空间中 s_k 和第 i 个平台区间对应的 HD C-S-H 的全局应变集中张量，表示为

$$\hat{A}_{\text{g}}^{\text{HD},k,i} = \hat{A}^{\text{HD},k} \left[\left(1 - f_{\text{hd}}^{i}\right) I + f_{\text{hd}}^{i} \hat{A}^{\text{HD},k} \right]^{-1} \tag{7.11}$$

其中，I 代表四阶单位张量；$\hat{A}^{\text{HD},k}$ 是 HD C-S-H 在 Laplace 空间中 s_k 对应的局部应变集中张量，可以写成如下形式：

$$\hat{A}^{\text{HD},k} = I - S_{\text{HD}} \left[S_{\text{HD}} + \left(\hat{C}_{\text{HD}}^{k} - \hat{C}_{\text{LD}}^{k} \right)^{-1} \hat{C}_{\text{LD}}^{k} \right]^{-1} \tag{7.12}$$

其中，S_{HD} 表示 HD C-S-H 在 C-S-H 凝胶中的 Eshelby 张量，它取决于 HD C-S-H 的长径比和 LD C-S-H 的泊松比，椭球形夹杂的 Eshelby 张量可以通过理论计算

获取，如附录 A 所示。得到的 $\hat{C}^{k,i}_{\mathrm{CSH}}$ 是横观各向同性的，可以表示为[25]

$$
\hat{C}^{k,i}_{\mathrm{CSH}} = \begin{bmatrix}
\hat{c}^{\mathrm{CSH}}_{11} & \hat{c}^{\mathrm{CSH}}_{12} & \hat{c}^{\mathrm{CSH}}_{12} & 0 & 0 & 0 \\
\hat{c}^{\mathrm{CSH}}_{12} & \hat{c}^{\mathrm{CSH}}_{22} & \hat{c}^{\mathrm{CSH}}_{23} & 0 & 0 & 0 \\
\hat{c}^{\mathrm{CSH}}_{12} & \hat{c}^{\mathrm{CSH}}_{23} & \hat{c}^{\mathrm{CSH}}_{22} & 0 & 0 & 0 \\
0 & 0 & 0 & \dfrac{1}{2}\left(\hat{c}^{\mathrm{CSH}}_{22} - \hat{c}^{\mathrm{CSH}}_{23}\right) & 0 & 0 \\
0 & 0 & 0 & 0 & \hat{c}^{\mathrm{CSH}}_{55} & 0 \\
0 & 0 & 0 & 0 & 0 & \hat{c}^{\mathrm{CSH}}_{55}
\end{bmatrix} \tag{7.13}
$$

其中，$\hat{c}^{\mathrm{CSH}}_{11}$, $\hat{c}^{\mathrm{CSH}}_{12}$, $\cdots$, $\hat{c}^{\mathrm{CSH}}_{55}$ 是矩阵 $\hat{C}^{k,i}_{\mathrm{CSH}}$ 中的系数，详细推导见附录 B。

对于随机分布的 HD C-S-H 夹杂，在 s_k 与第 i 个平台区间对应的 C-S-H 凝胶在 Laplace 空间的有效弹性张量可以由式 (7.13) 进行方向平均推导而来。得到的 $\left\langle \hat{C}^{k,i}_{\mathrm{CSH}} \right\rangle$ 是各向同性的，可以写成[25]

$$
\left\langle \hat{C}^{k,i}_{\mathrm{CSH}} \right\rangle
$$
$$
= \begin{bmatrix}
\hat{\lambda}^{k,i}_{\mathrm{CSH}} + 2\hat{\mu}^{k,i}_{\mathrm{CSH}} & \hat{\lambda}^{k,i}_{\mathrm{CSH}} & \hat{\lambda}^{k,i}_{\mathrm{CSH}} & 0 & 0 & 0 \\
\hat{\lambda}^{k,i}_{\mathrm{CSH}} & \hat{\lambda}^{k,i}_{\mathrm{CSH}} + 2\hat{\mu}^{k,i}_{\mathrm{CSH}} & \hat{\lambda}^{k,i}_{\mathrm{CSH}} & 0 & 0 & 0 \\
\hat{\lambda}^{k,i}_{\mathrm{CSH}} & \hat{\lambda}^{k,i}_{\mathrm{CSH}} & \hat{\lambda}^{k,i}_{\mathrm{CSH}} + 2\hat{\mu}^{k,i}_{\mathrm{CSH}} & 0 & 0 & 0 \\
0 & 0 & 0 & \hat{\mu}^{k,i}_{\mathrm{CSH}} & 0 & 0 \\
0 & 0 & 0 & 0 & \hat{\mu}^{k,i}_{\mathrm{CSH}} & 0 \\
0 & 0 & 0 & 0 & 0 & \hat{\mu}^{k,i}_{\mathrm{CSH}}
\end{bmatrix}
$$
$$\tag{7.14}$$

其中，$\hat{\lambda}^{k,i}_{\mathrm{CSH}}$ 与 $\hat{\mu}^{k,i}_{\mathrm{CSH}}$ 表示 s_k 与第 i 个平台区间对应的 C-S-H 凝胶在 Laplace 空间中的拉梅常数，具体写成

$$
\begin{aligned}
\hat{\lambda}^{k,i}_{\mathrm{CSH}} &= \frac{1}{15}\left(\hat{c}^{\mathrm{CSH}}_{11} + 6\hat{c}^{\mathrm{CSH}}_{22} + 8\hat{c}^{\mathrm{CSH}}_{12} - 10\hat{c}^{\mathrm{CSH}}_{44} - 4\hat{c}^{\mathrm{CSH}}_{55}\right) \\
\hat{\mu}^{k,i}_{\mathrm{CSH}} &= \frac{1}{15}\left(\hat{c}^{\mathrm{CSH}}_{11} + \hat{c}^{\mathrm{CSH}}_{22} - 2\hat{c}^{\mathrm{CSH}}_{12} + 5\hat{c}^{\mathrm{CSH}}_{44} + 6\hat{c}^{\mathrm{CSH}}_{55}\right)
\end{aligned} \tag{7.15}
$$

此外，C-S-H 凝胶在 Laplace 空间中的有效弹性模量 $\hat{E}^{k,i}_{\mathrm{CSH}}$、泊松比 $\hat{\nu}^{k,i}_{\mathrm{CSH}}$ 和体积模量 $\hat{K}^{k,i}_{\mathrm{CSH}}$ 可以分别表示为

$$
\hat{E}^{k,i}_{\mathrm{CSH}} = \frac{\hat{\mu}^{k,i}_{\mathrm{CSH}}\left(3\hat{\lambda}^{k,i}_{\mathrm{CSH}} + 2\hat{\mu}^{k,i}_{\mathrm{CSH}}\right)}{\hat{\lambda}^{k,i}_{\mathrm{CSH}} + \hat{\mu}^{k,i}_{\mathrm{CSH}}}
$$

$$\hat{\nu}_{\mathrm{CSH}}^{k,i} = \frac{\hat{\lambda}_{\mathrm{CSH}}^{k,i}}{2\left(\hat{\lambda}_{\mathrm{CSH}}^{k,i} + \hat{\mu}_{\mathrm{CSH}}^{k,i}\right)} \tag{7.16}$$

$$\hat{K}_{\mathrm{CSH}}^{k,i} = \hat{\lambda}_{\mathrm{CSH}}^{k,i} + \frac{2}{3}\hat{\mu}_{\mathrm{CSH}}^{k,i}$$

2. 计算 C-S-H 凝胶的有效蠕变性能

假定 C-S-H 凝胶在 Laplace 空间中的弹性模量也可以由两模式 FM 传递函数表示 (类似于 HD C-S-H 和 LD C-S-H, 如式 (7.8) 和式 (7.9) 所示)。在获取所有 s_k $(k = 1,\ 2,\ \cdots,\ K)$ 对应的 $\hat{E}_{\mathrm{CSH}}^{k,i}$ 后, 使用两模式 FM 传递函数拟合 $(s_k,$ $\hat{E}_{\mathrm{CSH}}^{k,i})$ 数据, 然后便可以得到第 i 个平台区间上 C-S-H 凝胶在 Laplace 空间中的有效弹性模量 $\hat{E}_{\mathrm{CSH}}^{i}$。图 7.5 展示了通过传递函数拟合 $(s_k, \hat{E}_{\mathrm{CSH}}^{k,i})$ 数据得到 $\hat{E}_{\mathrm{CSH}}^{i}$ 的示意图, 该图是根据 7.1.5 节中的反分析结果绘制的。

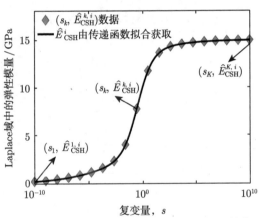

图 7.5　第 i 个水化度区间所有复变量 s_k 对应的有效弹性模量 $\hat{E}_{\mathrm{CSH}}^{k,i}$ 计算值以及传递函数 (式 (7.6)) 拟合示意图

然后, C-S-H 凝胶在第 i 个平台区间上的有效单轴蠕变柔量 $J_{\mathrm{CSH}}^{i}(t, t_{\mathrm{c}})$ 可以通过对 $\hat{E}_{\mathrm{CSH}}^{i}$ 进行 Laplace 逆变换得到

$$J_{\mathrm{CSH}}^{i}(t, t_{\mathrm{c}}) = L^{-1}\left[\frac{1}{s\hat{E}_{\mathrm{CSH}}^{i}}\right], \quad t_i \leqslant t \leqslant t_{i+1} \tag{7.17}$$

对所有 N 个平台区间考虑 C-S-H 蠕变曲线在第 i 和第 $i-1$ 个平台区间的连续性条件, 即 $t = t_i$ 时的蠕变柔量值相同, 即可得到 C-S-H 凝胶完整的蠕变柔量 $J_{\mathrm{CSH}}(t, t_{\mathrm{c}})$:

$$J_{\mathrm{CSH}}(t, t_{\mathrm{c}}) = J_{\mathrm{CSH}}^{i}(t, t_{\mathrm{c}}) - \Delta J_i^{\mathrm{CSH}}, \quad t_i \leqslant t \leqslant t_{i+1}, 1 \leqslant i \leqslant N \tag{7.18}$$

其中，$\Delta J_i^{\mathrm{CSH}}$ 表示 $J_{\mathrm{CSH}}^i(t_i, t_{\mathrm{c}})$ 和 $J_{\mathrm{CSH}}^{i-1}(t_i, t_{\mathrm{c}})$ 之间的差值：

$$\Delta J_i^{\mathrm{CSH}} = \begin{cases} 0, & \text{当 } i = 1 \\ J_{\mathrm{CSH}}^i(t_i, t_{\mathrm{c}}) - J_{\mathrm{CSH}}(t_i, t_{\mathrm{c}}), & \text{当 } i \geqslant 2 \end{cases} \tag{7.19}$$

7.1.4　基于传递函数的微观水泥浆体有效蠕变性能

根据图 4.4 所示水泥浆的多层级结构，在微观尺度上，水泥浆体是由 C-S-H 凝胶、未水化的水泥颗粒 (C_3S、C_2S、C_3A 和 C_4AF)、氢氧化钙 (CH)、铝酸根水化物 (Alum.)、孔隙 (void) 和水 (water) 等相组成的无序结构。所有弹性相均假定为椭球形夹杂物，C-S-H 凝胶为球形夹杂物，相关弹性参数总结在表 7.1 中。

表 7.1　水泥浆体各相的弹性性质

	弹性模量/GPa	泊松比	长径比	文献
C_3S	135	0.3	1	[70, 71]
C_2S	140	0.3	1	[70, 71]
C_3A	145	0.3	1	[70, 71]
C_4AF	125	0.3	1	[70, 71]
氢氧化钙	38	0.305	0.1	[71]
铝酸根水化物	22.4	0.25	10	[71, 72]
孔隙	0.001	0.001	1	[82]
水	0.001	0.499924	1	[82]

计算水泥浆体的有效蠕变性能需要两个步骤：① 确定每个复变量 s_k 和第 i 个平台区间上水泥浆体在 Laplace 空间的弹性性能；② 计算水泥浆体有效蠕变性能。具体的计算流程如图 7.6 所示。

图 7.6　水泥浆体蠕变的计算流程图

1. 确定每个复变量 s_k 和第 i 个平台区间上水泥浆体在 Laplace 空间的弹性
性能

根据广义自洽格式[192] 和弹性–粘弹性对应原理[158],具有定向分布颗粒结构
(横观各向同性) 的水泥浆体在 s_k 和第 i 个平台区间对应的在 Laplace 空间中的
有效弹性张量 $\hat{\boldsymbol{C}}_{\mathrm{cem}}^{k,i}$ 可写为[192]

$$\hat{\boldsymbol{C}}_{\mathrm{cem}}^{k,i} = \sum_r f_r^i \hat{\boldsymbol{C}}_r^{k,i} \hat{\boldsymbol{A}}_r^{k,i} \tag{7.20}$$

其中,r ($=$ C$_3$S, C$_2$S, C$_3$A, C$_4$AF, C-S-H, CH, Alum., void 和 water) 表示
水泥浆体中的各相;f_r^i 表示第 i 个平台区间对应的各相体积分数,而 f_{CSH}^i 表示
第 i 个平台区间对应的 C-S-H 凝胶的体积分数,$f_{\mathrm{CSH}}^i = f_{\mathrm{HD}}^i + f_{\mathrm{LD}}^i$;$\hat{\boldsymbol{C}}_r^{k,i}$ 表示 s_k
和第 i 个平台区间对应的各相在 Laplace 空间中的弹性张量,对于 C-S-H 来说它
等于 $\left\langle \hat{\boldsymbol{C}}_{\mathrm{CSH}}^{k,i} \right\rangle$(从式 (7.14) 获得),对于其他弹性相 $\boldsymbol{C}_r$ 可以根据表 7.1 中各自的
弹性模量和泊松比来获得 (与式 (7.8) 类似);$\hat{\boldsymbol{A}}_r^{k,i}$ 表示 s_k 与第 i 个平台区间对
应的各相在 Laplace 空间中的应变集中张量,写为

$$\hat{\boldsymbol{A}}_r^{k,i} = \left[\boldsymbol{I} + \boldsymbol{S}_r^{k,i} \left(\hat{\boldsymbol{C}}^{0,k,i} \right)^{-1} \left(\hat{\boldsymbol{C}}_r^{k,i} - \hat{\boldsymbol{C}}^{0,k,i} \right) \right]^{-1}$$
$$\cdot \left\{ \sum_r f_r^i \left[\boldsymbol{I} + \boldsymbol{S}_r^{k,i} \left(\hat{\boldsymbol{C}}^{0,k,i} \right)^{-1} \left(\hat{\boldsymbol{C}}_r^{k,i} - \hat{\boldsymbol{C}}^{0,k,i} \right) \right]^{-1} \right\}^{-1} \tag{7.21}$$

Eshelby 张量 $\boldsymbol{S}_r^{k,i}$ 依赖于各相的长径比,以及 s_k 与第 i 个平台区间对应的基体的
泊松比,椭球形夹杂的 Eshelby 张量可以解析获得,具体见附录 A。另外,$\hat{\boldsymbol{C}}^{0,k,i}$
表示 s_k 与第 i 个平台区间对应的基体在 Laplace 空间中的弹性张量。然而,在水
泥浆体的无序结构中没有明显的基体存在[77,83,192],因此,式 (7.21) 中的 $\hat{\boldsymbol{C}}^{0,k,i}$
由水泥浆体均匀化后的有效弹性张量 $\hat{\boldsymbol{C}}_{\mathrm{cem}}^{k,i}$ 代替。重写应变集中张量并将其插入
式 (7.20),水泥浆体 s_k 与第 i 个平台区间对应的在 Laplace 空间中的有效弹性张
量 $\hat{\boldsymbol{C}}_{\mathrm{cem}}^{k,i}$ 为

$$\hat{\boldsymbol{C}}_{\mathrm{cem}}^{k,i} = \sum_r f_r^i \hat{\boldsymbol{C}}_r^{k,i} \left[\boldsymbol{I} + \boldsymbol{S}_r^{k,i} \left(\hat{\boldsymbol{C}}_{\mathrm{cem}}^{k,i} \right)^{-1} \left(\hat{\boldsymbol{C}}_r^{k,i} - \hat{\boldsymbol{C}}_{\mathrm{cem}}^{k,i} \right) \right]^{-1}$$
$$\cdot \left\{ \sum_r f_r^i \left[\boldsymbol{I} + \boldsymbol{S}_r^{k,i} \left(\hat{\boldsymbol{C}}_{\mathrm{cem}}^{k,i} \right)^{-1} \left(\hat{\boldsymbol{C}}_r^{k,i} - \hat{\boldsymbol{C}}_{\mathrm{cem}}^{k,i} \right) \right]^{-1} \right\}^{-1} \tag{7.22}$$

可以看出，未知的 $\hat{C}_{\text{cem}}^{k,i}$ 出现在等式 (7.22) 的两边，因此宜采用迭代求解。在迭代求解 $\hat{C}_{\text{cem}}^{k,i}$ 的过程中，选定一个各向同性的初始张量 $\hat{C}_0^{\text{cem}}$，然后代入式 (7.22) 的右侧，可以计算出第一次迭代后的张量 $\hat{C}_1^{\text{cem}}$。如果 $\hat{C}_1^{\text{cem}}$ 和 $\hat{C}_0^{\text{cem}}$ 之差足够小，则迭代过程结束，$\hat{C}_{\text{cem}}^{k,i}$ 等于 $\hat{C}_1^{\text{cem}}$；否则，迭代过程继续，直到相邻迭代中的两个张量近似相等。C-S-H 凝胶可视为水泥浆体中的增强相，因此水泥浆体在 Laplace 空间的弹性模量一般小于 C-S-H 凝胶。因此作为示例，可以选择水泥浆体在 Laplace 空间的初始弹性模量和泊松比分别为 $\hat{E}_0^{\text{cem}} = 0.5\hat{E}_{\text{CSH}}^{k,i}$ 和 $\hat{v}_0^{\text{cem}} = \hat{v}_{\text{CSH}}^{k,i}$，即可得到初始弹性张量 $\hat{C}_0^{\text{cem}}$（与式 (7.8) 类似）。假设计算过程在第 j 次迭代后完成，退出迭代的条件可写成

$$\text{Rerr} = \frac{1}{36}\sum_{m=1}^{6}\sum_{n=1}^{6}\left|c_{mn}^j - c_{mn}^{j-1}\right| \leqslant 10^{-3} \tag{7.23}$$

其中，Rerr 表示相对误差；c_{mn}^j 和 c_{mn}^{j-1} 分别是第 j 次迭代和第 $j-1$ 次迭代对应的弹性张量 $\hat{C}_j^{\text{cem}}$ 和 $\hat{C}_{j-1}^{\text{cem}}$ 的系数。

获得的 $\hat{C}_{\text{cem}}^{k,i}$ 是横观各向同性的，可以表示为[25]

$$\hat{C}_{\text{cem}}^{k,i} = \begin{bmatrix} \hat{c}_{11}^{\text{cem}} & \hat{c}_{12}^{\text{cem}} & \hat{c}_{12}^{\text{cem}} & 0 & 0 & 0 \\ \hat{c}_{12}^{\text{cem}} & \hat{c}_{22}^{\text{cem}} & \hat{c}_{23}^{\text{cem}} & 0 & 0 & 0 \\ \hat{c}_{12}^{\text{cem}} & \hat{c}_{23}^{\text{cem}} & \hat{c}_{22}^{\text{cem}} & 0 & 0 & 0 \\ 0 & 0 & 0 & \frac{1}{2}\left(\hat{c}_{22}^{\text{cem}} - \hat{c}_{23}^{\text{cem}}\right) & 0 & 0 \\ 0 & 0 & 0 & 0 & \hat{c}_{55}^{\text{cem}} & 0 \\ 0 & 0 & 0 & 0 & 0 & \hat{c}_{55}^{\text{cem}} \end{bmatrix} \tag{7.24}$$

其中，$\hat{c}_{11}^{\text{cem}}$，$\hat{c}_{12}^{\text{cem}}$，$\cdots$，$\hat{c}_{55}^{\text{cem}}$ 是 $\hat{C}_{\text{cem}}^{k,i}$ 中的系数，具体推导见附录 B。对于随机分布的各相，s_k 与第 i 个平台区间对应的水泥浆体在 Laplace 空间中的有效弹性张量 $\langle\hat{C}_{\text{cem}}^{k,i}\rangle$ 可以通过对 $\hat{C}_{\text{cem}}^{k,i}$ 进行方向平均得到，写为

$$\langle\hat{C}_{\text{cem}}^{k,i}\rangle = \begin{bmatrix} \hat{\lambda}_{\text{cem}}^{k,i} + 2\hat{\mu}_{\text{cem}}^{k,i} & \hat{\lambda}_{\text{cem}}^{k,i} & \hat{\lambda}_{\text{cem}}^{k,i} & 0 & 0 & 0 \\ \hat{\lambda}_{\text{cem}}^{k,i} & \hat{\lambda}_{\text{cem}}^{k,i} + 2\hat{\mu}_{\text{cem}}^{k,i} & \hat{\lambda}_{\text{cem}}^{k,i} & 0 & 0 & 0 \\ \hat{\lambda}_{\text{cem}}^{k,i} & \hat{\lambda}_{\text{cem}}^{k,i} & \hat{\lambda}_{\text{cem}}^{k,i} + 2\hat{\mu}_{\text{cem}}^{k,i} & 0 & 0 & 0 \\ 0 & 0 & 0 & \hat{\mu}_{\text{cem}}^{k,i} & 0 & 0 \\ 0 & 0 & 0 & 0 & \hat{\mu}_{\text{cem}}^{k,i} & 0 \\ 0 & 0 & 0 & 0 & 0 & \hat{\mu}_{\text{cem}}^{k,i} \end{bmatrix}$$

$$\tag{7.25}$$

其中，$\hat{\lambda}_{\text{cem}}^{k,i}$，$\hat{\mu}_{\text{cem}}^{k,i}$ 是 s_k 与第 i 个平台区间对应的水泥浆体在 Laplace 空间中的拉梅常数，表述为

$$\hat{\lambda}_{\text{cem}}^{k,i} = \frac{1}{15} \left(\hat{c}_{11}^{\text{cem}} + 6\hat{c}_{22}^{\text{cem}} + 8\hat{c}_{12}^{\text{cem}} - 10\hat{c}_{44}^{\text{cem}} - 4\hat{c}_{55}^{\text{cem}} \right)$$

$$\hat{\mu}_{\text{cem}}^{k,i} = \frac{1}{15} \left(\hat{c}_{11}^{\text{cem}} + \hat{c}_{22}^{\text{cem}} - 2\hat{c}_{12}^{\text{cem}} + 5\hat{c}_{44}^{\text{cem}} + 6\hat{c}_{55}^{\text{cem}} \right) \tag{7.26}$$

进一步可以计算 s_k 与第 i 个平台区间对应的水泥浆体在 Laplace 空间中的有效弹性模量 $\hat{E}_{\text{cem}}^{k,i}$、泊松比 $\hat{\nu}_{\text{cem}}^{k,i}$ 和体积模量 $\hat{K}_{\text{cem}}^{k,i}$：

$$\hat{E}_{\text{cem}}^{k,i} = \frac{\hat{\mu}_{\text{cem}}^{k,i} \left(3\hat{\lambda}_{\text{cem}}^{k,i} + 2\hat{\mu}_{\text{cem}}^{k,i} \right)}{\hat{\lambda}_{\text{cem}}^{k,i} + \hat{\mu}_{\text{cem}}^{k,i}}, \quad \hat{\nu}_{\text{cem}}^{k,i} = \frac{\hat{\lambda}_{\text{cem}}^{k,i}}{2 \left(\hat{\lambda}_{\text{cem}}^{k,i} + \hat{\mu}_{\text{cem}}^{k,i} \right)}, \quad \hat{K}_{\text{cem}}^{k,i} = \hat{\lambda}_{\text{cem}}^{k,i} + \frac{2}{3}\hat{\mu}_{\text{cem}}^{k,i}$$
$$\tag{7.27}$$

2. 计算水泥浆体有效蠕变性能

在获得所有 $s_k(k = 1, 2, \cdots, K)$ 对应的 $\hat{E}_{\text{cem}}^{k,i}$ 后，通过式 (7.6) 中的传递函数进行拟合，可得到第 i 个平台区间上水泥浆体在 Laplace 空间的有效弹性模量 $\hat{E}_{\text{cem}}^{i}$。然后，第 i 个平台区间上水泥浆体的有效单轴蠕变柔量 $J_{\text{cem}}^{i}(t, t_{\text{c}})$ 可以通过对 $\hat{E}_{\text{cem}}^{i}$ 进行 Laplace 逆变换得到：

$$J_{\text{cem}}^{i}(t, t_{\text{c}}) = L^{-1} \left[\frac{1}{s\hat{E}_{\text{cem}}^{i}} \right], \quad t_i \leqslant t \leqslant t_{i+1} \tag{7.28}$$

对所有 N 个区间，考虑相邻水化区间蠕变曲线的连续性条件，可以推导出水泥浆体的完整蠕变柔量：

$$J_{\text{cem}}(t, t_{\text{c}}) = J_{\text{cem}}^{i}(t, t_{\text{c}}) - \Delta J_i^{\text{cem}}, \quad t_i \leqslant t \leqslant t_{i+1}, \quad 1 \leqslant i \leqslant N \tag{7.29}$$

其中，ΔJ_i^{cem} 是第 i 个和第 $i-1$ 个平台区间在 $t = t_i$ 处的水泥浆体的单轴蠕变柔量值之差：

$$\Delta J_i^{\text{cem}} = \begin{cases} 0, & i = 1 \\ J_{\text{cem}}^{i}(t_i, t_{\text{c}}) - J_{\text{cem}}(t_i, t_{\text{c}}), & i \geqslant 2 \end{cases} \tag{7.30}$$

7.1.5 HD C-S-H 和 LD C-S-H 的蠕变参数反分析

参照文献 [72] 可知，HD C-S-H 和 LD C-S-H 除在最初的几天外，其蠕变性质可以认为是非老化的，在此假定 HD C-S-H 和 LD C-S-H 蠕变性质是确定的。根据建立的水泥浆体多层级蠕变模型，这里提出一个从水泥浆体蠕变数据反

算 LD C-S-H 和 HD C-S-H 的蠕变参数的通用框架。其可分为 6 个步骤：① 选取水泥浆体蠕变数据；② 计算水泥浆体在 Laplace 空间中的弹性模量；③ 导出水泥浆体各相的体积分数；④ 反算 C-S-H 凝胶在 Laplace 空间的弹性模量；⑤ 反算 HD C-S-H 和 LD C-S-H 在 Laplace 空间的弹性模量；⑥ 获取 HD C-S-H 和 LD C-S-H 的蠕变参数。最后将反分析结果与文献中的结果进行比较。

1. 选取水泥浆体蠕变数据

为了降低反演的难度，这里尽量选取非老化蠕变数据。例如，本书选取两组硬化水泥浆体的蠕变数据：第一组是 2 年龄期水泥浆体的 3 天蠕变数据[209]，第二组是 30 年龄期水泥浆体的 26 天蠕变数据[47]，如图 7.7 所示。两组蠕变试验中使用的水泥成分相同。水泥四种主要熟料的质量分数分别为 $m_{C_3S} = 0.465$，$m_{C_2S} = 0.246$，$m_{C_3A} = 0.104$ 和 $m_{C_4AF} = 0.083$；水灰比为 0.5，Blaine 表面积为 340 m^2/kg。两组蠕变试验期间的温度分别为 22℃ 和 24℃。由于与水泥浆体的老化时间相比，蠕变试验持续时间相对较短，则假设水泥浆体的微观结构在蠕变试验期间没有变化，即非老化蠕变。

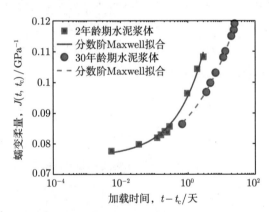

图 7.7　2 年龄期和 30 年龄期水泥浆体蠕变数据及分数阶 Maxwell (FM) 传递函数拟合

2. 计算水泥浆体在 Laplace 空间中的弹性模量

首先，需要获取水泥浆体蠕变数据对应的 Laplace 空间的弹性模量。根据图 7.7 中的短期蠕变数据，只需单模式的 FM 传递函数 (式 (7.6)) 中两模式 FM 传递函数的一个特例) 就足以拟合蠕变数据，如图 7.7 所示。FM 传递函数可写成

$$T(s) = \frac{E\left(\lambda_\tau s\right)^\alpha}{1 + \left(\lambda_\tau s\right)^\alpha} \tag{7.31}$$

2 年龄期水泥浆体的拟合参数为 $E = 13.22$GPa，$\lambda_\tau = 18.21$ 天，$\alpha = 0.5054$；

30 年龄期水泥浆体的拟合参数为 $E = 14.08\text{GPa}$，$\lambda_\tau = 138.2$ 天，$\alpha = 0.3051$。由图 3.11 可以看到，传递函数与水泥浆体的蠕变数据非常吻合。如 7.1.1 节所述，导出的传递函数即是水泥浆体在 Laplace 空间中的弹性模量，可以表示为

$$\hat{E}_{\text{cem}}^{\text{2yr}} = \frac{13.22\,(18.21s)^{0.5054}}{1 + (18.21s)^{0.5054}} \quad [\text{GPa}] \tag{7.32}$$

$$\hat{E}_{\text{cem}}^{\text{30yr}} = \frac{14.08\,(138.2s)^{0.3051}}{1 + (138.2s)^{0.3051}} \quad [\text{GPa}] \tag{7.33}$$

其中，$\hat{E}_{\text{cem}}^{\text{2yr}}$ 和 $\hat{E}_{\text{cem}}^{\text{30yr}}$ 分别代表 2 年和 30 年龄期的水泥浆体在 Laplace 空间中的弹性模量。

3. 导出水泥浆体各相的体积分数

根据给定的水泥浆体的参数和蠕变条件，以及 4.1 节给出的水泥水化模型，可以计算出两组水泥浆体各相的体积分数，如图 7.8 所示。可以看出，2 年龄期水泥浆体中水化反应物 (熟料和水) 的体积分数大于 30 年龄期水泥浆体的体积分数，这表明 2 年龄期水泥浆体的水化度较低。计算得到这两组水泥浆体的水化度分别为 0.8476 和 0.8909，这证实了上述推论。此外，计算得到的两组水泥浆体的水化度在蠕变试验期间保持不变，这验证了之前的非老化假设。

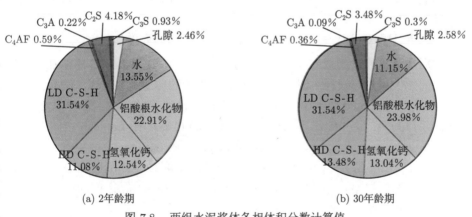

(a) 2年龄期　　　　　　　　(b) 30年龄期

图 7.8　两组水泥浆体各相体积分数计算值

4. 反算 C-S-H 凝胶在 Laplace 空间的弹性模量

在 7.1.4 节蠕变模型的基础上，通过反演可以得到两组水泥浆体中 C-S-H 凝胶在 Laplace 空间的弹性模量。由于 C-S-H 凝胶是水泥浆体中唯一的蠕变相，则假定 C-S-H 凝胶在 Laplace 空间中的弹性模量与水泥浆体的形式相同，即 FM 传

递函数。两组水泥浆体中 C-S-H 凝胶在 Laplace 空间的弹性模量标记为 $\hat{E}_{\text{CSH}}^{\text{2yr}}$ 和 $\hat{E}_{\text{CSH}}^{\text{30yr}}$，其中 FM 传递函数中的参数是通过使用 MATLAB 中的优化函数 fmincon 计算的。以 2 年龄期水泥浆体为例，给出 C-S-H 凝胶在 Laplace 空间的初始弹性模量 $\hat{E}_{\text{CSH\_0}}^{\text{2yr}}$。将 $\hat{E}_{\text{CSH\_0}}^{\text{2yr}}$ 在所有复变量 s_k 上进行离散化 (类似于图 7.3)，之后插入 7.1.4 节式 (7.20) ~ 式 (7.27) 中，可以计算出水泥浆体在 Laplace 空间中所有 s_k 对应的弹性模量 $\hat{E}_{\text{cem\_c}}^{\text{2yr}}$。优化函数的目标是获得 $\hat{E}_{\text{cem\_c}}^{\text{2yr}}$ 和 $\hat{E}_{\text{cem}}^{\text{2yr}}$ 之间的最小相对误差 (RE$_{\text{cem}}$)，表示为

$$\text{RE}_{\text{cem}} = \frac{1}{K}\sqrt{\sum_{k=1}^{K}\left(\frac{\hat{E}_{\text{cem\_c}}^{\text{2yr}}(s_k) - \hat{E}_{\text{cem}}^{\text{2yr}}(s_k)}{\hat{E}_{\text{cem}}^{\text{2yr}}(s_k)}\right)^2} \to \text{minimum} \tag{7.34}$$

其中，$\hat{E}_{\text{cem\_c}}^{\text{2yr}}$ 是优化过程中 2 年龄期水泥浆体在 Laplace 空间中的计算弹性模量。fmincon 函数的输出是 C-S-H 凝胶在 Laplace 空间中的最优弹性模量 $\hat{E}_{\text{CSH}}^{\text{2yr}}$，此时就对应于最小的相对误差 RE$_{\text{cem}}$。根据上述优化过程，得到两组水泥浆体的 C-S-H 凝胶在 Laplace 空间中的弹性模量:

$$\hat{E}_{\text{CSH}}^{\text{2yr}} = \frac{11.82\,(6.23s)^{0.87}}{1 + (6.23s)^{0.87}} \quad [\text{GPa}] \tag{7.35}$$

$$\hat{E}_{\text{CSH}}^{\text{30yr}} = \frac{12.98\,(8.6s)^{0.75}}{1 + (8.6s)^{0.75}} \quad [\text{GPa}] \tag{7.36}$$

5. 反算 HD C-S-H 和 LD C-S-H 在 Laplace 空间的弹性模量

此后，这里通过类似的优化过程反算了 HD C-S-H 和 LD C-S-H 在 Laplace 空间中的弹性模量。根据水泥浆体和 C-S-H 凝胶的传递函数形式，HD C-S-H 和 LD C-S-H 在 Laplace 空间中的弹性模量也被假设为 FM 形式。同样以 2 年龄期的水泥浆体为例，这里给出了 HD C-S-H 和 LD C-S-H 在 Laplace 空间中的初始弹性模量 $\hat{E}_{\text{HD\_0}}^{\text{2yr}}$ 和 $\hat{E}_{\text{LD\_0}}^{\text{2yr}}$。将 $\hat{E}_{\text{HD\_0}}^{\text{2yr}}$ 和 $\hat{E}_{\text{LD\_0}}^{\text{2yr}}$ 在 Laplace 空间中对 s_k 离散化，然后输入 7.1.3 节式 (7.8) ~ 式 (7.16) 中，可以计算 C-S-H 凝胶在 Laplace 空间中 s_k 对应的弹性模量。优化的目标是获得 $\hat{E}_{\text{CSH\_c}}^{\text{2yr}}$ 和 $\hat{E}_{\text{CSH}}^{\text{2yr}}$ 之间的最小相对误差 (RE$_{\text{CSH}}$)，可以表示为

$$\text{RE}_{\text{CSH}} = \frac{1}{K}\sqrt{\sum_{k=1}^{K}\left(\frac{\hat{E}_{\text{CSH\_c}}^{\text{2yr}}(s_k) - \hat{E}_{\text{CSH}}^{\text{2yr}}(s_k)}{\hat{E}_{\text{CSH}}^{\text{2yr}}(s_k)}\right)^2} \to \text{minimum} \tag{7.37}$$

其中，$\hat{E}_{\text{CSH\_c}}^{\text{2yr}}$ 是优化过程中 2 年龄期水泥浆体中 C-S-H 凝胶在 Laplace 空间中的计算弹性模量。这里 fmincon 函数的输出是 HD C-S-H 和 LD C-S-H 在 Laplace

空间中的最优弹性模量 $\hat{E}_{\mathrm{HD}}^{2\mathrm{yr}}$ 和 $\hat{E}_{\mathrm{LD}}^{2\mathrm{yr}}$，在这种情况下 $\mathrm{RE}_{\mathrm{CSH}}$ 获得了最小值。经过上述优化过程，可以得到 HD C-S-H 和 LD C-S-H 在 Laplace 空间中的弹性模量为

$$\hat{E}_{\mathrm{LD}}^{2\mathrm{yr}} = \frac{9.1\left(6.15s\right)^{0.87}}{1+\left(6.15s\right)^{0.87}} \ [\mathrm{GPa}], \quad \hat{E}_{\mathrm{HD}}^{2\mathrm{yr}} = \frac{23.81\left(6.46s\right)^{0.87}}{1+\left(6.46s\right)^{0.87}} \ [\mathrm{GPa}] \tag{7.38}$$

$$\hat{E}_{\mathrm{LD}}^{30\mathrm{yr}} = \frac{9.6\left(8.4s\right)^{0.75}}{1+\left(8.4s\right)^{0.75}} \ [\mathrm{GPa}], \quad \hat{E}_{\mathrm{HD}}^{30\mathrm{yr}} = \frac{25.4\left(9.12s\right)^{0.75}}{1+\left(9.12s\right)^{0.75}} \ [\mathrm{GPa}] \tag{7.39}$$

其中，$\hat{E}_{\mathrm{LD}}^{2\mathrm{yr}}$ 和 $\hat{E}_{\mathrm{HD}}^{2\mathrm{yr}}$（$\hat{E}_{\mathrm{LD}}^{30\mathrm{yr}}$ 和 $\hat{E}_{\mathrm{HD}}^{30\mathrm{yr}}$）分别代表 2 年（30 年）龄期水泥浆体中 LD C-S-H 和 HD C-S-H 在 Laplace 空间的弹性模量。

6. 获取 HD C-S-H 和 LD C-S-H 的蠕变参数

HD C-S-H 和 LD C-S-H 的单轴蠕变柔量可以通过对相应的弹性模量进行 Laplace 逆变换得到，可以表示为

$$J_a^b(t) = L^{-1}\left[\frac{1}{s\hat{E}_a^b}\right] \tag{7.40}$$

$$a \in \{\mathrm{LD}, \mathrm{HD}\}, \quad b \in \{2\mathrm{yr}, 30\mathrm{yr}\}$$

得到的 HD C-S-H 和 LD C-S-H 的蠕变柔量如图 7.9 所示。可以看到，从两组水泥浆体中得到的 HD C-S-H（LD C-S-H）的蠕变吻合良好，这意味着不同龄期的水泥浆体中 HD C-S-H（LD C-S-H）拥有相同的蠕变性能。需要提到的是，图 7.9 中 HD C-S-H（或 LD C-S-H）反算得到的蠕变持续时间与对应的水泥浆体相同，任何基于 FM 传递函数的外推均不可靠。

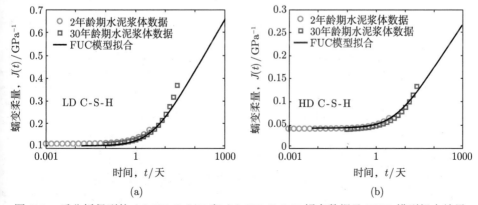

图 7.9　反分析得到的 (a) LD C-S-H 和 (b) HD C-S-H 蠕变数据及 FUC 模型拟合结果

如前所述，FUC 模型用于拟合 LD C-S-H 和 HD C-S-H 的蠕变数据，以潜在地捕捉其长期蠕变特征。FUC 模型的拟合结果如图 7.9 所示，拟合参数见表 7.2。

表 7.2　反分析得到的 FUC 模型描述 LD C-S-H 和 HD C-S-H 的蠕变参数

	E_0/GPa	θ/天	β
LD C-S-H	9.9	4	0.999
HD C-S-H	23	5	0.99

注：θ 代表特征时间。

从图 7.9 可以看出，FUC 模型与 HD C-S-H 和 LD C-S-H 的蠕变数据吻合较好。此外，表 7.2 中得到的参数 β 略小于 1，这表明 HD C-S-H 和 LD C-S-H 的蠕变律略低于对数律[205]。

此外，式 (7.6) 中的两模式 FM 传递函数用于拟合 HD C-S-H 和 LD C-S-H 的 1000 天蠕变 (由 FUC 模型描述的)，以获得它们在 Laplace 空间中的弹性模量。拟合结果如图 7.10 所示，传递函数的参数如表 7.3 所示。从图 7.10 可以看出，传递函数可以很好地描述 HD C-S-H 和 LD C-S-H 的 1000 天蠕变。

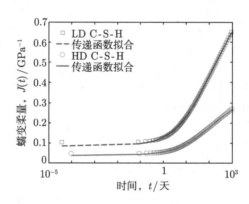

图 7.10　传递函数逼近描述 HD C-S-H 和 LD C-S-H 蠕变的 FUC 模型 1000 天内的蠕变

表 7.3　传递函数描述 LD C-S-H 和 HD C-S-H 蠕变的参数

	E_1/GPa	$\lambda_{\tau 1}$/d	α_1	E_2/GPa	$\lambda_{\tau 2}$/d	α_2
LD C-S-H	9.201	2.521	0.6327	3.208	377.9	0.1834
HD C-S-H	20.94	3.522	0.6175	10.09	4.01	0.1134

7. 与文献 [82] 中的结果进行比较

这里根据表 3.5 中得到的 HD C-S-H 和 LD C-S-H 的传递函数参数及图 7.8 中水泥浆体各相的体积分数，并根据 7.1.3 节 (式 (7.10) ～ 式 (7.17)) 的内容，可以计算 30 年龄期水泥浆体的 C-S-H 凝胶蠕变，并将其与文献 [82] 中的结果进行比较，如图 7.11 所示。可以看出，本书获得的 C-S-H 凝胶蠕变与文献 [82] 中的结果相当，这验证了本节中通过反分析确定的 HD C-S-H 和 LD C-S-H 的蠕变参数的可行性。

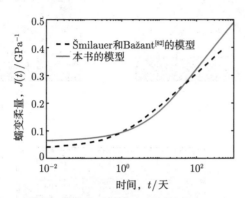

图 7.11　30 年龄期水泥浆体中 C-S-H 凝胶蠕变的计算值以及与文献 [82] 中结果的比较

7.2　多层级蠕变模型测试

这里通过与 Zhang 等[75] 获得的三种水灰比 ($w/c = 0.28$、$w/c = 0.38$ 和 $w/c = 0.5$) 下的水泥浆体长期蠕变试验结果，以及 Wyrzykowski 等[210] 的多龄期水泥浆体早期基本蠕变数据进行比较，测试所提出的水泥浆体多层级蠕变模型的性能。

7.2.1　多种水灰比长期蠕变数据

在第一组比较中，根据 Zhang 等[75] 的试验，四种主要水泥熟料的质量分数分别为 $m_{C_3S} = 0.6$，$m_{C_2S} = 0.224$，$m_{C_3A} = 0.012$ 和 $m_{C_4AF} = 0.129$。蠕变试验在水泥浆体 28 天龄期时进行，加载时温度保持在 (20 ± 2)℃，加载时间为 100天。另外一些参数设置如下，水化度的离散间隔 h 设置为 0.01，氢氧化钙和铝酸根水化物的长径比均设为 1，Blaine 表面积 A 为 $340\text{m}^2/\text{kg}$。根据给定的参数和 4.1 节中说明的水泥水化模型，可以计算水泥浆体蠕变过程中各相的体积分数随时间的演变，如图 7.12 所示。可以看到，随着 w/c 的增加，HD C-S-H 的体积分数随之增长，这有助于减少水泥浆体的蠕变。

将表 7.3 中得到的描述 HD C-S-H 和 LD C-S-H 蠕变的传递函数的参数纳入多层级蠕变模型，可以计算出三种水灰比下水泥浆体的基本蠕变，并与基本蠕变数据进行比较，如图 7.13 所示。从图中可以看到，水泥浆体的多层级蠕变模型可以很好地预测多种水灰比下水泥浆体的长期蠕变。

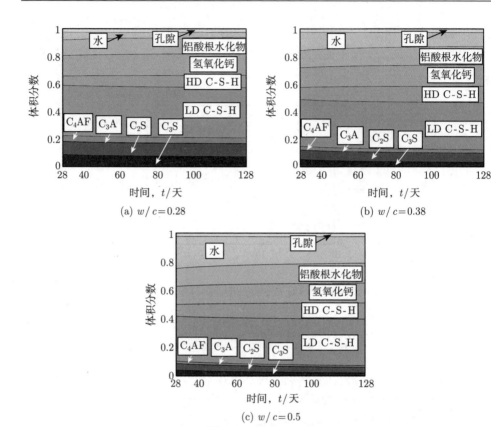

(a) $w/c=0.28$

(b) $w/c=0.38$

(c) $w/c=0.5$

图 7.12　水泥浆体[75] 中各相体积分数随时间演变的计算值

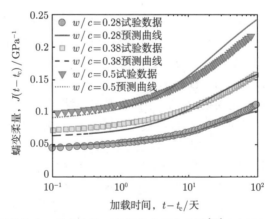

图 7.13　水泥浆体在三种水灰比下长期基本蠕变数据[75]及多层级蠕变模型预测

7.2.2 多龄期早期蠕变数据

在第二组比较中，对于 Wyrzykowski 等[210] 的试验，水灰比 w/c 为 0.5，水泥的四种主要熟料的质量比分别为 $m_{C_3S} = 0.71$，$m_{C_2S} = 0.21$，$m_{C_3A} = 0.032$ 和 $m_{C_4AF} = 0.002$，Blaine 表面积为 $394 m^2/kg$，在 28 天的蠕变过程中温度保持在 $(20 \pm 0.3)℃$。另一些参数设置如下：水化度离散间隔 $h = 0.01$，氢氧化钙和铝酸根水化物的长径比分别为 0.15 和 10。根据给定的参数和 4.1 节中的水泥水化模型，可以得到蠕变过程中各相的体积分数随时间的演变，如图 7.14 所示。可以看出，各相的体积分数发展迅速，这对水泥浆体的蠕变影响很大。

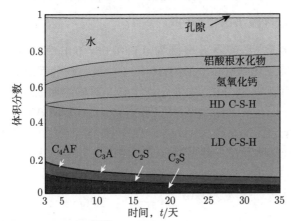

图 7.14　水泥浆体[210] 中各相体积分数随时间演化的计算值

将表 7.3 中确定的描述 HD C-S-H 和 LD C-S-H 蠕变的传递函数的参数输入所提出的多层级蠕变模型中，可以计算出水泥浆体在不同龄期的早期基本蠕变，并与相应的蠕变数据进行比较，如图 7.15 所示。从图可以看到，所提出的多层级蠕变模型可以很好地预测水泥浆体的多龄期蠕变。

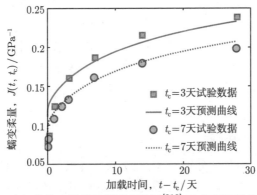

图 7.15　水泥浆体多龄期早期蠕变数据[210] 及多层级蠕变模型预测

7.3　结果与讨论

本节根据建立的水泥浆体多层级蠕变模型探究各因素对蠕变的影响。这些因素包括水化度离散间隔 h，加载龄期 t_c，水灰比 w/c，温度 T_s，Blaine 表面积 A，弹性水化物的形状，以及 HD C-S-H 与 LD C-S-H 的体积分数比。初始设定的各种蠕变条件及参数为：水泥的四种熟料质量分数为 $m_{C_3S} = 0.57$，$m_{C_2S} = 0.18$，$m_{C_3A} = 0.1$，$m_{C_4AF} = 0.08$，$w/c = 0.5$，$T_s = 25℃$，$t_c = 20$ 天，$A = 311\text{m}^2/\text{kg}$，$h = 0.01$，氢氧化钙晶体和铝酸根水化物的长径比均取 1，加载期为 100 天。

7.3.1　水化度离散间隔 h 的影响

这里设定水化度离散间隔 h 分别为 0.1、0.05、0.01 和 0.005，计算水泥浆体的蠕变，结果如图 7.16 所示。从图 7.16 可以看到，随着间隔 h 的减小，蠕变计算值逐渐增大，而当 h 取 0.01 时与 h 取 0.005 时的蠕变曲线几乎重合。从理论上来说，当 h 越小时，其水化度平台区间越多，比如 h 取 0.1、0.05、0.01、0.005 时对应的水化度平台区间个数分别为 1、2、9 和 18。水化度平台区间越多，离散的水化度曲线与连续水化度曲线就越接近，进而使得蠕变计算曲线越精确。然而，若水化度平台区间太多，就会导致计算时间增加。因此，为了兼顾蠕变计算的效率与精度，本章默认选择 h 为 0.01。

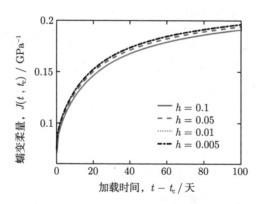

图 7.16　不同水化度离散间隔 h 下的水泥浆体蠕变计算曲线

7.3.2　加载龄期 t_c 的影响

这里设定蠕变加载龄期分别为 3 天、7 天、14 天、28 天、100 天和 365 天，根据多层级蠕变模型计算水泥浆体的蠕变，结果如图 7.17 所示。从图中可以看出，不同加载龄期得到的水泥浆体蠕变曲线不同，这就是所谓的老化蠕变，且当 t_c 越大，水泥浆体蠕变越低。根据 4.1 节的内容，图 7.18 中给出了蠕变期间水泥浆体的水化度曲线。从图 7.18 可以看到，随着龄期的增加，水泥水化度逐渐增加，导致水泥浆体的刚度越来越高[193]。另外，图 7.17 表明，随着龄期 t_c 的增加，这种由老化导致的蠕变曲线的不同越来越小。这是因为随着龄期的增加，水化反应逐渐变慢，如图 7.18 所示，导致水泥浆体刚度逐渐趋于稳定。

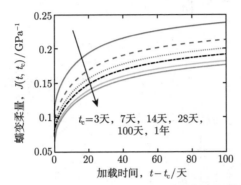

图 7.17 不同加载龄期 t_c 下的水泥浆体蠕变计算曲线

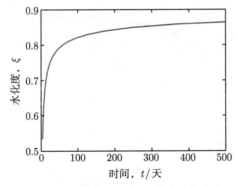

图 7.18 蠕变期间水泥浆体水化度曲线

7.3.3 水灰比 w/c 的影响

这里设定水灰比 $w/c = 0.3$，0.4 和 0.5，基于多层级蠕变模型分别计算水泥浆体的蠕变，结果如图 7.19 所示。可以看出，w/c 可以显著影响蠕变，w/c 越大，则蠕变越大，这与文献 [193] 中的结论一致。据报道，水化程度对水泥基复合材料的蠕变有很大影响[78]，水化产物的增加会导致水化过程中蠕变速率的降低[193]。根据这个结论，图 7.20 和图 7.21 分别展示了水泥浆体的水化度曲线和不同 w/c 下各相的体积分数随时间的演变。为方便起见，将四种水泥熟料的体积分数合并，在图 7.21 中标记为 "水泥熟料"。

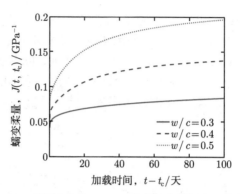

图 7.19　不同水灰比 w/c 下的水泥浆体蠕变计算曲线

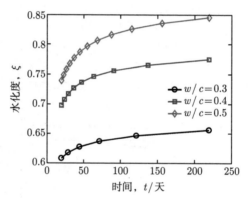

图 7.20　不同水灰比 w/c 下的水泥浆体水化度曲线

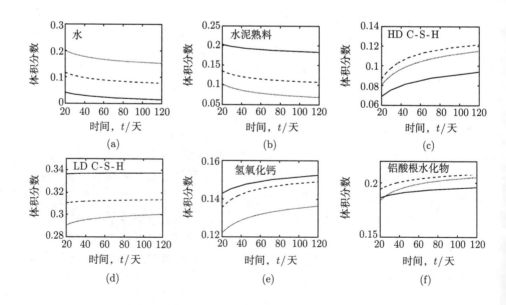

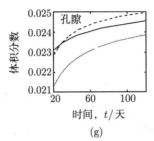

(g)

图 7.21 不同水灰比 w/c 下各相体积分数随时间的演变
(实线表示 $w/c = 0.3$，虚线表示 $w/c = 0.4$，点线表示 $w/c = 0.5$)

从图 7.20 可以看出，随着 w/c 的增加，水化度大大增加。此外，图 7.21 显示，w/c 的增加导致水的体积显著增加，水泥熟料、LD C-S-H 和氢氧化钙的体积分数减少。这可以从物理角度解释：w/c 的增加稀释了固相的体积分数。因此，w/c 的增加带来两个影响：① 水化过程的加速，以及 ② 固相的稀释。前者导致水泥浆的蠕变减少[193]，而后者导致蠕变增加。对于普通水泥浆体，根据图 7.19 中 w/c 对蠕变的影响，② 的影响大于 ① 的影响。

7.3.4 温度 T_s 的影响

这里设定温度为 5℃、15℃、25℃、35℃ 和 45℃，基于本章建立的多级蠕变模型分别计算水泥浆体蠕变，结果如图 7.22 所示。从图中可以看到，温度越高，蠕变越小。可能的原因是较高的温度加速了水化反应的进行，导致更多的水化产物，进而使得水泥浆体刚度更大，这与文献[211]中的结论一致。此外，据报道，温度对水泥基复合材料蠕变影响的另一种机制是由键断裂引起的纳米结构中的剪切滑移[212]，这在当前模型中没有考虑。

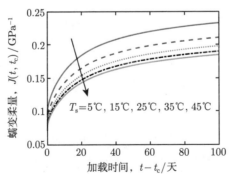

图 7.22 不同温度 T_s 下的水泥浆体蠕变计算曲线

图 7.23 和图 7.24 中分别给出了不同温度下水泥浆体的水化度曲线以及各相体积分数随时间的演变。从图 7.23 中可以看出，随着温度升高，水泥浆体水化度

更高，水化更彻底。从图 7.24 中也可以看出，随着温度升高，作为水化反应物的水和水泥熟料的体积分数降低，而水化产物的体积分数增加。这验证了更高的温度加速了水化反应的进行，进而降低蠕变的解释。

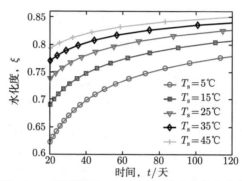

图 7.23　不同温度 T_s 下的水泥浆体水化度曲线

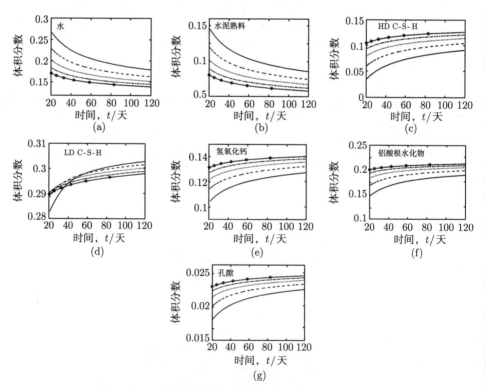

图 7.24　不同温度 T_s 下的各相体积分数随时间的演变

(实线表示 $T_s = 5℃$，虚线表示 $T_s = 15℃$，点线表示 $T_s = 25℃$，点划线表示 $T_s = 35℃$，带圆圈的实线表示 $T_s = 45℃$)

7.3.5 Blaine 表面积 A 的影响

这里设定 Blaine 表面积 A 为 $250\text{m}^2/\text{kg}$, $300\text{m}^2/\text{kg}$, $350\text{m}^2/\text{kg}$, $400\text{m}^2/\text{kg}$, 分别计算水泥浆体蠕变, 结果如图 7.25 所示。从图中可以看到, 随着水泥颗粒 Blaine 表面积 A 增加, 蠕变逐渐降低。图 7.26 和图 7.27 分别给出了不同 A 对应的水泥浆体水化度曲线以及各相体积分数演变。从图 7.26 可以看到, 随着 A 增加, 水泥水化度逐渐增加, 表明水化反应进行得更加彻底。从图 7.27 可以看到, 随着 A 的增加, 水泥水化的反应物水和水泥熟料的体积分数减少, 而水化产物 LD C-S-H、HD C-S-H、氢氧化钙晶体 (CH)、铝酸根水化物 (Alum.) 的体积分数均增加。这表明 Blaine 表面积 A 增加导致水化反应更彻底, 进而导致水泥浆体蠕变降低。

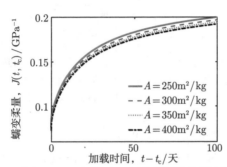

图 7.25 不同 Blaine 表面积 A 下的水泥浆体蠕变计算曲线

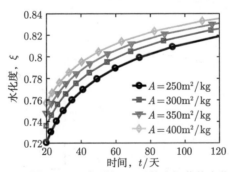

图 7.26 不同 Blaine 表面积 A 下的水泥浆体水化度曲线

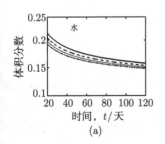

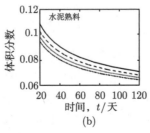

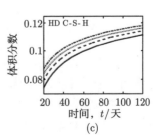

(a)   (b)   (c)

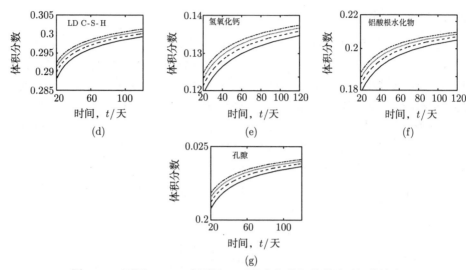

图 7.27　不同 Blaine 表面积 A 下的各相体积分数随时间的演变
(实线表示 $A = 250\mathrm{m}^2/\mathrm{kg}$, 虚线表示 $A = 300\mathrm{m}^2/\mathrm{kg}$, 点线表示 $A = 350\mathrm{m}^2/\mathrm{kg}$, 点划线表示 $A = 400\mathrm{m}^2/\mathrm{kg}$)

7.3.6　弹性水化物长径比 κ_{ch}, κ_{a} 的影响

这里设定氢氧化钙晶体的长径比 κ_{ch} 为 0.1、0.4、0.7 和 1, 铝酸根水化物的长径比 κ_{a} 为 10, 以及设定铝酸根水化物的长径比 κ_{a} 为 10、7、4 和 1, 氢氧化钙晶体的长径比 κ_{ch} 为 0.1, 分别计算水泥浆体蠕变, 结果如图 7.28 所示。

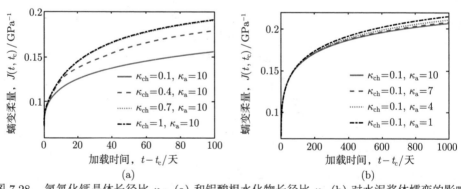

图 7.28　氢氧化钙晶体长径比 κ_{ch} (a) 和铝酸根水化物长径比 κ_{a} (b) 对水泥浆体蠕变的影响

从图中可以看到, 水泥浆体的蠕变随着氢氧化钙晶体长径比 κ_{ch} 的增加而明显增加, 随着铝酸根水化物长径比 κ_{a} 的减小而稍微增加。这表明氢氧化钙晶体长径比对水泥浆体蠕变的影响较大, 而铝酸根水化物长径比对水泥浆体蠕变的影响较小。总体来说, 弹性水化物长径比越靠近 1, 水泥浆体蠕变值越大。另外, 图

7.29 绘制出了不同 κ_{ch}, κ_a 下水泥浆体水化度曲线, 从图中可以看出, 弹性水化物的长径比对水泥浆体水化度曲线没有影响。因此, 弹性水化物长径比对水泥浆体蠕变的影响是纯物理的。

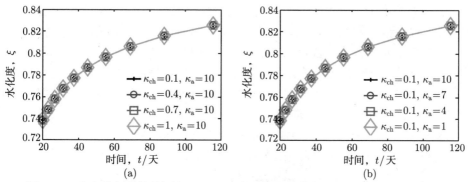

(a)　(b)

图 7.29　氢氧化钙晶体长径比 κ_{ch} (a) 和铝酸根水化物长径比 κ_a (b) 对水泥浆体水化度曲线的影响

7.3.7　HD C-S-H 和 LD C-S-H 体积分数比的影响

7.1.5 节中对一组 30 年龄期的硬化水泥浆体[47] 进行了各组分体积分数计算, 如图 7.8(b) 所示。其中 HD C-S-H 和 LD C-S-H 的体积分数分别为 15.44% 和 29.83%, 两者之比为 0.5176。这里为了探究不同 HD C-S-H 和 LD C-S-H 体积比对水泥浆体蠕变的影响, 设定 C-S-H 的总体积分数不变, HD C-S-H 与 LD C-S-H 的体积比为 0.3、0.5、0.8、1.2, 其他组分体积分数不变, 分别计算该水泥浆体 100 天内的蠕变, 如图 7.30 所示。从图中可以看到, 随着 HD C-S-H 与 LD C-S-H 体积比的增加, 水泥浆体蠕变逐渐减小。这是由于相比于 LD C-S-H, HD C-S-H 在形态上拥有更高的密度, 在力学性质上具有更高的刚度。因此, 对于常应力 (蠕变加载条件), 更高体积分数的 HD C-S-H 会导致蠕变更低。这提示我们, 为了减少水泥浆体的蠕变, 可以通过调控水泥水化增加 HD C-S-H 的含量来实现。

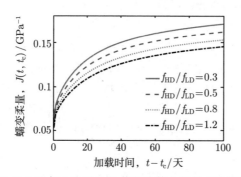

图 7.30　HD C-S-H 与 LD C-S-H 体积分数之比对水泥浆体蠕变的影响

7.4　小　　结

本章提出了一个考虑多级结构和水化微观结构演化的水泥浆体多层级蠕变模型。在分层模型中，考虑四个主要熟料相 (C_3S、C_2S、C_3A 和 C_4AF) 随时间的水化反应，开发了耦合 Ulm 等[70] 及 Parrot 和 Killoh[185] 的理论水泥水化模型，获得了熟料的水化程度和各相 (熟料、HD C-S-H、LD C-S-H、CH、铝酸根水化物、孔隙和水) 随时间的体积分数。随后，通过耦合分数阶特慢本构关系 (时域) 与两模式分数阶 Maxwell(FM) 传递函数 (Laplace 域)，来表征 HD C-S-H 和 LD C-S-H 的蠕变性能。然后，根据 Mori-Tanaka 方法与广义自洽格式，将 HD C-S-H 和 LD C-S-H 有效蠕变性能经过 C-S-H 凝胶 upscale 到水泥浆体的有效蠕变性能。此外，本章还设计了一个广义框架来解码 HD C-S-H 和 LD C-S-H 的蠕变柔量。通过与大量蠕变试验数据做比较，验证了所提出的多层级模型不仅是准确预测水泥浆体和 C-S-H 凝胶蠕变行为的可靠手段，而且能够有效地识别 HD C-S-H 和 LD C-S-H 的蠕变特性。另外，探究了多种因素对水泥浆体蠕变的影响，结论如下所述。

(1) 水化度离散间隔越小，蠕变计算精度越高，但是计算时间越长。当离散间隔小于 0.01 时，精度提升不明显，因此，建议将离散间隔默认取为 0.01。

(2) 加载龄期越晚，蠕变越低，这是由于水化反应的发展，水泥浆体的刚度逐渐增加；而加载龄期越大，蠕变降低越小，这是因为随着龄期的增长，水化反应逐渐变慢。

(3) 水灰比的增加导致蠕变的增加。水灰比的增加带来了两个效果：加速了水化反应的进行；稀释了固体相的体积分数。前者会导致蠕变的降低，而后者会导致蠕变的增加。总体来说，后者的效果大于前者。

(4) 温度越高，蠕变越小。原因是更高的温度加速了水化反应的进行，进而降低蠕变。

(5) 随着水泥颗粒 Blaine 表面积的增加，蠕变逐渐降低。原因是 Blaine 表面积的增加，加速了水化反应的进行，导致蠕变降低。

(6) 弹性水化物长径比越靠近 1，所得蠕变值越大。氢氧化钙晶体长径比对水泥浆体蠕变的影响较大，而铝酸根水化物长径比对水泥浆体蠕变的影响较小。

(7) HD C-S-H 与 LD C-S-H 体积比越高，水泥浆体蠕变越小。这是由于相比 LD C-S-H，HD C-S-H 具有更高的刚度，能更好地限制蠕变的发展。这提示我们，为了减少水泥浆体的蠕变，可以通过调控水泥水化增加 HD C-S-H 的含量来实现。

第 8 章　细观混凝土的粘弹性性能

在细观尺度上，混凝土可以看成是由骨料、水泥浆体及二者之间的界面过渡区 (ITZ) 组成。混凝土的蠕变不仅受到水泥浆体蠕变性能的影响，也与骨料及其周围的 ITZ 的性质相关。因此，建立描述混凝土蠕变的细观力学模型是探究各因素对混凝土蠕变影响的基础。本章首先建立考虑 ITZ 和椭球形骨料的混凝土细观蠕变模型，并与有限元仿真和混凝土蠕变数据比较，以验证模型的有效性。基于构建的混凝土细观蠕变模型，本章探究包括骨料形状、粒径分布、最大粒径、最小粒径在内的骨料性质对混凝土蠕变的影响，而且进一步研究 ITZ 的厚度、体积分数、粘弹性系数对混凝土蠕变的影响。另外，本章还将探究加载龄期、水灰比、温度、Blaine 表面积及弹性水化产物的长径比对混凝土蠕变性能的影响。

8.1　水泥浆体蠕变输入

水泥浆体的蠕变行为可以通过第 7 章的内容进行求解获得。在此，采用第 3 章中的两模式的修正的分数阶 Maxwell (MFM) 模型来逼近水泥浆体的蠕变行为:

$$T_{\mathrm{cp}}(s) = \sum_{i=1}^{2} \frac{E_i(\lambda_{\tau i}s)^{\alpha_i}}{\left[1 + (\lambda_{\tau i}s)^{\varphi_i}\right]^{\frac{\alpha_i - \beta_i}{\varphi_i}}} \tag{8.1}$$

其中，$T_{\mathrm{cp}}(s)$ 为两模式 MFM 模型的传递函数表示; E_i，$\lambda_{\tau i}$ 分别是 MFM 模型的弹性模量和松弛时间; α_i，β_i，φ_i 分别为 MFM 模型在幂律区、平台区及两者之间过渡区的参数; s 为 Laplace 空间中的复变量。该传递函数为水泥浆体在 Laplace 空间中的弹性模量，即 $\hat{E}_{\mathrm{cp}} = T_{\mathrm{cp}}(s)$。根据文献 [75]，水泥浆体的泊松比 v_{cp} 取为 0.2，由此可以得到水泥浆体在 Laplace 域中的模量，为后续采用复合材料力学方法计算混凝土蠕变奠定基础。

本章默认水泥的四种主要熟料的质量分数分别为 $m_{\mathrm{C_3S}} = 0.6$，$m_{\mathrm{C_2S}} = 0.224$，$m_{\mathrm{C_3A}} = 0.012$，$m_{\mathrm{C_4AF}} = 0.129$，水灰比为 0.5，蠕变进行的温度为 20℃，Blaine 表面积 $A = 311\mathrm{m}^2/\mathrm{kg}$，氢氧化钙晶体和铝酸根水化物的长径比均取 1，蠕变加载从第 28 天开始，加载期为 1000 天。采用第 7 章内容计算水泥浆体 1000 天内的蠕变柔量曲线，并用式 (8.1) 中的模型拟合，效果如图 8.1 所示。拟合的参数见表

8.1。从图 8.1 可以看到，式 (8.1) 中的两模式 MFM 模型能很好地表征水泥浆体 1000 天内的蠕变。

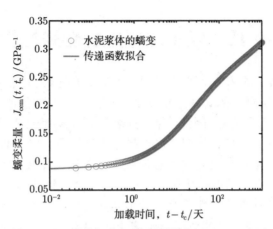

图 8.1   水泥浆体蠕变及粘弹性模型 (式 (8.1)) 拟合

表 8.1   两模式 MFM 模型逼近水泥浆体蠕变的参数

E_1/GPa	$\lambda_{\tau 1}$/天	α_1	β_1	φ_1	E_2/GPa	$\lambda_{\tau 2}$/天	α_2	β_2	φ_2
7.055	3.846	0.5535	0.0003416	0.8025	3.007	16600	0.5524	0.02421	0.8512

为便于计算，这里在 Laplace 空间中将水泥浆体弹性模量曲线离散化，其中，离散的复变量 s_k 在 $10^{-10} \sim 10^{10}$ 范围内呈对数分布，$s_k = 10^{-10+20(k-1)/(K-1)}$，$k = 1, 2, \cdots, K$。对于每一个离散的复变量 s_k，对应的水泥浆体的弹性模量为 $\hat{E}_{cp}^k$。那么水泥浆体在 Laplace 空间中对于离散的复变量 s_k 的拉梅常数 $\hat{\lambda}_{cp}^k$，$\hat{\mu}_{cp}^k$ 为

$$\hat{\lambda}_{cp}^k = \frac{\hat{E}_{cp}^k \nu_{cp}}{(1 - 2\nu_{cp})(1 + \nu_{cp})}, \quad \hat{\mu}_{cp}^k = \frac{\hat{E}_{cp}^k}{2(1 + \nu_{cp})} \tag{8.2}$$

进而，水泥浆体在 Laplace 空间中复变量 s_k 对应的刚度张量 $\hat{C}_{cp}^k$ 为

$$\hat{C}_{cp}^k = \begin{bmatrix} \hat{\lambda}_{cp}^k + 2\hat{\mu}_{cp}^k & \hat{\lambda}_{cp}^k & \hat{\lambda}_{cp}^k & 0 & 0 & 0 \\ \hat{\lambda}_{cp}^k & \hat{\lambda}_{cp}^k + 2\hat{\mu}_{cp}^k & \hat{\lambda}_{cp}^k & 0 & 0 & 0 \\ \hat{\lambda}_{cp}^k & \hat{\lambda}_{cp}^k & \hat{\lambda}_{cp}^k + 2\hat{\mu}_{cp}^k & 0 & 0 & 0 \\ 0 & 0 & 0 & \hat{\mu}_{cp}^k & 0 & 0 \\ 0 & 0 & 0 & 0 & \hat{\mu}_{cp}^k & 0 \\ 0 & 0 & 0 & 0 & 0 & \hat{\mu}_{cp}^k \end{bmatrix} \tag{8.3}$$

8.2 混凝土蠕变细观力学模型

混凝土在细观尺度上的复合结构可以看成是由两步形成的：首先，骨料嵌入 ITZ 中形成有效夹杂相；然后，有效夹杂相嵌入水泥浆基体中形成混凝土复合材料，如图 5.1 所示。这里采用基于传递函数的广义自洽 (GSC)-Mori-Tanaka(MT) 方法计算混凝土的蠕变。根据弹性–粘弹性对应原理，首先采用 GSC 方法计算在 Laplace 空间中每个离散复变量 s_k 上有效夹杂相的弹性性能，进而用传递函数拟合并进行 Laplace 逆变换即得到有效夹杂相的有效蠕变行为；采用 MT 方法计算在 Laplace 空间中每个离散复变量 s_k 上混凝土复合材料的弹性性能，进而用传递函数拟合且进行 Laplace 逆变换即得到混凝土的有效蠕变行为。具体流程见图 8.2 所示。

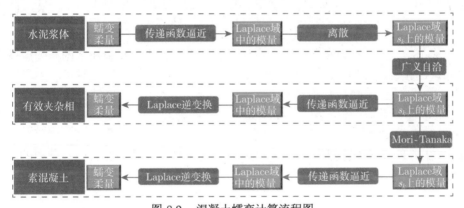

图 8.2 混凝土蠕变计算流程图

8.2.1 基于传递函数的有效夹杂相的有效蠕变

1. 单向排列的骨料相

对于单向排列的骨料，采用广义自洽机制计算有效夹杂相在 Laplace 空间中复变量 s_k 对应的刚度张量为

$$\hat{C}_{\text{comp}}^k = \hat{C}_{\text{itz}}^k + f_1 \left(C_{\text{p}} - \hat{C}_{\text{itz}}^k \right) \hat{A}_{\text{g}}^{\text{p}} \tag{8.4}$$

其中，$\hat{C}_{\text{itz}}^k$，$\hat{C}_{\text{comp}}^k$ 分别是 ITZ 和有效夹杂相 comp 在 Laplace 空间中复变量 s_k 对应的刚度张量。水泥基复合材料 ITZ 在硬度和弹性模量方面的性能要低于硬化水泥浆体[194]，假定 ITZ 的粘弹性形式与硬化水泥浆基体一致[116]。那么 ITZ 在 Laplace 空间中复变量 s_k 对应的刚度张量满足 $\hat{C}_{\text{itz}}^k = k \cdot \hat{C}_{\text{cp}}^k$，这里 k 为粘弹性

系数且小于 1。一般而言，ITZ 的模量及强度为水泥浆基体的 $1/3 \sim 1/2^{[195-197]}$，据此，本书默认取粘弹性系数 k 为 $1/2$。$\boldsymbol{C}_{\mathrm{p}}$ 是骨料颗粒的刚度张量，根据文献 [77] 设定骨料的弹性模量和泊松比分别为 65GPa 和 0.3。f_1 是骨料在有效夹杂相 comp 中的体积分数，$f_1 = f_{\mathrm{p}} / (f_{\mathrm{p}} + f_{\mathrm{itz}})$，其中 f_{p} 和 f_{itz} 分别是骨料和 ITZ 的体积分数。椭球形颗粒的界面体积分数与颗粒形状、分布有关，可由下式给出[198]：

$$f_{\mathrm{itz}} = (1 - f_{\mathrm{p}}) \{1 - \exp [\chi (h_{\mathrm{d}})]\} \tag{8.5}$$

$$\chi (h_{\mathrm{d}}) = -\frac{6 f_{\mathrm{p}}}{\langle D_{\mathrm{eq}}^3 \rangle} \left[\frac{3 \langle D_{\mathrm{eq}}^2 \rangle h_{\mathrm{d}} + 3r \langle D_{\mathrm{eq}} \rangle h_{\mathrm{d}}^2 + 4r h_{\mathrm{d}}^3}{3r (1 - f_{\mathrm{p}})} \right.$$

$$\left. + \frac{3 f_{\mathrm{p}} \langle D_{\mathrm{eq}}^2 \rangle^2 h_{\mathrm{d}}^2 + 4r f_{\mathrm{p}} \langle D_{\mathrm{eq}} \rangle \langle D_{\mathrm{eq}}^2 \rangle h_{\mathrm{d}}^3}{r^2 (1 - f_{\mathrm{p}})^2 \langle D_{\mathrm{eq}}^3 \rangle} \right] \tag{8.6}$$

式 (8.4) 中 $\hat{\boldsymbol{A}}_{\mathrm{g}}^{\mathrm{p}}$ 为在 Laplace 空间中骨料颗粒在有效夹杂相中的全局应变集中张量，其表达式为

$$\hat{\boldsymbol{A}}_{\mathrm{g}}^{\mathrm{p}} = \hat{\boldsymbol{A}}^{\mathrm{p}} \left[(1 - f_1) \boldsymbol{I} + f_1 \hat{\boldsymbol{A}}^{\mathrm{p}} \right]^{-1} \tag{8.7}$$

其中，$\boldsymbol{I}$ 是四阶单位张量；$\hat{\boldsymbol{A}}^{\mathrm{p}}$ 是在 Laplace 空间中骨料颗粒在有效夹杂相的局部应变集中张量，其表达式为

$$\hat{\boldsymbol{A}}^{\mathrm{p}} = \boldsymbol{I} - \boldsymbol{S}_{\mathrm{p}} \left[\boldsymbol{S}_{\mathrm{p}} + \left(\boldsymbol{C}_{\mathrm{p}} - \hat{\boldsymbol{C}}_{\mathrm{itz}}^{k} \right)^{-1} \hat{\boldsymbol{C}}_{\mathrm{itz}}^{k} \right]^{-1} \tag{8.8}$$

其中，$\boldsymbol{S}_{\mathrm{p}}$ 是骨料颗粒在 ITZ 中的 Eshelby 张量，它依赖于骨料的形状和 ITZ 的泊松比。椭球形夹杂的 Eshelby 张量可以解析求得，具体可以参见文献 [25] 中的附件 A。

2. 随机分布的骨料相

对于随机分布的骨料相，comp 在 Laplace 空间中复变量 s_k 对应的有效刚度张量 $\langle \hat{\boldsymbol{C}}_{\mathrm{comp}}^{k} \rangle$ 可对 $\hat{\boldsymbol{C}}_{\mathrm{comp}}^{k}$ 进行方向平均得到

$$\left\langle \hat{C}_{\text{comp}}^k \right\rangle =$$

$$\begin{bmatrix} \hat{\lambda}_{\text{comp}}^k + 2\hat{\mu}_{\text{comp}}^k & \hat{\lambda}_{\text{comp}}^k & \hat{\lambda}_{\text{comp}}^k & 0 & 0 & 0 \\ \hat{\lambda}_{\text{comp}}^k & \hat{\lambda}_{\text{comp}}^k + 2\hat{\mu}_{\text{comp}}^k & \hat{\lambda}_{\text{comp}}^k & 0 & 0 & 0 \\ \hat{\lambda}_{\text{comp}}^k & \hat{\lambda}_{\text{comp}}^k & \hat{\lambda}_{\text{comp}}^k + 2\hat{\mu}_{\text{comp}}^k & 0 & 0 & 0 \\ 0 & 0 & 0 & \hat{\mu}_{\text{comp}}^k & 0 & 0 \\ 0 & 0 & 0 & 0 & \hat{\mu}_{\text{comp}}^k & 0 \\ 0 & 0 & 0 & 0 & 0 & \hat{\mu}_{\text{comp}}^k \end{bmatrix} \tag{8.9}$$

其中, $\hat{\lambda}_{\text{comp}}^k$, $\hat{\mu}_{\text{comp}}^k$ 分别是 comp 在 Laplace 空间中的拉梅常数, 表示为

$$\hat{\lambda}_{\text{comp}}^k = \frac{1}{15} \left(\hat{c}_{11}^{\text{comp}} + 6\hat{c}_{22}^{\text{comp}} + 8\hat{c}_{12}^{\text{comp}} - 10\hat{c}_{44}^{\text{comp}} - 4\hat{c}_{55}^{\text{comp}} \right)$$

$$\hat{\mu}_{\text{comp}}^k = \frac{1}{15} \left(\hat{c}_{11}^{\text{comp}} + \hat{c}_{22}^{\text{comp}} - 2\hat{c}_{12}^{\text{comp}} + 5\hat{c}_{44}^{\text{comp}} + 6\hat{c}_{55}^{\text{comp}} \right) \tag{8.10}$$

式中, $\hat{c}_{11}^{\text{comp}}$, $\hat{c}_{12}^{\text{comp}}$, $\cdots$, $\hat{c}_{55}^{\text{comp}}$ 是张量 $\hat{C}_{\text{comp}}^k$ 的系数, 具体表述见附件 A[25]。根据弹性常数之间的关系, 可以得到有效夹杂相 comp 在 Laplace 空间中复变量 s_k 对应的有效弹性模量 $\hat{E}_{\text{comp}}^k$、泊松比 $\hat{\nu}_{\text{comp}}^k$ 和体积模量 $\hat{K}_{\text{comp}}^k$:

$$\hat{E}_{\text{comp}}^k = \frac{\hat{\mu}_{\text{comp}}^k \left(3\hat{\lambda}_{\text{comp}}^k + 2\hat{\mu}_{\text{comp}}^k \right)}{\hat{\lambda}_{\text{comp}}^k + \hat{\mu}_{\text{comp}}^k}$$

$$\hat{\nu}_{\text{comp}}^k = \frac{\hat{\lambda}_{\text{comp}}^k}{2 \left(\hat{\lambda}_{\text{comp}}^k + \hat{\mu}_{\text{comp}}^k \right)} \tag{8.11}$$

$$\hat{K}_{\text{comp}}^k = \hat{\lambda}_{\text{comp}}^k + \frac{2}{3} \hat{\mu}_{\text{comp}}^k$$

对所有的 $s_k (k= 1, 2, \cdots, K)$ 求得对应的 $\hat{E}_{\text{comp}}^k$, 并采用式 (8.1) 中的传递函数进行拟合, 即得到随机分布的骨料的有效夹杂相在 Laplace 空间中的有效弹性模量 $\hat{E}_{\text{comp}}$。对 $\hat{E}_{\text{comp}}$ 进行 Laplace 逆变换可以得到有效夹杂相的有效单轴蠕变柔量 $J_{\text{comp}}(t, t_c)$:

$$J_{\text{comp}}(t, t_c) = L^{-1} \left(\frac{1}{s\hat{E}_{\text{comp}}} \right) \tag{8.12}$$

8.2.2 基于传递函数的混凝土有效蠕变

1. 单向排列的有效夹杂相

接下来, 将 comp 视为夹杂, 嵌入水泥浆基体中形成混凝土复合材料, 记作

con。对于单向排列的有效夹杂相，运用 MT 方法，可得混凝土在 Lapace 空间中复变量 s_k 对应的有效刚度张量 $\hat{C}_{\text{con}}^k$ 为

$$\hat{C}_{\text{con}}^k = \hat{C}_{\text{cp}}^k + f_2 \left(\hat{C}_{\text{comp}}^k - \hat{C}_{\text{cp}}^k \right) \hat{A}_{\text{g}}^{\text{comp}} \tag{8.13}$$

其中，f_2 是有效夹杂相 comp 占据混凝土的体积分数，$f_2 = f_{\text{p}} + f_{\text{itz}}$；$\hat{A}_{\text{g}}^{\text{comp}}$ 为在 Laplace 空间中有效夹杂相在混凝土中的全局应变集中张量，其表达式为

$$\hat{A}_{\text{g}}^{\text{comp}} = \hat{A}^{\text{comp}} \left[(1 - f_2) \, I + f_2 \hat{A}^{\text{comp}} \right]^{-1} \tag{8.14}$$

其中，$\hat{A}^{\text{comp}}$ 为在 Laplace 空间中有效夹杂相在混凝土中的局部应变集中张量，其表达式为

$$\hat{A}^{\text{comp}} = I - S_{\text{comp}} \left[S_{\text{comp}} + \left(\hat{C}_{\text{comp}}^k - \hat{C}_{\text{cp}}^k \right)^{-1} \hat{C}_{\text{cp}}^k \right]^{-1} \tag{8.15}$$

其中，S_{comp} 是有效夹杂相 comp 在水泥浆基体中的 Eshelby 张量。由于 ITZ 厚度较小，本章认为 comp 的 Eshelby 张量与相应的骨料的 Eshelby 张量相同。

2. 随机分布的有效夹杂相

对于随机分布的有效夹杂相，混凝土在 Laplace 空间中复变量 s_k 对应的有效刚度张量 $\left\langle \hat{C}_{\text{con}}^k \right\rangle$ 可以对 $\hat{C}_{\text{con}}^k$ 进行方向平均而得到

$$\left\langle \hat{C}_{\text{con}}^k \right\rangle = \begin{bmatrix} \hat{\lambda}_{\text{con}}^k + 2\hat{\mu}_{\text{con}}^k & \hat{\lambda}_{\text{con}}^k & \hat{\lambda}_{\text{con}}^k & 0 & 0 & 0 \\ \hat{\lambda}_{\text{con}}^k & \hat{\lambda}_{\text{con}}^k + 2\hat{\mu}_{\text{con}}^k & \hat{\lambda}_{\text{con}}^k & 0 & 0 & 0 \\ \hat{\lambda}_{\text{con}}^k & \hat{\lambda}_{\text{con}}^k & \hat{\lambda}_{\text{con}}^k + 2\hat{\mu}_{\text{con}}^k & 0 & 0 & 0 \\ 0 & 0 & 0 & \hat{\mu}_{\text{con}}^k & 0 & 0 \\ 0 & 0 & 0 & 0 & \hat{\mu}_{\text{con}}^k & 0 \\ 0 & 0 & 0 & 0 & 0 & \hat{\mu}_{\text{con}}^k \end{bmatrix} \tag{8.16}$$

其中，$\hat{\lambda}_{\text{con}}^k$，$\hat{\mu}_{\text{con}}^k$ 分别是混凝土在 Laplace 空间中复变量 s_k 对应的拉梅常数，可以表达为

$$\hat{\lambda}_{\text{con}}^k = \frac{1}{15} \left(\hat{c}_{11}^{\text{con}} + 6\hat{c}_{22}^{\text{con}} + 8\hat{c}_{12}^{\text{con}} - 10\hat{c}_{44}^{\text{con}} - 4\hat{c}_{55}^{\text{con}} \right)$$

$$\hat{\mu}_{\text{con}}^k = \frac{1}{15} \left(\hat{c}_{11}^{\text{con}} + \hat{c}_{22}^{\text{con}} - 2\hat{c}_{12}^{\text{con}} + 5\hat{c}_{44}^{\text{con}} + 6\hat{c}_{55}^{\text{con}} \right) \tag{8.17}$$

式中，$\hat{c}_{11}^{\text{con}}$，$\hat{c}_{12}^{\text{con}}$，$\cdots$，$\hat{c}_{55}^{\text{con}}$ 是张量 $\hat{C}_{\text{con}}^k$ 的系数，具体表述见附件 A[25]。根据弹性常数之间的关系，可以得到素混凝土在 Laplace 空间中复变量 s_k 对应的有效

弹性模量 $\hat{E}_{con}^k$、泊松比 $\hat{\nu}_{con}^k$:

$$\hat{E}_{con}^k = \frac{\hat{\mu}_{con}^k\left(3\hat{\lambda}_{con}^k + 2\hat{\mu}_{con}^k\right)}{\hat{\lambda}_{con}^k + \hat{\mu}_{con}^k}, \quad \hat{\nu}_{con}^k = \frac{\hat{\lambda}_{con}^k}{2\left(\hat{\lambda}_{con}^k + \hat{\mu}_{con}^k\right)} \tag{8.18}$$

对所有的 $s_k(k=1, 2, \cdots, K)$ 求得对应的 $\hat{E}_{con}^k$，并采用式 (8.1) 中的传递函数进行拟合，即得到随机分布的有效夹杂相的混凝土在 Laplace 空间中的有效弹性模量 $\hat{E}_{con}$。对 $\hat{E}_{con}$ 进行 Laplace 逆变换可以得到混凝土的有效单轴蠕变柔量 $J_{con}(t, t_c)$:

$$J_{con}(t, t_c) = L^{-1}\left(\frac{1}{s\hat{E}_{con}}\right) \tag{8.19}$$

8.2.3 试验验证

试验选用一组骨料含量 0.705，水灰比为 0.5 的无硅灰混凝土的蠕变数据[75,213,214]，如图 8.3 所示。试验中，水泥的四种主要熟料的质量分数分别为 $m_{C3S} = 0.6$，$m_{C2S} = 0.224$，$m_{C3A} = 0.012$，$m_{C4AF} = 0.129$。混凝土蠕变从龄期第 7 天开始加载，持续到 650 天，并保持温度在 $(20 \pm 2)^\circ C$。另外，假定骨料长径比为 2.34，最小粒径为 0.15mm，最大粒径为 20mm，且满足 Fuller 分布，骨料的弹性模量和泊松比分别为 65GPa 和 0.3。水泥的 Blaine 表面积设定为 311m^2/kg，水化度间隔 h 取 0.01，氢氧化钙晶体和铝酸根水化物晶体长径比取 1；ITZ 厚度取 20μm，ITZ 粘弹性系数 k 为 0.5，ITZ 泊松比为 0.2。根据第 7 章水泥浆体的蠕变计算及 8.2 节中混凝土的细观力学蠕变模型，考虑 ITZ 和不考虑 ITZ，分别预测混凝土的蠕变，结果如图 8.3 所示。从图 8.3 可以看到，考虑 ITZ 的细观力学模型能较好地预测该混凝土 1000 天内的蠕变，而不考虑 ITZ 的预测值低估了真实蠕变值。

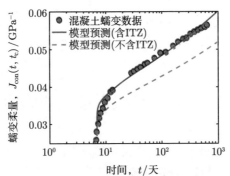

图 8.3 混凝土蠕变数据[213]及模型预测

(实线是考虑 ITZ 的模型预测，虚线是不考虑 ITZ 的模型预测)

另外选择一组不含飞灰的砂浆蠕变数据[116]，如图 8.4 所示。需要说明的是，比蠕变 (specific creep) 是蠕变柔量去除弹性部分后的量。其中水灰比为 0.37，细骨料含量为 684 kg/m³，蠕变加载龄期为 28 天，并保持温度为 (20 ± 2)℃。根据文献 [215]，细骨料密度取为 2620 kg/m³，可计算细骨料的体积分数为 26.11%。参考文献 [116]，细骨料弹性模量和泊松比分别取为 72GPa 和 0.25。另外设定水泥的四种主要熟料的质量分数为 $m_{C_3S} = 0.6$，$m_{C_2S} = 0.224$，$m_{C_3A} = 0.012$，$m_{C_4AF} = 0.129$，水泥的 Blaine 表面积设定为 311m²/kg，水化度间隔 h 取 0.01，氢氧化钙晶体和铝酸根水化物晶体长径比取 1。骨料最小粒径取为 0.1mm，最大粒径为 3mm，并满足 EVF 分布；骨料长径比为 2.34；ITZ 厚度取为 19μm，ITZ 粘弹性系数 k 为 0.5，ITZ 泊松比取为 0.2。首先根据第 7 章内容计算水泥浆体的蠕变，如图 8.4(a) 所示。从图 8.4(a) 可以看到，该模型可以很好地预测水泥浆体蠕变。基于水泥浆体蠕变的预测结果，根据 8.2 节中混凝土的细观力学蠕变模型，考虑 ITZ 与不考虑 ITZ 两种情况下，分别预测砂浆一年期蠕变的结果，如图 8.4(b) 所示。从图 8.4(b) 可以看到，含 ITZ 的模型预测值与砂浆蠕变数据吻合较好，而不含 ITZ 的模型预测值低估了砂浆的蠕变。

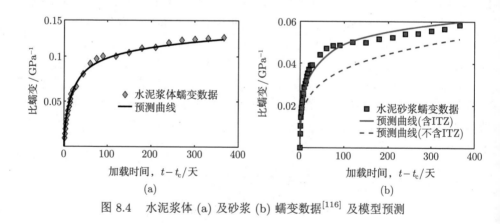

图 8.4　水泥浆体 (a) 及砂浆 (b) 蠕变数据[116] 及模型预测

8.3　骨料形状对蠕变的影响

本节根据 8.2 节中的细观力学蠕变方法计算随机分布骨料的混凝土的有效单轴蠕变，探究骨料形状因素对混凝土蠕变的影响，不考虑 ITZ。默认参数见表 8.2，那么水泥浆体在 Laplace 空间中的弹性模量可以用式 (8.1) 中的传递函数表示，参数见表 8.2。

表 8.2　混凝土蠕变计算默认输入参数

参数类型	取值
骨料	体积分数 $f_p = 0.7$, 弹性模量 65GPa, 泊松比 0.3
水泥浆体	$m_{C_3S} = 0.6$, $m_{C_2S} = 0.224$, $m_{C_3A} = 0.012$, $m_{C_4AF} = 0.129$; 水灰比 $w/c = 0.5$, Blaine 表面积 $A = 311\text{m}^2/\text{kg}$, 水化度间隔 $h = 0.01$, 弹性水化物长径比 $\kappa_{ch} = 1$, $\kappa_a = 1$, 泊松比 $\nu_{cp} = 0.2$
蠕变加载条件	温度 $T_s = 20\,^\circ\text{C}$; 加载龄期 $t_c = 28$ 天, 加载期 1000 天

对于不同的长径比: $\kappa = 0.01, 0.1, 1, 10, 100$ 的椭球形骨料, 其 Eshelby 张量可解析求得, 参见附录 A。蠕变参数见表 8.2, 根据 8.2 节中的细观力学模型计算随机分布的椭球形骨料的混凝土的有效单轴压缩蠕变, 如图 8.5 所示。从图中可以看出, 骨料颗粒的长径比会显著影响混凝土的蠕变变形。其中, 当骨料为球形 ($\kappa = 1$) 时蠕变量最大; 当骨料为扁平状 ($\kappa = 0.01$) 时蠕变量最小。

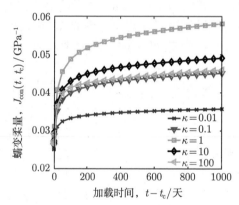

图 8.5　不同长径比 κ 下椭球形骨料混凝土有效单轴压缩蠕变

这里进一步绘出了骨料体积分数分别为 0.5、0.6 和 0.7 条件下, 加载 1000 天后的单轴蠕变量与骨料长径比的关系, 如图 8.6 所示。

从图 8.6 可以看出, 当长径比为 1 时, 混凝土获得最大的蠕变值。当长径比 κ 逐渐增大或者减小时, 蠕变值均减小。另外, 骨料体积分数的减小会显著增加混凝土的蠕变值, 却不改变长径比对蠕变的影响规律。

为了进一步探究椭球形骨料形状对混凝土蠕变的影响, 这里引入球形度的概念。根据文献 [110], [111], [199] 和 [200], 真实的混凝土骨料的球形度一般大于 0.6, 且长径比在 $0.3 \sim 3$。据此控制椭球形骨料的长径比和球形度, 采用表 8.2 中的蠕变输入参数, 这里计算了真实椭球形骨料混凝土的蠕变随椭球球形度的演变规律, 如

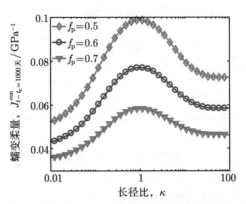

图 8.6　混凝土加载第 1000 天后的单轴蠕变量随长径比的演变关系

图 8.7 所示,其中纵轴为混凝土加载 1000 天后的蠕变值。从图 8.7 可知,当同时控制球形度和长径比时,真实椭球形骨料球形度只能在 $0.77 \sim 1$ 变化。在此球形度范围之内,不论是细长型 ($\kappa > 1$) 或是扁平型 ($\kappa < 1$) 椭球,蠕变均随球形度单调递增。这里用这些不同形状的骨料导致的 1000 天后混凝土最大蠕变值和最小蠕变值的差值与最小蠕变值的比值作为这些骨料对混凝土蠕变的形状影响因子,即

$$\mathrm{SIF} = \frac{\max\{J_{t-t_{\mathrm{c}}=1000\text{天}}^{\mathrm{con}}\} - \min\{J_{t-t_{\mathrm{c}}=1000\text{天}}^{\mathrm{con}}\}}{\min\{J_{t-t_{\mathrm{c}}=1000\text{天}}^{\mathrm{con}}\}} \tag{8.20}$$

其中,SIF(shape influence factor) 表示形状影响因子;$\max\{J_{t-t_{\mathrm{c}}=1000\text{天}}^{\mathrm{con}}\}$,$\min\{J_{t-t_{\mathrm{c}}=1000\text{天}}^{\mathrm{con}}\}$ 分别表示不同骨料形状导致的混凝土在 1000 天加载之后的最大蠕变值和最小蠕变值。表明 SIF 越大,骨料形状对混凝土蠕变的影响越大。在骨料体积分数 70% 情况下,真实椭球形骨料的 SIF 为 7.01%,表明真实椭球骨料形状对混凝土蠕变影响较小。

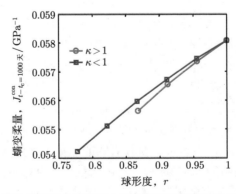

图 8.7　真实椭球形骨料混凝土的蠕变随椭球球形度的演变规律

8.4 骨料粒径、ITZ 对蠕变的影响

本节基于 8.2 节建立的混凝土蠕变计算方法考察骨料粒径、ITZ 对混凝土蠕变的影响，默认参数见表 8.3。那么水泥浆体在 Laplace 空间中的弹性模量可以用式 (8.1) 中的传递函数表示，参数见表 8.1。

表 8.3 混凝土蠕变计算默认输入参数

参数类型	取值
骨料	体积分数 $f_{\rm p} = 0.7$，骨料长径比为 2.34，弹性模量 65GPa，泊松比 0.3；$D_{\rm min\ eq} = 0.1{\rm mm}$，$D_{\rm max\ eq} = 20{\rm mm}$，EVF 分布
ITZ	ITZ 厚度 $h_{\rm d} = 0.02$ mm，粘弹性系数 $k = 0.5$，泊松比 0.2
水泥浆体	$m_{\rm C_3S} = 0.6$，$m_{\rm C_2S} = 0.224$，$m_{\rm C_3A} = 0.012$，$m_{\rm C_4AF} = 0.129$；$w/c = 0.5$，Blaine 表面积 $A = 311{\rm m}^2/{\rm kg}$，间隔 $h = 0.01$，弹性水化物长径比 $\kappa_{\rm ch} = 1$，$\kappa_{\rm a} = 1$，泊松比 $\nu_{\rm cp} = 0.2$
蠕变加载条件	温度 $T_{\rm s} = 20℃$；加载龄期 $t_{\rm c} = 28$ 天，加载期 1000 天

8.4.1 骨料粒径分布

这里设定粒径分布满足 EVF 分布和 Fuller 分布，其他条件见表 8.3，根据 8.2 节中的细观力学蠕变方法分别计算含 ITZ 的随机分布骨料混凝土的有效单轴蠕变，如图 8.8 所示。从图中可以看到，EVF 分布导致的蠕变明显高于 Fuller 分布。这里根据式 (8.5) 计算了这两种情况下 ITZ 的体积分数，Fuller 分布和 EVF 分布对应的 ITZ 体积分数为 6.94% 和 17.04%。可以看到，EVF 分布律导致的 ITZ 体积分数明显高于 Fuller 分布律，这表明粒径分布律导致 ITZ 的体积分数不同，从而导致混凝土蠕变不同。另外，式 (5.5) 给出的 $f_n(D_{\rm eq})$ 是基于颗粒数目的概率密度函数，为了显式地给出各种粒径大小对应的体积分数，我们可以采用基于体积的概率密度函数 $f_v(D_{\rm eq})$：

$$f_v(D_{\rm eq}) = \frac{f_n(D_{\rm eq})V(D_{\rm eq})}{\int_{D\min eq}^{D\max eq} f_n(D_{\rm eq}) \cdot V(D_{\rm eq}){\rm d}D_{\rm eq}} = \frac{D_{\rm eq}^{2-q}}{\int_{D\min eq}^{D\max eq} D_{\rm eq}^{2-q}{\rm d}D_{\rm eq}} \tag{8.21}$$

其中，$V(D_{\rm eq})$ 表示等效粒径为 $D_{\rm eq}$ 的颗粒的体积，$V(D_{\rm eq}) = 1/\left[6\pi(D_{\rm eq})^3\right]$。对上式进行积分即可得到粒径的体积分数的分布函数 $F_v(D_{\rm eq})$：

$$F_v(D_{\rm eq}) = \int_{D\min eq}^{D\max eq} f_v(D_{\rm eq}){\rm d}D_{\rm eq} \tag{8.22}$$

对于 Fuller 分布和 EVF 分布情况，粒径分布函数可解析表达为

$$F_v(D_{\text{eq}}) = \begin{cases} \dfrac{D_{\text{eq}}^{\frac{1}{2}} - D_{\text{min eq}}^{\frac{1}{2}}}{D_{\text{max eq}}^{\frac{1}{2}} - D_{\text{min eq}}^{\frac{1}{2}}}, & q = 2.5 \to \text{Fuller} \\[4mm] \dfrac{\ln D_{\text{eq}} - \ln D_{\text{min eq}}}{\ln D_{\text{max eq}} - \ln D_{\text{min eq}}}, & q = 3.0 \to \text{EVF} \end{cases} \tag{8.23}$$

图 8.9 中绘制出了不同骨料粒径分布律下的粒径体积分数的分布函数，也就是粒径筛分曲线。从图 8.9 可以看到，在相同筛分体积分数下，EVF 分布律相比 Fuller 分布律导致更多小颗粒。而对于越小的粒径，它的比表面积越大，对于等厚度的 ITZ 来说，就会导致更高的 ITZ 体积分数，进而起到增大混凝土蠕变的作用。另外，我们引入不均匀系数来表征粒径级配的情况，不均匀系数 C_u 定义为

$$C_u = d_{60}/d_{10} \tag{8.24}$$

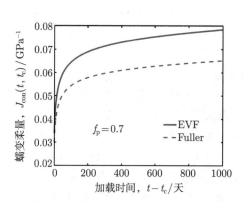

图 8.8　不同骨料粒径分布律的混凝土有效单轴蠕变计算曲线

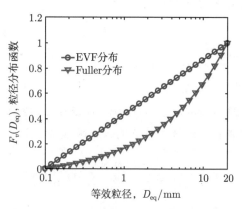

图 8.9　不同骨料粒径分布律的粒径筛分曲线

其中，d_{10}，d_{60} 为粒径分布曲线上小于某粒径的颗粒含量分别是 10% 及 60% 所对应的粒径。针对这里的情况，EVF 和 Fuller 分布律下计算得到的不均匀系数 C_u 分别为 14.1 和 14.7，表明两者的粒径分布均匀程度相当，而 EVF 分布律中小颗粒较多导致混凝土蠕变更高。

8.4.2 最大粒径

这里设定最大等效粒径 $D_{\text{max eq}} = 3\text{mm}$，$5\text{mm}$，$10\text{mm}$，$20\text{mm}$，其他蠕变条件见表 8.3，根据 8.2 节中的细观力学蠕变方法，分别计算含 ITZ 的随机分布骨料混凝土的有效单轴蠕变，如图 8.10 所示。从图中可以看到，随着最大等效粒径的增加，混凝土蠕变逐渐减小。计算四种最大粒径情况下 ITZ 的体积分数，分别为 22.77%、21.03%、18.89% 和 17.04%，表明 ITZ 体积分数随最大等效粒径的增加而减小。这说明最大等效粒径对混凝土蠕变的影响来源于其导致 ITZ 体积分数的不同。根据式 (8.23)，图 8.11 给出了不同最大等效粒径对应的粒径筛分曲线。

从图 8.11 中可以看到，最大等效粒径越小，则对应小粒径骨料越多，而小粒径骨料的比表面积较大、粒径更高，就会导致 ITZ 的体积分数增加，进而增加混凝土蠕变。另外，根据式 (8.24) 计算 3mm，5mm，10mm，20mm 这四种最大骨料粒径情况下的不均匀系数 C_u 分别为 5.5、7.1、10 和 14.1，表明最大等效粒径越大，则骨料级配的不均匀系数递增，不均匀程度增加，此种情况下混凝土蠕变与骨料不均匀系数反相关。

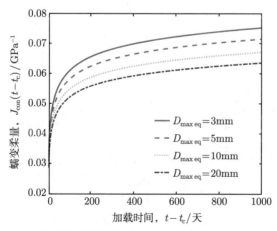

图 8.10 不同最大等效粒径 $D_{\text{max eq}}$ 的混凝土蠕变计算曲线

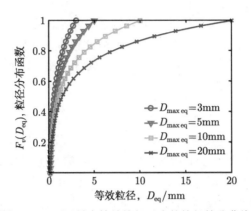

图 8.11　不同最大等效粒径对应的粒径筛分曲线

8.4.3　细度

这里设定细度 $D_{\min\,eq} = 0.1\mathrm{mm}$，$0.5\mathrm{mm}$，$1\mathrm{mm}$，$5\mathrm{mm}$，其他蠕变条件见表 8.3，根据 8.2 节中的细观力学蠕变方法，分别计算含 ITZ 的混凝土的有效单轴蠕变，如图 8.12 所示。从图 8.12 可以看到，最小等效粒径越大，混凝土蠕变越小。计算四种最小等效粒径情况下 ITZ 的体积分数分别为 17.04%、4.99%、2.98% 和 1.01%。这表明不同的最小等效粒径导致 ITZ 的体积分数不同，进而影响混凝土蠕变。根据式 (8.23)，图 8.13 给出了不同最小等效粒径下的粒径筛分曲线。

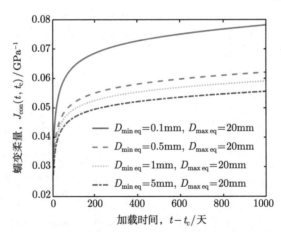

图 8.12　不同最小等效粒径 $D_{\min\,eq}$ 的混凝土的有效单轴蠕变计算曲线

从图 8.13 可以看到，在相同体积分数下，越小的最小粒径导致更多的小粒径骨料，进而增加 ITZ 的体积分数，从而提高混凝土蠕变。另外，根据式 (8.24) 计算 0.1mm、0.5mm、1mm、5mm 这四种细度情况下的不均匀系数 C_u 分别为 14.1、

6.3、4.5 和 2,表明最小等效粒径越大,则骨料级配的不均匀系数递减,不均匀程度减小,此种情况下混凝土蠕变与骨料不均匀系数正相关。

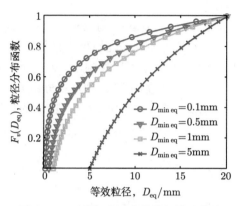

图 8.13 不同细度对应的粒径筛分曲线

8.4.4 ITZ 厚度

这里设定骨料体积分数为 0.5、0.6 和 0.7,其他蠕变条件见表 8.3,根据 8.2 节中的细观力学蠕变模型,分别计算含 ITZ 的混凝土的有效单轴蠕变,并与不含 ITZ 时进行比较,如图 8.14 所示。从图中可以看到,ITZ 的引入显著增大了混凝土蠕变值,三种骨料体积分数下,含 ITZ 的混凝土第 1000 天的蠕变值相较于不含 ITZ 时分别提高了 26.6%、34.11% 和 43.07%。大量试验研究表明[25,216],ITZ 是具有高孔隙率、低硬度的非均质层,它包含了较多密实度较低的水化产物,如氢氧化钙。ITZ

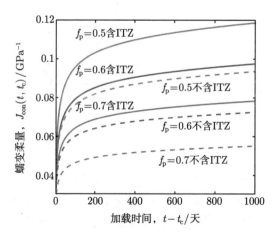

图 8.14 混凝土单轴有效蠕变

含 ITZ(实线) 与不含 ITZ(虚线) 对比,其中曲线颜色代表不同的骨料体积分数

的力学性质通常要远低于骨料及水泥浆基体,是混凝土的薄弱环节[217],因此,ITZ 的引入会导致混凝土蠕变显著增加。正因为如此,在理论建模时考虑 ITZ 对于更好地表征混凝土蠕变是必要的。

此外,设定 ITZ 厚度 $h_d = 0.01\text{mm}$, 0.02mm, 0.03mm, 0.05mm,其他条件见表 8.3,根据 8.2 节中的细观力学蠕变模型,分别计算含 ITZ 的混凝土的有效单轴蠕变,如图 8.15 所示。从图中可以看到,ITZ 的厚度增大导致混凝土蠕变增加。根据式 (8.5) 计算这四种厚度的 ITZ 的体积分数分别为 8.91%、17.04%、23.19% 和 28.93%。可以看到,随着厚度的增加,ITZ 的体积分数也增加。可以认为,ITZ 厚度增加导致 ITZ 体积分数增加,进而导致混凝土蠕变增加。

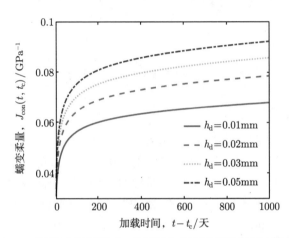

图 8.15　不同 ITZ 厚度 h_d 的混凝土的有效单轴蠕变计算曲线

8.4.5　ITZ 体积分数

这里设定 ITZ 的体积分数为 0.01、0.05、0.1 和 0.2,其他蠕变条件见表 8.3,根据 8.2 节中的细观力学蠕变模型,分别计算含 ITZ 的混凝土的有效单轴蠕变,如图 8.16 所示。从图中可以看到,随着 ITZ 体积分数的增加,混凝土蠕变显著增加。

8.4.6　ITZ 粘弹性系数

这里设定粘弹性系数 k 为 0.3、0.5、0.7 和 1,其他蠕变条件如表 8.3 所示,采用 8.2 节中的细观力学蠕变模型,分别计算混凝土的蠕变,如图 8.17 所示。从图中可以看到,粘弹性系数越大,混凝土蠕变越小。这是因为粘弹性系数增大,导致 ITZ 的模量和硬度增大,从而导致混凝土蠕变减小。需要指出的是,当 k 取 1 时,ITZ 与水泥浆基体具有相同的粘弹性性质,即等效于不含 ITZ 的情况,此时对应的混凝土蠕变最低。

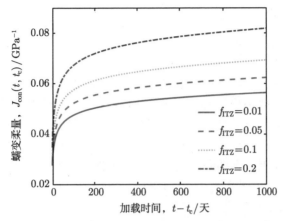

图 8.16 不同 ITZ 体积分数 f_{ITZ} 的混凝土的有效单轴蠕变计算曲线

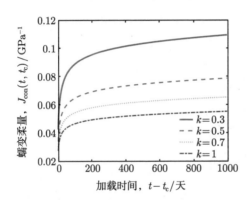

图 8.17 不同 ITZ 粘弹性系数 k 的混凝土蠕变计算曲线

8.5 加载条件、水泥浆体性质对蠕变的影响

本节基于 8.2 节建立的混凝土蠕变计算方法考察加载条件、水泥浆体性质对混凝土蠕变的影响，默认输入参数见表 8.4。

表 8.4 混凝土蠕变计算默认输入参数

参数类型	取值
骨料	体积分数 $f_p = 0.7$，骨料长径比为 2.34，弹性模量 65GPa，泊松比 0.3；$D_{min\ eq} = 0.1mm$，$D_{max\ eq} = 20mm$，Fuller 分布
ITZ	ITZ 厚度 $h_d = 0.02mm$，粘弹性系数 $k = 0.5$，泊松比 0.2
水泥浆体	$m_{C_3S} = 0.6$，$m_{C_2S} = 0.224$，$m_{C_3A} = 0.012$，$m_{C_4AF} = 0.129$；$w/c = 0.5$，Blaine 表面积 $A = 311m^2/kg$，水化度间隔 $h = 0.01$，弹性水化物长径比 $\kappa_{ch} = 1$，$\kappa_a = 1$，泊松比 0.2
蠕变加载条件	温度 $T_s = 20°C$；加载龄期 $t_c = 28$ 天，加载期 1000 天

8.5.1　加载龄期

这里设定蠕变从龄期 3 天，7 天，14 天，28 天开始，其他条件见表 8.4，根据第 7 章建立的水泥浆体多层级蠕变模型以及本章建立的混凝土细观力学蠕变，分别计算混凝土的蠕变，结果如图 8.18 所示。从图 8.18 可以看到，加载龄期越早，混凝土蠕变越大，体现出混凝土老化蠕变特征。这是由于加载龄期越早，导致水泥浆体的蠕变越大，进而使得混凝土蠕变越大。另外，为了比较加载龄期对混凝土及水泥浆体蠕变的影响大小，首先采用 $t_c = 3$ 天和 $t_c = 28$ 天混凝土第 1000 天的蠕变的差值比上后者的蠕变值，计算结果为 19.2%；相应地，计算了相同条件下水泥浆体 $t_c = 3$ 天和 $t_c = 28$ 天的第 1000 天的蠕变的差值比上后者的蠕变值，计算结果为 23.9%，与混凝土相比增加了 4.7%，这表明加载龄期对水泥浆体蠕变的影响比对混凝土更明显。

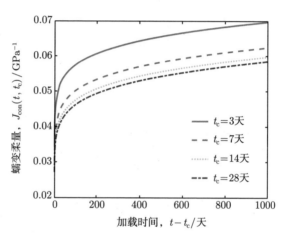

图 8.18　不同加载龄期 t_c 的混凝土蠕变计算曲线

8.5.2　温度

这里设定温度 T_s 为 5℃、15℃、25℃、35℃ 和 45℃，其他蠕变条件见表 8.4，根据第 7 章建立的水泥浆体多层级蠕变模型以及本章建立的混凝土细观力学蠕变计算方法，分别计算混凝土的蠕变，结果如图 8.19 所示。从图 8.19 可知，温度越高，混凝土蠕变越低。这是由于温度越高，水泥浆体的蠕变越低，进而使得混凝土蠕变越低。另外，为了比较温度对混凝土及水泥浆体蠕变的影响大小，首先采用 $T_s = 5℃$ 和 $T_s = 45℃$ 时混凝土第 1000 天的蠕变的差值比上后者的蠕变值，计算结果为 11.59%；相应地，计算了相同条件下水泥浆体 $T_s = 5℃$ 和 $T_s = 45℃$ 时第 1000 天的蠕变的差值比上后者的蠕变值，计算结果为 22.95%，这表明温度对水泥浆体蠕变的影响明显比混凝土大。

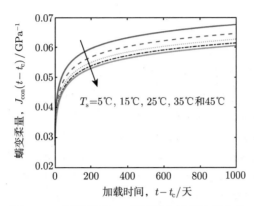

图 8.19 不同温度 T_s 下混凝土蠕变计算曲线

8.5.3 水灰比

这里设定水灰比 w/c 为 0.3、0.4 和 0.5,其他蠕变条件见表 8.4,计算混凝土蠕变,如图 8.20 所示。从图 8.20 可以看到,水灰比会显著影响混凝土的蠕变,水灰比越大,混凝土蠕变越大。这是由于水灰比越大,水泥浆体的蠕变越大,进而使得混凝土蠕变越大。另外,为了比较水灰比对混凝土及水泥浆体蠕变的影响大小,首先采用 $w/c=0.3$ 和 $w/c=0.5$ 时混凝土第 1000 天的蠕变的差值比上后者的蠕变值,计算结果为 69.7%;相应地,我们计算了相同条件下 $w/c=0.3$ 和 $w/c=0.5$ 时水泥浆体第 1000 天的蠕变的差值比上后者的蠕变值,计算结果为 125.5%,几乎是混凝土的 2 倍,这表明水灰比对水泥浆体蠕变的影响远大于对混凝土蠕变的影响。

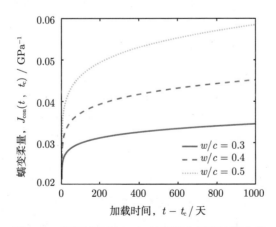

图 8.20 不同水灰比 w/c 的混凝土蠕变计算曲线

8.5.4　Blaine 表面积

这里设定 Blaine 表面积 A 为 200m^2/kg、300m^2/kg、400m^2/kg 和 500m^2/kg，骨料体积分数为 0.5，粒径分布为 Fuller 分布，其他蠕变条件见表 8.4，分别计算混凝土蠕变，如图 8.21 所示。从图中可知，Blaine 表面积越大，混凝土蠕变越低。这是由于 Blaine 表面积越大，水泥浆体的蠕变越低，进而使得混凝土蠕变越低。另外，为了比较 Blaine 表面积对混凝土及水泥浆体蠕变的影响大小，首先采用 $A = 200$m^2/kg 和 $A = 500$m^2/kg 时混凝土第 1000 天的蠕变的差值比上后者的蠕变值，计算结果为 5.34%；相应地，计算了相同条件下 $A = 200$m^2/kg 和 $A = 500$m^2/kg 时水泥浆体第 1000 天的蠕变的差值比上后者的蠕变值，计算结果为 6.86%。这表明 Blaine 表面积对混凝土蠕变的影响小于对水泥浆体蠕变的影响。

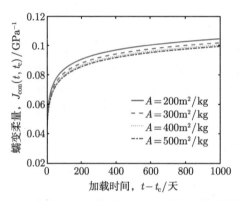

图 8.21　不同 Blaine 表面积 A 下混凝土蠕变计算曲线

8.5.5　弹性水化产物的长径比

这里设定氢氧化钙晶体的长径比 $\kappa_{ch} = 0.1$，0.4，0.7，1，铝酸根水化物的长径比 κ_a 固定为 10；另设定铝酸根水化物的长径比 $\kappa_a = 10$，4，1，氢氧化钙晶体长径比 κ_{ch} 固定为 0.1，骨料体积分数为 0.5，骨料粒径分布取 Fuller 分布，其他蠕变条件见表 8.4，分别计算混凝土蠕变，如图 8.22 所示。从图中可以看到，氢氧化钙晶体和铝酸根水化物的长径比越接近 1，混凝土蠕变越大。这是由于氢氧化钙晶体和铝酸根水化物的长径比越接近 1，水泥浆体的蠕变越大，进而使得混凝土蠕变越大。另外，为了比较弹性水化物形状对混凝土及水泥浆体蠕变的影响大小，这里以氢氧化钙晶体长径比为对象，固定 $\kappa_a = 10$，对 $\kappa_{ch} = 0.1$ 和 $\kappa_{ch} = 1$ 时混凝土第 1000 天的蠕变的差值比上前者的蠕变值，计算结果为 16.99%；相应地，这里计算了相同条件下水泥浆体 $\kappa_{ch} = 0.1$ 和 $\kappa_{ch} = 1$ 时的第 1000 天的蠕变的差值比上前者的蠕变值，计算结果为 21.71%。这表明弹性水化物长径比对混凝土蠕变的影响低于对水泥浆体蠕变的影响。

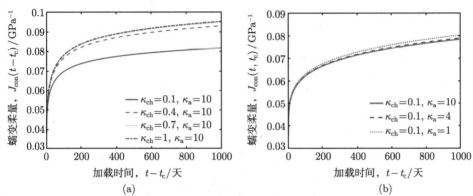

(a)　　　　　　　　　　　　　　　　(b)

图 8.22　不同氢氧化钙晶体长径比 κ_{ch}(a) 和不同铝酸根水化物长径比 κ_{a}(b) 下混凝土蠕变计算曲线

8.5.6　从微观到细观尺度传递特征

从前面的分析可以看到，加载条件、水泥浆体性质等参数对水泥浆体蠕变和对素混凝土蠕变的影响大小不同，现将这些参数对蠕变的影响总结在图 8.23 中。

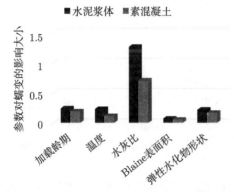

图 8.23　加载条件、水泥浆体性质对水泥浆体蠕变和对素混凝土蠕变的影响大小

从图 8.23 可知，各参数对微观水泥浆体的影响均大于对细观素混凝土蠕变的影响，也即这些参数对蠕变的影响从微观传递到细观时有一个损耗。这里以对微观水泥浆体蠕变的影响为基准，定义一个计算尺度传递损耗量的公式：

$$\mathrm{Loss}_{\mathrm{cp}\to\mathrm{pc}}(x) = \frac{\mathrm{IC}_{\mathrm{cp}}(x) - \mathrm{IC}_{\mathrm{pc}}(x)}{\mathrm{IC}_{\mathrm{cp}}(x)} \tag{8.25}$$

其中，$IC_{cp}(x)$ 和 $IC_{pc}(x)$ 分别表示参数 x(加载龄期、温度、水灰比、Blaine 表面积及弹性水化物形状) 对水泥浆体 (cp) 蠕变的影响 (influence of creep，IC) 大小和对素混凝土 (pc) 蠕变影响的大小；$Loss_{cp \rightarrow pc}(x)$ 表示参数 x 对微观水泥浆体蠕变的影响到细观素混凝土蠕变的影响尺度传递中的损耗量。根据式 (8.25) 计算各参数的损耗量，总结在图 8.24 中。

从图 8.24 可以看到，温度对蠕变的影响损耗最大，超过了 50%，而加载龄期对蠕变影响的损耗最小，低于 20%。

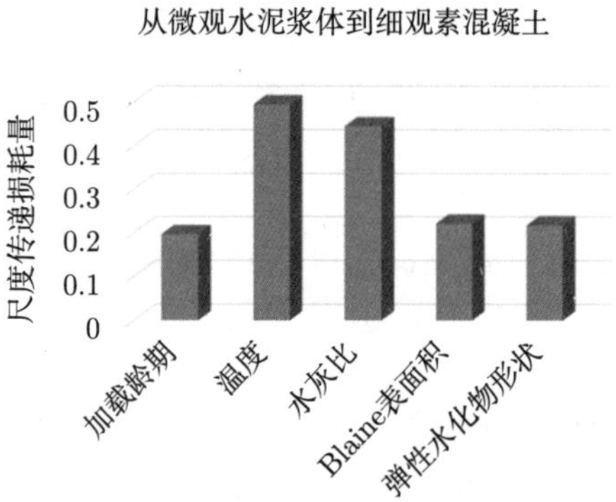

从微观水泥浆体到细观素混凝土

图 8.24　加载条件、水泥浆体性质对微观水泥浆体蠕变的影响到细观素混凝土蠕变的影响尺度传递中的损耗量

8.6　小　结

本章采用基于传递函数的广义自洽 (GSC)-Mori-Tanaka(MT) 方法建立了描述含 ITZ 的混凝土蠕变的细观力学模型，其中水泥浆体的蠕变行为采用传递函数逼近得到并作为输入。在细观尺度上，分别采用 GSC 方法和 MT 方法与传递函数方法耦合计算有效夹杂相和混凝土的蠕变，其中椭球形骨料的 Eshelby 张量可以通过解析获得。考虑的 ITZ 体积分数与骨料形状、分布有关。与多组混凝土蠕变试验数据比较验证了所建立的混凝土细观力学蠕变模型的可靠性。基于建立的混凝土蠕变模型，系统探究了骨料形状、粒径分布、最大粒径、最小粒径、ITZ 厚度、体积分数、粘弹性系数；加载龄期、温度、水灰比、Blaine 表面积、弹性水化物形状对混凝土蠕变的影响，主要结论如下所述。

(1) 球形骨料对应最大的混凝土蠕变，骨料长径比从 1 增大或减小均会导致混凝土蠕变减小。骨料体积分数的减小会显著增加混凝土的蠕变值，却不改变长径比对蠕变的影响规律。对于真实椭球，混凝土蠕变随骨料球形度单调递增。

(2)ITZ 的引入会显著增大了混凝土蠕变值。ITZ 厚度越大，骨料越细，采用

EVF 粒径分布律，更小的最大、最小粒径会导致更高的混凝土蠕变，且这些因素是通过增加 ITZ 的体积分数，进而导致混凝土蠕变增加。确实，ITZ 的体积分数的增加会显著提升混凝土的蠕变。另外，粘弹性系数越大，ITZ 的模量和硬度越大，进而导致混凝土蠕变越小。

(3) 加载龄期越早、水灰比越大、温度越低、Blaine 表面积越小、氢氧化钙晶体和铝酸根水化物的长径比越接近 1，这些均会导致混凝土蠕变越大。另外，这些加载条件及水泥浆体性质对蠕变的影响随着尺度的升高而降低，且温度对蠕变的影响损耗最大，加载龄期对蠕变影响的损耗最小。

第 9 章　细–宏观纤维增强混凝土的粘弹性性能

在细观尺度上，纤维混凝土可以看成是由纤维、素混凝土，以及两者之间的纤维锚固区组成，图 9.1 展示了不同形状纤维在混凝土中随机分布的可视化。纤维混凝土的蠕变不仅受到素混凝土蠕变性能的影响，而且与纤维的形状、体积分数及锚固区的性质、体积分数等相关，建立描述纤维混凝土蠕变的细观力学模型，是探究各因素对纤维混凝土蠕变影响的基础。基于此，本章首先建立考虑纤维锚固区和真实形状纤维的混凝土细观蠕变模型，并采用反分析技术获取各种类型纤维的锚固区参数；基于构建的纤维混凝土细观蠕变模型，探究包括直纤维、波浪形纤维、钩端纤维在内的纤维形状对混凝土蠕变的影响，并进一步考虑纤维类型、锚固区参数、纤维方向、纤维掺杂等因素对混凝土蠕变的影响。

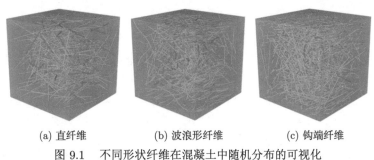

(a) 直纤维　　　　　(b) 波浪形纤维　　　　　(c) 钩端纤维

图 9.1　不同形状纤维在混凝土中随机分布的可视化

9.1　素混凝土蠕变输入

根据第 7 章和第 8 章的内容，我们可以计算出素混凝土的有效蠕变行为。在此，这里采用第 3 章中的两模式的 MFM 传递函数 $T_{\mathrm{pc}}(s)$ 来逼近素混凝土的蠕变行为：

$$T_{\mathrm{pc}}(s) = \sum_{k=1}^{2} \frac{E_k(\lambda_{\tau k}s)^{\alpha_k}}{\left[1 + (\lambda_{\tau k}s)^{\varphi_k}\right]^{\frac{\alpha_k - \beta_k}{\varphi_k}}} \tag{9.1}$$

其中，E_k 是 MFM 传递函数的弹性模量；$\lambda_{\tau k}$ 为 MFM 传递函数的松弛时间；α_k，β_k，φ_k 分别为 MFM 传递函数幂律区、平台区的参数，以及两者之间转换区的参数；s 为 Laplace 空间中的复变量。该传递函数即为素混凝土在 Laplace 空间中的弹性模量，即 $\hat{E}_{\mathrm{pc}} = T_{\mathrm{pc}}(s)$。为便于计算，这里在 Laplace 空间中将素混凝土弹性模量离散化，其中离散的复变量 s_k 在 $10^{-10} \sim 10^{10}$ 范围内呈对数分布，$s_k = 10^{-10+20(k-1)/(K-1)}$，$k = 1, 2, \cdots, K$。对于每一个离散的复变量 s_k，对应的素混凝土的弹性模量为 $\hat{E}_{\mathrm{pc}}^k$。根据文献，素混凝土的泊松比 ν_{pc} 取 0.2，那么素混凝土在 Laplace 空间中对于离散的复变量 s_k 的拉梅常数 $\hat{\lambda}_{\mathrm{pc}}^k, \hat{\mu}_{\mathrm{pc}}^k$ 为

$$\hat{\lambda}_{\mathrm{pc}}^k = \frac{\hat{E}_{\mathrm{pc}}^k \nu_{\mathrm{pc}}}{(1 - 2\nu_{\mathrm{pc}})(1 + \nu_{\mathrm{pc}})}, \quad \hat{\mu}_{\mathrm{pc}}^k = \frac{\hat{E}_{\mathrm{pc}}^k}{2(1 + \nu_{\mathrm{pc}})} \tag{9.2}$$

进而，素混凝土在 Laplace 空间中复变量 s_k 对应的刚度张量 $\hat{C}_{\mathrm{pc}}^k$ 为

$$\hat{C}_{\mathrm{pc}}^k = \begin{bmatrix} \hat{\lambda}_{\mathrm{pc}}^k + 2\hat{\mu}_{\mathrm{pc}}^k & \hat{\lambda}_{\mathrm{pc}}^k & \hat{\lambda}_{\mathrm{pc}}^k & 0 & 0 & 0 \\ \hat{\lambda}_{\mathrm{pc}}^k & \hat{\lambda}_{\mathrm{pc}}^k + 2\hat{\mu}_{\mathrm{pc}}^k & \hat{\lambda}_{\mathrm{pc}}^k & 0 & 0 & 0 \\ \hat{\lambda}_{\mathrm{pc}}^k & \hat{\lambda}_{\mathrm{pc}}^k & \hat{\lambda}_{\mathrm{pc}}^k + 2\hat{\mu}_{\mathrm{pc}}^k & 0 & 0 & 0 \\ 0 & 0 & 0 & \hat{\mu}_{\mathrm{pc}}^k & 0 & 0 \\ 0 & 0 & 0 & 0 & \hat{\mu}_{\mathrm{pc}}^k & 0 \\ 0 & 0 & 0 & 0 & 0 & \hat{\mu}_{\mathrm{pc}}^k \end{bmatrix} \tag{9.3}$$

9.2 纤维混凝土的蠕变模型

根据文献 [134]，不同形状的纤维对素混凝土基体有不同大小的 "锚固" 作用，在蠕变过程中，这种锚固作用通过控制纤维周围素混凝土基体微裂纹的开展来控制蠕变的发展，实际上的作用类似于使得纤维周围基体的刚度增加了。这种锚固能力的机理来源于三个部分：① 附着力或化学键；② 摩擦；③ 纤维的锚固和互锁[146,147]，但是现有工作很难量化纤维对其周围基体的锚固能力。本书首次采用复合材料多夹杂模型定量表征纤维对素混凝土的锚固效应，为方便起见，这里将纤维对基体的锚固能力简化为对纤维周围等厚度的素混凝土基体的刚度增强，这一等厚度的刚度增强基体区域称为纤维的锚固区，如图 6.1 所示。

根据前面的分析，在细观尺度上，纤维混凝土可以认为是由素混凝土基体相、纤维及其锚固区组成的复合材料体系。这里分两步计算纤维混凝土有效蠕变行为。首先，采用广义自洽机制计算纤维及其周围锚固区所形成的有效纤维相的有效蠕变行为；其次，采用 Mori-Tanaka 方法计算有效纤维相嵌入素混凝土形成的纤维混凝土的有效蠕变行为，如图 6.1 所示。具体的计算流程如图 9.2 所示。

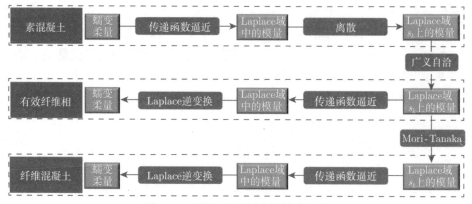

图 9.2　纤维混凝土蠕变计算流程图

9.2.1　纤维与其锚固区组成的有效纤维相的蠕变

如前所述，纤维锚固区是附着在纤维周围等厚度的刚度增强区域。纤维锚固区有两个相关参数需要通过试验反分析确定：一是纤维锚固区的体积；二是纤维锚固区的刚度。由于纤维混凝土的试验数据有限，在此假定纤维锚固区的体积仅与纤维的形状及类型有关，且锚固体积是纤维的 k_v 倍，即

$$f_A = k_v \cdot f_f \tag{9.4}$$

其中，f_f，f_A 分别是纤维及其锚固区的体积分数；k_v 是纤维锚固区的体积系数。另外，纤维锚固区的刚度不仅与纤维形状、类型有关，还与相应的素混凝土基体的刚度有关。假定纤维锚固区与素混凝土基体具有相同的泊松比、相似的粘弹性形式，且锚固区的刚度是素混凝土刚度的 k_g 倍。那么，锚固区在 Laplace 空间中复变量 s_k 对应的刚度张量 $\hat{C}_A^k$ 可表示为

$$\hat{C}_A^k = k_g \cdot \hat{C}_{pc}^k \tag{9.5}$$

其中，k_g 是锚固区刚度增强系数。

对于定向分布纤维与随机分布纤维两种情况下的混凝土，这里采用广义自洽机制分别计算由纤维及其周围锚固区组成的有效纤维相的有效蠕变性质。

1. 定向分布纤维

根据弹性–粘弹性对应原理[158] 以及文献 [25]，单向排布纤维的有效纤维相 (effective fiber) 在 Laplace 空间中复变量 s_k 对应的有效刚度张量 $\hat{C}_{ef}^k$ 为

$$\hat{C}_{ef}^k = \hat{C}_A^k + f_1 \left(C_f - \hat{C}_A^k \right) \hat{A}_g^f \tag{9.6}$$

其中，C_f 为纤维的刚度张量；f_1 为纤维在有效纤维相中的体积分数，$f_1 = f_f /(f_f + f_A)$；$\hat{A}_g^f$ 为 Laplace 空间中纤维在有效纤维相中的全局应变集中张量，其表达式为

$$\hat{A}_g^f = \hat{A}^f \left[(1 - f_1)\, I + f_1 \hat{A}^f \right]^{-1} \tag{9.7}$$

其中，I 为四阶单位张量；$\hat{A}^f$ 为 Laplace 空间中纤维在有效纤维相中的局部应变集中张量，其表达式为

$$\hat{A}^f = I - S_f \left[S_f + \left(C_f - \hat{C}_A^k \right)^{-1} \hat{C}_A^k \right]^{-1} \tag{9.8}$$

其中，S_f 为纤维在有效纤维相中的 Eshelby 张量，非椭球纤维的 Eshelby 张量可采用第 8 章中体积平均 Eshelby 张量数值求得，本章中构造的纤维的 Eshelby 张量见附录 A。

对于定向分布纤维，如图 6.2 所示，且纤维与蠕变加载方向的偏角为 θ ($0° \leqslant \theta \leqslant 90°$) 时，有效纤维相在 Laplace 空间中复变量 s_k 对应的有效刚度张量可以写成[201]

$$\hat{C}_{ef}^{k,\theta} = T_1(\theta)\, \hat{C}_{ef}^k T_2(\theta) \tag{9.9}$$

其中，$T_1(\theta)$ 和 $T_2(\theta)$ 是方向转换矩阵，写成

$$T_1(\theta) = \begin{bmatrix} \cos^2\theta & \sin^2\theta & 0 & \sin 2\theta & 0 & 0 \\ \sin^2\theta & \cos^2\theta & 0 & -\sin 2\theta & 0 & 0 \\ 0 & 0 & 1 & 0 & 0 & 0 \\ -\frac{1}{2}\sin 2\theta & \frac{1}{2}\sin 2\theta & 0 & \cos 2\theta & 0 & 0 \\ 0 & 0 & 0 & 0 & \cos\theta & \sin\theta \\ 0 & 0 & 0 & 0 & -\sin\theta & \cos\theta \end{bmatrix} \tag{9.10}$$

$$T_2(\theta) = \begin{bmatrix} \cos^2\theta & \sin^2\theta & 0 & -\frac{1}{2}\sin 2\theta & 0 & 0 \\ \sin^2\theta & \cos^2\theta & 0 & \frac{1}{2}\sin 2\theta & 0 & 0 \\ 0 & 0 & 1 & 0 & 0 & 0 \\ \sin 2\theta & -\sin 2\theta & 0 & \cos 2\theta & 0 & 0 \\ 0 & 0 & 0 & 0 & \cos\theta & -\sin\theta \\ 0 & 0 & 0 & 0 & \sin\theta & \cos\theta \end{bmatrix} \tag{9.11}$$

那么，有效纤维相在 Laplace 空间中复变量 s_k 对应的加载方向上的弹性模量 (主弹性模量)$\hat{E}_{\text{ef}}^{k,\theta}$ 可以通过下式求得

$$\hat{E}_{\text{ef}}^{k,\theta} = 1/\hat{R}_{\text{ef}}^{k,\theta}(1,1), \quad \hat{R}_{\text{ef}}^{k,\theta} = \left[\hat{C}_{\text{ef}}^{k,\theta}\right]^{-1} \tag{9.12}$$

其中，$\hat{R}_{\text{ef}}^{k,\theta}$ 是有效纤维相在 Laplace 空间中复变量 s_k 对应的有效柔度张量。

对所有的 $s_k(k = 1, 2, \cdots, K)$ 求得对应的 $\hat{E}_{\text{ef}}^{k,\theta}$，并采用式 (9.1) 中的传递函数进行拟合，即得到定向分布的纤维的有效纤维相在 Laplace 空间中的有效弹性模量 $\hat{E}_{\text{ef}}^{\theta}$。那么，对于以 θ 角定向分布纤维的有效纤维相的单轴蠕变柔量 $J_{\text{ef}}^{\theta}(t, t_{\text{c}})$ 可以表示为

$$J_{\text{ef}}^{\theta}(t, t_{\text{c}}) = L^{-1}\left[\frac{1}{s\hat{E}_{\text{ef}}^{\theta}}\right] \tag{9.13}$$

2. 随机分布纤维

对于随机分布的纤维，有效纤维相在 Laplace 空间中复变量 s_k 对应的有效刚度张量 $\hat{C}_{\text{ef}}^{k,\text{rd}}$ 是各向同性的，写成矩阵形式为

$$\hat{C}_{\text{ef}}^{k,\text{rd}} = \begin{bmatrix} \hat{\lambda}_{\text{ef}}^{k,\text{rd}} + 2\hat{\mu}_{\text{ef}}^{k,\text{rd}} & \hat{\lambda}_{\text{ef}}^{k,\text{rd}} & \hat{\lambda}_{\text{ef}}^{k,\text{rd}} & 0 & 0 & 0 \\ \hat{\lambda}_{\text{ef}}^{k,\text{rd}} & \hat{\lambda}_{\text{ef}}^{k,\text{rd}} + 2\hat{\mu}_{\text{ef}}^{k,\text{rd}} & \hat{\lambda}_{\text{ef}}^{k,\text{rd}} & 0 & 0 & 0 \\ \hat{\lambda}_{\text{ef}}^{k,\text{rd}} & \hat{\lambda}_{\text{ef}}^{k,\text{rd}} & \hat{\lambda}_{\text{ef}}^{k,\text{rd}} + 2\hat{\mu}_{\text{ef}}^{k,\text{rd}} & 0 & 0 & 0 \\ 0 & 0 & 0 & \hat{\mu}_{\text{ef}}^{k,\text{rd}} & 0 & 0 \\ 0 & 0 & 0 & 0 & \hat{\mu}_{\text{ef}}^{k,\text{rd}} & 0 \\ 0 & 0 & 0 & 0 & 0 & \hat{\mu}_{\text{ef}}^{k,\text{rd}} \end{bmatrix} \tag{9.14}$$

其中，$\hat{\lambda}_{\text{ef}}^{k,\text{rd}}$, $\hat{\mu}_{\text{ef}}^{k,\text{rd}}$ 是有效纤维相在 Laplace 空间中复变量 s_k 对应的拉梅常数，可以表述为

$$\hat{\lambda}_{\text{ef}}^{k,\text{rd}} = \frac{1}{15}\left(\hat{c}_{11}^{\text{ef}} + 6\hat{c}_{22}^{\text{ef}} + 8\hat{c}_{12}^{\text{ef}} - 10\hat{c}_{44}^{\text{ef}} - 4\hat{c}_{55}^{\text{ef}}\right)$$

$$\hat{\mu}_{\text{ef}}^{k,\text{rd}} = \frac{1}{15}\left(\hat{c}_{11}^{\text{ef}} + \hat{c}_{22}^{\text{ef}} - 2\hat{c}_{12}^{\text{ef}} + 5\hat{c}_{44}^{\text{ef}} + 6\hat{c}_{55}^{\text{ef}}\right) \tag{9.15}$$

式中，$\hat{c}_{11}^{\text{ef}}$, $\hat{c}_{12}^{\text{ef}}$, $\cdots$, $\hat{c}_{55}^{\text{ef}}$ 是矩阵 (9.6) 中的系数，具体表达式可见附录 B[25]。根据弹性常数之间的关系，可以得到有效纤维相在 Laplace 空间中复变量 s_k 对应的有效弹性模量 $\hat{E}_{\text{ef}}^{k,\text{rd}}$、泊松比 $\hat{\nu}_{\text{ef}}^{k,\text{rd}}$ 和体积模量 $\hat{K}_{\text{ef}}^{k,\text{rd}}$：

$$\hat{E}_{\text{ef}}^{k,\text{rd}} = \frac{\hat{\mu}_{\text{ef}}^{k,\text{rd}} \left(3\hat{\lambda}_{\text{ef}}^{k,\text{rd}} + 2\hat{\mu}_{\text{ef}}^{k,\text{rd}} \right)}{\hat{\lambda}_{\text{ef}}^{k,\text{rd}} + \hat{\mu}_{\text{ef}}^{k,\text{rd}}}$$

$$\hat{\nu}_{\text{ef}}^{k,\text{rd}} = \frac{\hat{\lambda}_{\text{ef}}^{k,\text{rd}}}{2 \left(\hat{\lambda}_{\text{ef}}^{k,\text{rd}} + \hat{\mu}_{\text{ef}}^{k,\text{rd}} \right)} \qquad (9.16)$$

$$\hat{K}_{\text{ef}}^{k,\text{rd}} = \hat{\lambda}_{\text{ef}}^{k,\text{rd}} + \frac{2}{3} \hat{\mu}_{\text{ef}}^{k,\text{rd}}$$

对所有的 $s_k(k=1,\ 2,\ \cdots,\ K)$ 求得对应的 $\hat{E}_{\text{ef}}^{k,\text{rd}}$，并采用式 (8.1) 中的传递函数进行拟合，即得到随机分布的纤维的有效纤维相在 Laplace 空间中的有效弹性模量 $\hat{E}_{\text{ef}}^{\text{rd}}$。对 $\hat{E}_{\text{ef}}^{\text{rd}}$ 进行 Laplace 逆变换可以得到有效纤维相的有效单轴蠕变柔量 $J_{\text{ef}}^{\text{rd}}(t, t_{\text{c}})$：

$$J_{\text{ef}}^{\text{rd}}(t, t_{\text{c}}) = L^{-1} \left[\frac{1}{s\hat{E}_{\text{ef}}^{\text{rd}}} \right] \qquad (9.17)$$

9.2.2　有效纤维与素混凝土组成的纤维混凝土的蠕变

在细观尺度上，纤维混凝土可以看成是由有效纤维相嵌入素混凝土基体中得到的。对于如图 6.2 所示的定向分布纤维与随机分布纤维两种情况下的混凝土，这里将采用 Mori-Tanaka 方法[202] 分别计算纤维混凝土有效蠕变。

1. 定向分布纤维

对于不同纤维形状、类型混杂的纤维混凝土，这里采用多夹杂的 Mori-Tanaka 方法[202]，首先计算出单向排列的有效纤维相对应的混凝土在 Laplace 空间中复变量 s_k 对应的有效刚度张量 $\hat{C}_{\text{fc}}^k$：

$$\hat{C}_{\text{fc}}^k = \hat{C}_{\text{pc}}^k + \left\{ \sum_{i=1}^{N} \left[f_i \left(\hat{C}_{\text{ef}}^{k,i} - \hat{C}_{\text{pc}}^k \right) \hat{A}_i^{\text{ef}} \right] \right\} \left[\left(1 - \sum_{i=1}^{N} f_i \right) \boldsymbol{I} + \sum_{i=1}^{N} \left(f_i \hat{A}_i^{\text{ef}} \right) \right]^{-1} \qquad (9.18)$$

其中，N 表示含所有掺杂的不同种类的有效纤维相；f_i 表示第 i 种有效纤维相的体积分数，$f_i = f_{\text{f}\_i} + f_{\text{A}\_i}$，这里，$f_{\text{f}\_i}$ 和 f_{A_i} 分别表示第 i 种纤维及其锚固区的体积分数；$\hat{C}_{\text{ef}}^{k,i}$ 表示第 i 种单向排列纤维的有效纤维相在 Laplace 空间中复变量 s_k 对应的有效刚度张量 (式 (9.6))；$\hat{A}_i^{\text{ef}}$ 表示第 i 种有效纤维相在 Laplace 空间中在纤维混凝土中的局部应变集中张量，可表示为

$$\hat{A}_i^{\text{ef}} = \boldsymbol{I} - \boldsymbol{S}_{\text{ef}}^i \left[\boldsymbol{S}_{\text{ef}}^i + \left(\hat{C}_{\text{ef}}^{k,i} - \hat{C}_{\text{pc}}^k \right)^{-1} \hat{C}_{\text{pc}}^k \right]^{-1} \qquad (9.19)$$

式中，S_{ef}^i 表示第 i 种纤维对应的有效纤维相在纤维混凝土中的 Eshelby 张量，与第 i 种纤维的 Eshelby 张量 S_{f_i} 相同。

对于定向分布纤维，且纤维与蠕变加载方向的偏角为 $\theta(0° \leqslant \theta \leqslant 90°)$ 时，纤维混凝土在 Laplace 空间中复变量 s_k 对应的有效刚度张量 $\hat{C}_{\mathrm{fc}}^{k,\theta}$ 可以写成[201]

$$\hat{C}_{\mathrm{fc}}^{k,\theta} = T_1(\theta)\,\hat{C}_{\mathrm{fc}}^k T_2(\theta) \tag{9.20}$$

那么，纤维混凝土在 Laplace 空间中复变量 s_k 对应的加载方向上的弹性模量 (主弹性模量)$\hat{E}_{\mathrm{fc}}^{k,\theta}$ 可以通过下式求得

$$\hat{E}_{\mathrm{fc}}^{k,\theta} = 1/\hat{R}_{\mathrm{fc}}^{k,\theta}(1,1), \quad \hat{R}_{\mathrm{fc}}^{k,\theta} = \left[\hat{C}_{\mathrm{fc}}^{k,\theta}\right]^{-1} \tag{9.21}$$

其中，$\hat{R}_{\mathrm{fc}}^{k,\theta}$ 是有效纤维相在 Laplace 空间中复变量 s_k 对应的有效柔度张量。

对所有的 $s_k(k=1,\ 2,\ \cdots,\ K)$ 求得对应的 $\hat{E}_{\mathrm{fc}}^{k,\theta}$，并采用式 (9.1) 中的传递函数进行拟合，即得到定向分布纤维的混凝土在 Laplace 空间中的有效弹性模量 $\hat{E}_{\mathrm{fc}}^{\theta}$。那么，对于以 θ 角定向分布纤维的混凝土的单轴蠕变柔量 $J_{\mathrm{fc}}^{\theta}(t,t_{\mathrm{c}})$ 可以表示为

$$J_{\mathrm{fc}}^{\theta}(t,t_{\mathrm{c}}) = L^{-1}\left[\frac{1}{s\hat{E}_{\mathrm{fc}}^{\theta}}\right] \tag{9.22}$$

2. 随机分布纤维

对于随机分布的纤维对应的混凝土在 Laplace 空间中复变量 s_k 对应的有效刚度张量 $\hat{C}_{\mathrm{fc}}^{k,\mathrm{rd}}$，可以通过对式 (9.18) 进行方向平均得到

$$\hat{C}_{\mathrm{fc}}^{k,\mathrm{rd}} = \begin{bmatrix} \hat{\lambda}_{\mathrm{fc}}^{k,\mathrm{rd}} + 2\hat{\mu}_{\mathrm{fc}}^{k,\mathrm{rd}} & \hat{\lambda}_{\mathrm{fc}}^{k,\mathrm{rd}} & \hat{\lambda}_{\mathrm{fc}}^{k,\mathrm{rd}} & 0 & 0 & 0 \\ \hat{\lambda}_{\mathrm{fc}}^{k,\mathrm{rd}} & \hat{\lambda}_{\mathrm{fc}}^{k,\mathrm{rd}} + 2\hat{\mu}_{\mathrm{fc}}^{k,\mathrm{rd}} & \hat{\lambda}_{\mathrm{fc}}^{k,\mathrm{rd}} & 0 & 0 & 0 \\ \hat{\lambda}_{\mathrm{fc}}^{k,\mathrm{rd}} & \hat{\lambda}_{\mathrm{fc}}^{k,\mathrm{rd}} & \hat{\lambda}_{\mathrm{fc}}^{k,\mathrm{rd}} + 2\hat{\mu}_{\mathrm{fc}}^{k,\mathrm{rd}} & 0 & 0 & 0 \\ 0 & 0 & 0 & \hat{\mu}_{\mathrm{fc}}^{k,\mathrm{rd}} & 0 & 0 \\ 0 & 0 & 0 & 0 & \hat{\mu}_{\mathrm{fc}}^{k,\mathrm{rd}} & 0 \\ 0 & 0 & 0 & 0 & 0 & \hat{\mu}_{\mathrm{fc}}^{k,\mathrm{rd}} \end{bmatrix} \tag{9.23}$$

其中，$\hat{\lambda}_{\mathrm{fc}}^{k,\mathrm{rd}}$，$\hat{\mu}_{\mathrm{fc}}^{k,\mathrm{rd}}$ 是随机分布纤维混凝土在 Laplace 空间中复变量 s_k 对应的拉梅常数，可以表述为

$$\hat{\lambda}_{\mathrm{fc}}^{k,\mathrm{rd}} = \frac{1}{15}\left(\hat{c}_{11}^{\mathrm{fc}} + 6\hat{c}_{22}^{\mathrm{fc}} + 8\hat{c}_{12}^{\mathrm{fc}} - 10\hat{c}_{44}^{\mathrm{fc}} - 4\hat{c}_{55}^{\mathrm{fc}}\right)$$

$$\hat{\mu}_{\mathrm{fc}}^{k,\mathrm{rd}} = \frac{1}{15}\left(\hat{c}_{11}^{\mathrm{fc}} + \hat{c}_{22}^{\mathrm{fc}} - 2\hat{c}_{12}^{\mathrm{fc}} + 5\hat{c}_{44}^{\mathrm{fc}} + 6\hat{c}_{55}^{\mathrm{fc}}\right) \tag{9.24}$$

其中，$\hat{c}_{11}^{\text{fc}}$，$\hat{c}_{12}^{\text{fc}}$，$\cdots$，$\hat{c}_{55}^{\text{fc}}$ 是矩阵 (9.18) 中的系数，具体表达式可见附录 B[25]。根据弹性常数之间的关系，可以得到随机分布纤维混凝土在 Laplace 空间中复变量 s_k 对应的有效弹性模量 $\hat{E}_{\text{fc}}^{k,\text{rd}}$

$$\hat{E}_{\text{fc}}^{k,\text{rd}} = \frac{\hat{\mu}_{\text{fc}}^{k,\text{rd}}\left(3\hat{\lambda}_{\text{fc}}^{k,\text{rd}} + 2\hat{\mu}_{\text{fc}}^{k,\text{rd}}\right)}{\hat{\lambda}_{\text{fc}}^{k,\text{rd}} + \hat{\mu}_{\text{fc}}^{k,\text{rd}}} \tag{9.25}$$

对所有的 $s_k(k = 1, 2, \cdots, K)$ 求得对应的 $\hat{E}_{\text{fc}}^{k,\text{rd}}$，并采用式 (9.1) 中的传递函数进行拟合，即得到随机分布纤维的混凝土在 Laplace 空间中的有效弹性模量 $\hat{E}_{\text{fc}}^{\text{rd}}$。那么，随机分布纤维混凝土单轴蠕变 $J_{\text{fc}}^{\text{rd}}(t, t_{\text{c}})$ 可以表示为

$$J_{\text{fc}}^{\text{rd}}(t, t_{\text{c}}) = L^{-1}\left[\frac{1}{s\hat{E}_{\text{fc}}^{\text{rd}}}\right] \tag{9.26}$$

9.2.3 锚固区参数反分析

纤维锚固区参数主要是锚固区体积系数 k_{v} 以及刚度增强系数 k_{g}，这里根据真实的纤维混凝土蠕变数据反分析纤维锚固区参数，包括直、波浪形及钩端钢纤维，以及 PP、PVA、玄武岩纤维。

1. 钢纤维锚固区参数

Mangat 等 [137] 曾试验研究过不同形状钢纤维增强混凝土的蠕变行为。纤维形状为直纤维 (长径比为 56) 和钩端纤维 (长径比为 59)，它们的体积平均 Eshelby 张量见附录 A。直纤维体积分数为 1.5%、3%，钩端纤维体积分数为 1%、3%。混凝土在温度 20℃，相对湿度 55% 的养护室养护至 28 天进行压缩蠕变，加载的应力–强度比为 0.3。另外，素混凝土的组分质量比为：水泥：细骨料：粗骨料：水 = 1：2.5：1.2：0.58，且最大粒径为 10mm。素混凝土和直钢纤维增强混凝土的蠕变数据见图 9.3；钩端钢纤维增强混凝土的蠕变数据见图 9.4。需要指出的是，蠕变应变指的是在常应力作用下混凝土产生的总的时间依赖的应变减去瞬时弹性应变。另外，设定粗骨料密度为 2780kg/m³[125]，细骨料密度为 2620kg/m³[215]，水泥的密度为 3150kg/m³[77]，水的密度为 1000kg/m³，根据各相质量比，可以计算出骨料体积分数为 60.69%；设定水泥的四种主要熟料质量比为 $m_{\text{C}_3\text{S}} = 0.6$，$m_{\text{C}_2\text{S}} = 0.224$，$m_{\text{C}_3\text{A}} = 0.012$，$m_{\text{C}_4\text{AF}} = 0.129$，Blaine 表面积 $A = 311\text{m}^2/\text{kg}$，水化度间隔 $h = 0.01$，弹性水化物长径比 $\kappa_{\text{ch}} = 1$，$\kappa_{\text{a}} = 1$；ITZ 厚度取 0.03mm，泊松比为 0.2，ITZ 的粘弹性系数 k 取 0.5；骨料长径比为 2.34，最小粒径为 0.1mm，满足 EVF 粒径分布。基于第 7 章的水泥浆体蠕变模型及第 8 章的混凝土蠕变细观模型可以计算出该素混凝土的蠕变，如图 9.3 所示。经过计算分析，蠕变加载

时常应力为 15.7 MPa, 初始弹性应变为 0.0446。从图 9.3 可以看到, 基于第 7 章
和第 8 章的蠕变模型可以很好地预测该素混凝土蠕变数据。为了获取该素混凝土
在 Laplace 空间中的弹性模量, 这里采用第 3 章中的两模式 MFM 传递函数 (式
(9.1)) 来逼近该素混凝土蠕变, 所得传递函数的参数见表 9.1。

表 9.1　两模式 MFM 传递函数逼近素混凝土蠕变[137] 的参数

E_1/GPa	$\lambda_{\tau 1}$/d	α_1	β_1	φ_1	E_2/GPa	$\lambda_{\tau 2}$/d	α_2	β_2	φ_2
12.78	4.998	0.3493	0.02933	1.182	5.667	45866.0	0.2323	0.000014	1.095

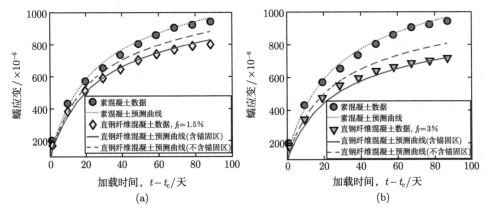

图 9.3　素混凝土和 (a)1.5％和 (b)3％直钢纤维混凝土蠕变数据[137] 及模型预测
(实线代表含锚固区的预测结果, 点线表示不含锚固区的预测结果)

在获得素混凝土蠕变模型参数的基础上, 这里根据本章建立的纤维混凝土蠕
变模型计算直钢纤维混凝土蠕变, 如图 9.3 所示。根据文献 [203], 钢纤维的弹性
模量为 201GPa, 泊松比为 0.31。获得的直纤维的锚固区参数为: 锚固区体积与
纤维体积比 (体积系数)$k_v = 5$, 锚固区刚度增强系数 $k_g = 2.4$, 参数总结在表 9.2
中。从图 9.3 可以看到, 含锚固区的直钢纤维增强混凝土预测曲线与试验结果吻
合较好, 而不含锚固区的预测曲线高估了蠕变试验值。

同样, 根据前面的纤维混凝土蠕变模型, 这里对钩端钢纤维增强混凝土的蠕
变进行了计算, 蠕变计算的输入参数跟上面一致, 钢纤维的弹性模量为 201GPa,
泊松比为 0.31, 结果如图 9.4 所示。经过反分析获得的钩端钢纤维的锚固区参数
$k_v = 5$, $k_g = 2.8$, 参数总结在表 9.2 中。从图 9.4 可以看到, 含锚固区的预测曲线
与试验数据吻合较好, 而不含锚固区的预测曲线高估了蠕变试验数据。需要说明
的是, 不含锚固区的预测结果未采用任何锚固区的参数。图 9.3 和图 9.4 说明引
入锚固区, 对于改善复合材料力学模型, 准确预测钢纤维增强混凝土蠕变的效果
是显著的。另外, 从获得的钢纤维锚固区参数可以看出, 锚固区体积系数 k_v 均为

5，而刚度增强系数，钩端钢纤维为 2.8，高于直钢纤维 2.4。根据文献 [147] 中对纤维–基体拉拔试验研究，不同纤维形状与基体之间的界面强度是钩端钢纤维 > 波浪形钢纤维 > 直钢纤维。基于以上分析，这里假定波浪形钢纤维的锚固区体积系数 k_v 与直钢纤维和钩端钢纤维相同，也为 5，刚度增强系数 k_g 介于钩端钢纤维与直钢纤维之间，取为 2.6。因此，三种不同形状的钢纤维锚固区参数总结在表 9.2 中。

表 9.2   不同形状钢纤维锚固区参数

钢纤维形状	体积系数 k_v	刚度增强系数 k_g
直钢纤维	5	2.4
波浪形钢纤维	5	2.6
钩端钢纤维	5	2.8

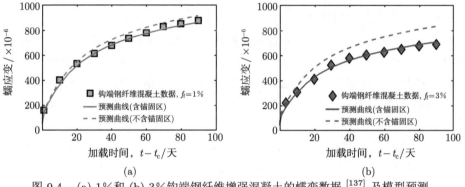

图 9.4   (a) 1% 和 (b) 3% 钩端钢纤维增强混凝土的蠕变数据[137] 及模型预测
(实线代表含锚固区的预测结果，点线表示不含锚固区的预测结果)

本章假定锚固区体积是纤维的 k_v 倍，并通过试验数据反分析直接获取 k_v。当然，我们也可以根据求颗粒 ITZ 体积分数的公式计算锚固区的体积[198]：

$$f_\mathrm{A} = (1 - f_\mathrm{f}) \{ 1 - \exp [\chi (h_\mathrm{f})] \} \tag{9.27}$$

$$\chi (h_\mathrm{f}) = -\frac{6 f_\mathrm{f}}{\left(D_\mathrm{eq}^f \right)^3}$$

$$\times \left[\frac{3 \left(D_\mathrm{eq}^f \right)^2 h_\mathrm{f} + 3 r_\mathrm{f} D_\mathrm{eq}^f h_\mathrm{f}^2 + 4 r_\mathrm{f} h_\mathrm{f}^3}{3 r_\mathrm{f} (1 - f_\mathrm{f})} + \frac{3 f_\mathrm{f} \left(D_\mathrm{eq}^f \right)^4 h_\mathrm{f}^2 + 4 r_\mathrm{f} f_\mathrm{f} \left(D_\mathrm{eq}^f \right)^3 h_\mathrm{f}^3}{r_\mathrm{f}^2 (1 - f_\mathrm{f})^2 \left(D_\mathrm{eq}^f \right)^3} \right] \tag{9.28}$$

其中，h_f 为纤维锚固区的厚度；D_{eq}^f 是纤维的等效直径，$D_{eq}^f = 2\sqrt{V_f/\pi}$，这里 V_f 是单个纤维的体积；r_f 是纤维的球形度，可以通过下式求得

$$r_f = \frac{4\pi \left(\dfrac{3V_f}{4\pi}\right)^{\frac{2}{3}}}{S_f} \tag{9.29}$$

式中，S_f 是单个纤维的表面积。然后根据试验数据，反分析获得锚固区的厚度 h_f。本章未采用这种方法的原因是：

(1) 纤维锚固区的体积强烈依赖于纤维的长度、截面尺寸，而原始文献中一般未能给出详尽的纤维长度截面尺寸信息；

(2) 由于纤维长度、截面尺寸相差较大，真实的锚固区厚度也相差较大，因此即使反分析获取了锚固区厚度，对其他尺寸的纤维参考价值也不大。

2. 其他类型纤维锚固区

除了钢纤维，常用的掺入混凝土中的纤维还有高聚物纤维和玄武岩纤维，其物理力学性质见表 9.3。文献 [125] 对 PP、PVA、玄武岩纤维混凝土在低剂量添加下进行混凝土蠕变试验。在该试验中，素混凝土采用波特兰水泥，粗骨料粒径为 $5 \sim 25\text{mm}$；素混凝土水灰比为 0.45，且掺杂 30% 质量分数的飞灰。素混凝土掺杂一定剂量的纤维，养护 28 天后在 $20\,^{\circ}\text{C}$ 条件下进行为期一年的蠕变试验。PP 纤维的长径比和体积分数分别为 395.8 和 0.099%；PVA 纤维的长径比和体积分数分别为 800 和 0.07%；玄武岩纤维的长径比和体积分数为 1200 和 0.057%。素混凝土及掺高聚物及玄武岩纤维混凝土的蠕变试验结果见图 9.5。需要说明的是，比蠕变 (specific creep) 是蠕变柔量去除弹性部分后的量。这里采用第 3 章中的两模式的 MFM 传递函数 (式 (9.1)) 来描述该素混凝土蠕变，描述结果见图 9.5，拟合参数见表 9.4。从图 9.5 可以看到，两模式的 MFM 传递函数能很好地描述素混凝土的蠕变。

表 9.3　高聚物和玄武岩纤维的物理力学性质

纤维种类	密度/(kg/m^3)	弹性模量/GPa	泊松比	文献
PP 纤维	910	4.5	0.36	[125, 218]
PVA 纤维	1280	30.7	0.3	[125, 219]
玄武岩纤维	2650	100	0.22	[125, 219]

表 9.4　两模式 MFM 传递函数逼近素混凝土蠕变[125] 的参数

E_1/GPa	$\lambda_{\tau 1}$/天	α_1	β_1	φ_1	E_2/GPa	$\lambda_{\tau 2}$/天	α_2	β_2	φ_2
16.29	2567	0.3392	0.01712	0.7964	13.03	5.79	0.3291	0.0006112	0.5169

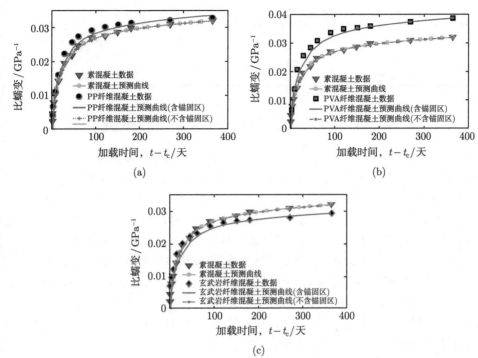

图 9.5 素混凝土及 (a) PP 纤维混凝土、(b) PVA 纤维混凝土和 (c) 玄武岩纤维混凝土蠕变数据[125] 及模型预测结果

这里采用本章构建的纤维混凝土蠕变计算模型,预测结果见图 9.5。三种纤维的形状为圆柱形直纤维,由于长径比较大 (> 390),难以采用数值方法计算体积平均 Eshelby 张量,此处采用等长径比的细长椭球形的 Eshelby 张量代替,Eshelby 张量见附录 A。从图 9.5 可以看到,含锚固区的模型预测与试验数据吻合较好。不含锚固区的纤维混凝土蠕变模型,其预测曲线几乎与素混凝土蠕变曲线重合,而与相应的纤维混凝土蠕变曲线相差较大。由此可知,考虑纤维锚固区是必要的。通过模型反分析得到高聚物及玄武岩纤维锚固区的体积系数和刚度增强系数,见表 9.5。从表 9.5 可以看到,玄武岩纤维的刚度增强系数大于 1,而 PP 纤维和 PVA 纤维的刚度增强系数小于 1。这表明玄武岩纤维的锚固区对基体是增强作用,而 PP 纤维和 PVA 纤维的锚固区比基体更加软弱。另外,这三种纤维锚固区的体积系数相较于钢纤维大得多。这是由于这三种纤维极微量的添加 (< 0.1%) 对蠕变起到了显著的作用。由于 PP 和 PVA 纤维本身具有粘弹性,因此对混凝土蠕变有额外的贡献[220],本章中没有考虑 PP 和 PVA 纤维的蠕变,因而导致反分析得到的体积系数较大。

表 9.5　反分析所得高聚物及玄武岩纤维的锚固区参数

	体积系数 k_v	刚度增强系数 k_g
PP 纤维	30	0.01
PVA 纤维	150	0.01
玄武岩纤维	80	5

9.3　纤维形状对混凝土蠕变的影响

根据文献 [147] 和 [203]，本书构造了三种常见的钢纤维形状：直钢纤维、钩端钢纤维和波浪形钢纤维。每种纤维构造三种长径比，即 10、20 和 30。另外，还构造了长径比分别为 50、56、65 的直钢纤维和长径比为 59 的钩端钢纤维，总共 13 种基本纤维形状，并以 "形状 + 长径比" 来编号，其中 Z 表示直钢纤维，G 表示钩端钢纤维，B 表示波浪形钢纤维；数字表示长径比。除此之外，为了更细致地研究纤维形状的影响，这里改变钩端钢纤维和波浪形钢纤维的形状参数，包括钩端钢纤维中钩端平直部分的长度 a，钩端倾斜部分的长度 b，钩端倾斜角度 ψ，以及波浪形钢纤维中单波浪的宽度 p，共计 10 种额外纤维形状，编号在基本纤维编号的基础上加上改动的形状参数及其改变后的数值，具体形状、参数及编号见表 9.6，这些纤维的 Eshelby 张量结果见附录 A。

表 9.6　三种钢纤维形状

	编号	长径比	具体参数 (单位：mm)
直钢纤维	Z10	10	$l= 10, d= 1$
	Z20	20	$l= 10, d= 0.5$
	Z30	30	$l= 10, d= 1/3$
	Z50	50	$l= 10, d= 0.2$
	Z56	56	$l= 10, d= 0.1786$
	Z65	65	$l= 10, d= 0.1538$
钩端钢纤维	G10	10	$l=10, a= 0.8333, b= 1/3, d= 1, \psi = 48°$
	G20	20	$l= 10, a= 0.8333, b= 1/3, d= 0.5, \psi = 48°$
	G30	30	$l= 10, a= 0.8333, b= 1/3, d= 1/3, \psi = 48°$
	G30-a2	30	$l= 10, a= 2, b= 1/3, d= 1/3, \psi = 48°$
	G30-a3	30	$l= 10, a= 3, b= 1/3, d= 1/3, \psi = 48°$
	G30-b1	30	$l= 10, a= 0.8333, b= 1, d= 1/3, \psi = 48°$
	G30-b2	30	$l= 10, a= 0.8333, b= 2, d= 1/3, \psi = 48°$
	G30-ψ15	30	$l= 10, a= 0.8333, b= 1/3, d= 1/3, \psi = 15°$
	G30-ψ75	30	$l= 10, a= 0.8333, b= 1/3, d= 1/3, \psi = 75°$
	G59	59	$l= 10, a= 0.8333, b= 1/3, d= 0.1695, \psi = 48°$

编号	长径比	具体参数 (单位: mm)
B10	10	$l = 10$, $d = 1$, $p = 1$
B20	20	$l = 10$, $d = 0.5$, $p = 1$
B30	30	$l = 10$, $d = 1/3$, $p = 1$
B30-p2	30	$l = 10$, $d = 1/3$, $p = 2$
B30-p3	30	$l = 10$, $d = 1/3$, $p = 3$
B30-p4	30	$l = 10$, $d = 1/3$, $p = 4$
B30-p5	30	$l = 10$, $d = 1/3$, $p = 5$

注: 其中 l 是钢纤维长度, d 是钢纤维直径; 钩端钢纤维中 a 为钩端平直部分的长度, b 为钩端倾斜部分的长度, ψ 为钩端倾斜角度; 波浪形钢纤维中 p 为波浪形的宽度。

蠕变输入参数与 9.2.3 节中钢纤维锚固区参数反分析部分相同, 具体总结在表 9.7 中, 因此可采用表 9.1 中两模式 MFM 传递函数的参数作为素混凝土粘弹性的参数, 根据 9.2 节中纤维混凝土蠕变模型, 分别计算上述含表 9.6 中纤维形状的钢纤维混凝土蠕变, 探究纤维形状对混凝土蠕变的影响。

表 9.7   纤维混凝土蠕变计算默认输入参数

参数类型	取值
纤维	钢纤维弹性模量为 201GPa, 泊松比为 0.31, 锚固区参数见表 5.2
骨料	体积分数 $f_p = 0.6069$, 骨料长径比为 2.34, 弹性模量为 65GPa, 泊松比 0.3; $D_{\min eq} = 0.1$mm, $D_{\max eq} = 10$mm, EVF 分布
ITZ	ITZ 厚度 $h_d = 0.03$ mm, 粘弹性系数 $k = 0.5$, 泊松比为 0.2
水泥浆体	$m_{C_3S} = 0.6$, $m_{C_2S} = 0.224$, $m_{C_3A} = 0.012$, $m_{C_4AF} = 0.129$; 水灰比 $w/c = 0.5$, Blaine 表面积 $A = 311$m^2/kg, 水化度间隔 $h = 0.01$, 弹性水化物长径比 $\kappa_{ch} = 1$, $\kappa_a = 1$
蠕变加载条件	温度 $T_s = 20$℃; 加载龄期 $t_c = 28$ 天, 加载期 365 天

9.3.1   直钢纤维

蠕变参数如表 9.7 所示, 基于 9.2 节的纤维混凝土蠕变模型, 这里计算了表 9.6 中的 6 种长径比的直钢纤维随机分布的混凝土 1 年内的蠕变, 如图 9.6 所示, 其中纤维体积分数分别为 1%、2% 和 3%。从图 9.6 可以看出, 纤维体积分数的增加会显著降低混凝土蠕变量, 而直钢纤维的长径比对混凝土的蠕变影响较小。

这里也绘制了直钢纤维混凝土 1 年后的蠕变值随纤维长径比的演变, 如图 9.7 所示。从图中可以看到, 混凝土蠕变值随直钢纤维长径比的增加而轻微降低, 而纤维体积分数的增加会加强这种趋势。另外, 当长径比从 10 增加到 30 时, 混凝土蠕变减少较多; 当长径比继续增加, 长径比的影响更加微弱。

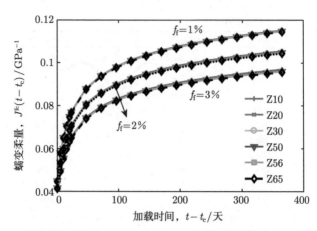

图 9.6　纤维体积分数为 1%、2% 和 3% 的直纤维混凝土 1 年内的蠕变

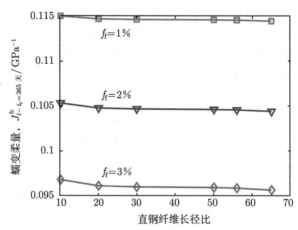

图 9.7　纤维体积分数为 1%、2% 和 3% 的直钢纤维混凝土 1 年后的蠕变值随长径比的演变

9.3.2　钩端钢纤维

　　蠕变参数如表 9.7 所示，基于 9.2 节的纤维混凝土蠕变模型，这里计算了表 9.6 中的四种长径比的基本钩端钢纤维混凝土 1 年内的蠕变，如图 9.8 所示，其中纤维体积分数分别为 1%、2% 和 3%。从图中可以看出，纤维体积分数的增加会显著降低混凝土蠕变量，而钩端钢纤维的长径比对混凝土蠕变的影响较小。

　　此外，这里绘制了钩端钢纤维混凝土 1 年后的蠕变值随钩端钢纤维长径比的演变，如图 9.9 所示。从图中可以看到，钩端钢纤维混凝土 1 年后的蠕变值随钩端钢纤维长径比的增加而略微降低。

　　为了进一步探究钩端钢纤维形状对混凝土蠕变的影响，这里改变钩端钢纤维平直部分的长度 a 分别为 0.8333mm、2mm 和 3mm，即表 5.6 中的三种钩端钢纤维：

G30，G30-a2 和 G30-a3。根据 9.2 节的纤维混凝土蠕变模型，计算这三种钢纤维的体积分数为 3%时的蠕变，如图 9.10 所示。从图中可以看到，随着 a 的增加，钢纤维混凝土蠕变降低，但是 a 继续增加反而导致钢纤维混凝土蠕变的增加。图 9.11 为 1 年后的纤维混凝土蠕变值随 a 值的演变，更加清楚地反映了这个趋势。

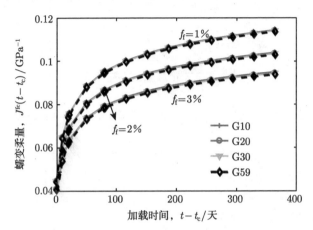

图 9.8　纤维体积分数为 1%、2%和 3%的钩端钢纤维混凝土的蠕变

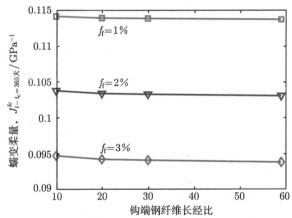

图 9.9　纤维体积分数为 1%、2%和 3%的钩端钢纤维混凝土 1 年后的蠕变值随长径比的演变

　　另外，改变钩端纤维中钩端倾斜部分的长度 b 为 0.3333mm、1mm 和 2mm，分别对应于表 9.6 中的 G30、G30-b1 和 G30-b2 钢纤维。根据 9.2 节中纤维混凝土的蠕变模型，计算这三种钢纤维混凝土蠕变，其中纤维的体积分数为 3%，如图 9.12 所示。从图中可以看到，随着 b 的增加，钢纤维混凝土的蠕变不断增加。图 9.13 为 1 年后的钩端钢纤维混凝土蠕变值随 b 值的演变图，也清楚地反映了这个趋势。

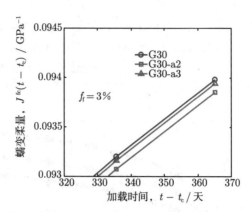

图 9.10　不同 a 值的钩端钢纤维混凝土蠕变 (纤维的体积分数为 3%)

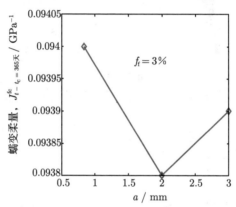

图 9.11　1 年后的钩端钢纤维混凝土蠕变随 a 值的演变 (纤维的体积分数为 3%)

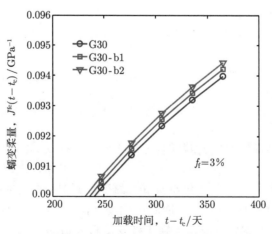

图 9.12　不同 b 值的钩端钢纤维混凝土蠕变 (纤维的体积分数为 3%)

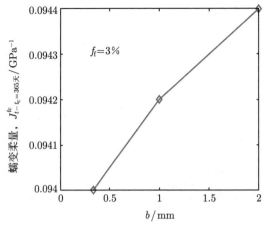

图 9.13　1 年后的钩端钢纤维混凝土蠕变随 b 值的演变

(纤维的体积分数为 3%)

　　这里改变钩端钢纤维中钩端倾斜角度 ψ 为 15°，48° 和 75°，分别对应于表 9.6 中的 G30-ψ15，G30，G30-ψ75 钢纤维。根据 9.2 节中纤维混凝土的蠕变模型，计算这三种钢纤维混凝土的蠕变，其中纤维的体积分数为 3%，如图 9.14 所示。从图中可以看到，随着 ψ 的增加，钢纤维混凝土的蠕变不断增加。但是从 1 年后的纤维混凝土蠕变值随 ψ 值的演变图 (图 9.15) 可以看到，当 ψ 值过大，比如从 48° 增加至 75° 时，纤维混凝土的蠕变反而略微降低。

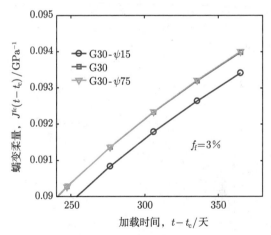

图 9.14　不同 ψ 值的钩端钢纤维混凝土蠕变

(纤维的体积分数为 3%)

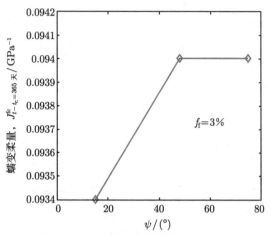

图 9.15　1 年后的钩端钢纤维混凝土蠕变随 ψ 值的演变
(纤维的体积分数为 3%)

9.3.3　波浪形钢纤维

根据表 9.7 中的蠕变参数，基于 9.2 节的纤维混凝土蠕变模型，这里计算了表 9.6 中的三种长径比的波浪形钢纤维混凝土 1 年内的蠕变，如图 9.16 所示，其中纤维体积分数分别为 1%、2% 和 3%。从图 9.16 可以看出，纤维体积分数的增加会显著降低混凝土蠕变量。在相同的体积分数下，波浪形纤维的长径比对混凝土蠕变的影响不大。另外，从波浪形钢纤维混凝土 1 年后的蠕变值随其纤维长径比的演变图 (图 9.17) 可以看到，波浪形钢纤维混凝土 1 年后的蠕变值随纤维长径比的增加而轻微降低。

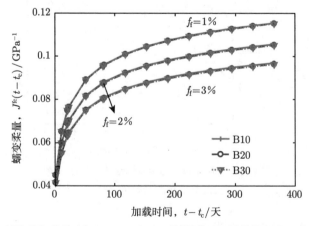

图 9.16　纤维体积分数为 1%、2% 和 3% 的波浪形钢纤维混凝土 1 年内的蠕变

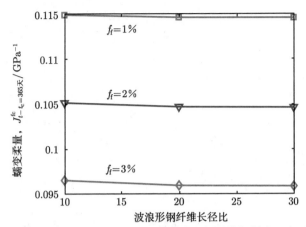

图 9.17 纤维体积分数为 1%、2% 和 3% 的波浪形钢纤维混凝土 1 年后的蠕变值随
长径比的演变

此外，这里对于长径比为 30 的波浪形钢纤维 B30($p=1$mm)，改变波浪的宽度 p 为 2mm、3mm、4mm 和 5mm，分别对应于表 5.6 中的 B30-p2、B30-p3、B30-p4 和 B30-p5 钢纤维。参照文献 [204]，定义波浪形纤维的波纹度 δ(waviness) 为

$$\delta = \frac{2p}{l} \tag{9.30}$$

其中，l 为纤维的长度。参照表 9.6，那么前述 5 种波浪形钢纤维的波纹度 δ 分别为 0.2、0.4、0.6、0.8 和 1。根据 9.2 节中纤维混凝土的蠕变模型，计算这五种钢纤维混凝土的蠕变，其中纤维的体积分数为 3%，如图 9.18 所示。从图中可以看

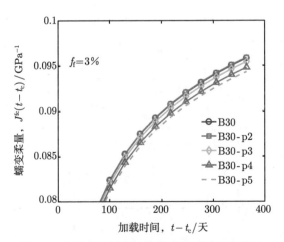

图 9.18 不同 δ 值的波浪形钢纤维混凝土蠕变
(纤维的体积分数为 3%)

到，随着 δ 的增加，钢纤维混凝土的蠕变不断降低。图 9.19 为 1 年后的纤维混凝土蠕变值随 δ 值的演变图，也清楚地反映了这个趋势。

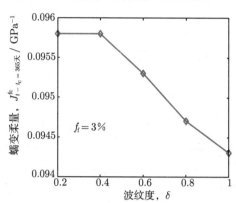

图 9.19　1 年后的波浪形钢纤维混凝土蠕变值随 δ 值的演变
(纤维的体积分数为 3%)

9.3.4　三种纤维形状对比

另外，这里比较了表 9.6 中构造的三种不同形状纤维在长径比为 10、20 和 30，纤维体积分数为 3%时 1 年期的混凝土蠕变曲线，如图 9.20 所示。

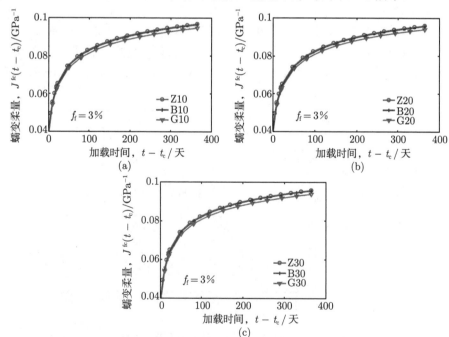

图 9.20　三种不同形状纤维在长径比为 (a) 10、(b) 20、(c) 30 时对应的混凝土蠕变

从图 9.20 中可以看到，直钢纤维混凝土与波浪形钢纤维混凝土两者蠕变值相近，而钩端钢纤维混凝土的蠕变值最低，且纤维长径比不影响纤维形状对混凝土蠕变的影响规律。这里绘制了这 9 种纤维对应的混凝土 1 年后的蠕变值随纤维形状的演变，如图 9.21 所示。从图中可以清晰地看出，不同长径比下混凝土蠕变值随纤维形状的演变规律一致。另外，直钢纤维会导致最高的蠕变，其次是波浪形钢纤维，而钩端钢纤维会导致最低的蠕变。

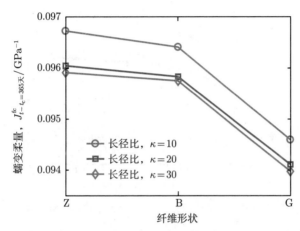

图 9.21   真实纤维在纤维体积分数 3%时 1 年后的混凝土蠕变值随纤维形状的演变

9.4   纤维类型对混凝土蠕变的影响

蠕变输入参数与其他类型纤维锚固区参数反分析部分相同，具体见表 9.8，因此这里采用表 9.4 中两模式 MFM 传递函数的参数作为素混凝土粘弹性的参数，根据 9.2 节中纤维混凝土蠕变模型探讨纤维类型对蠕变的影响。

表 9.8   纤维混凝土蠕变计算默认输入参数

参数类型	取值
纤维	钢纤维弹性模量为 201 GPa，泊松比为 0.31，锚固区参数见表 5.2。其他类型纤维物理力学性质见表 5.3，锚固区参数见表 5.5，默认纤维的体积分数 $f_f = 0.1\%$
素混凝土	粘弹性参数见表 5.4，泊松比 $\nu_{pc} = 0.2$
蠕变加载条件	加载龄期 $t_c = 28$ 天，加载期 365 天

9.4.1   纤维类型

蠕变参数如表 9.8 所示，基于 9.2 节的纤维混凝土蠕变模型，这里计算纤维体积分数为 0.1%时 PP、PVA、玄武岩和钢纤维混凝土的蠕变曲线，同时给出了不添加纤维时的蠕变, 如图 9.22 所示。计算时, PP、PVA、玄武岩纤维的长径比与 9.2.3 节中的一致, 钢纤维则采用长径比为 59 的钩端纤维。从图 9.22 可以看到, PP 和 PVA 纤维的加入会增加混凝土的蠕变, 而钢纤维和玄武岩纤维会抑制混凝土蠕变的发展。在相同体积分数下, PVA 增加蠕变的效果最为显著, 而玄武岩纤维抑制蠕变的效果最明显。

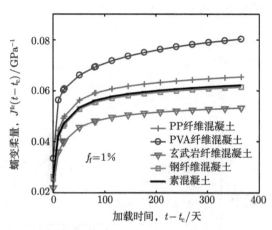

图 9.22　不同类型纤维在纤维体积分数为 0.1% 时的混凝土蠕变柔量随时间的演变

9.4.2　不同类型纤维体积分数

蠕变参数如表 9.8 所示, 基于 9.2 节的纤维混凝土蠕变模型, 这里绘制出了 PP 纤维、PVA 纤维、玄武岩纤维和钢纤维在体积分数为 0.1%、0.2% 和 0.3% 时, 纤维混凝土 1 年后的蠕变值随纤维体积分数的演变, 见图 9.23。

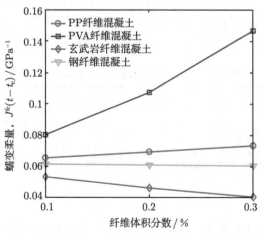

图 9.23　不同类型纤维混凝土 1 年后的蠕变值随纤维体积分数的演变

从图中可以看到，纤维体积分数的增加会显著增加 PVA 纤维混凝土的蠕变，PP 纤维混凝土的蠕变会稍微增加。纤维体积分数的增加会使得玄武岩纤维混凝土蠕变明显减小，而这样剂量的纤维体积分数增加会使得钢纤维混凝土蠕变略微减小。

9.5 纤维锚固区参数对混凝土蠕变的影响

蠕变输入参数与钢纤维锚固区参数反分析部分相同，具体见表 9.7，因此这里采用表 9.1 中两模式 MFM 传递函数的参数作为素混凝土粘弹性的参数，根据 9.2 节中纤维混凝土蠕变模型，研究纤维锚固区参数对不同类型纤维混凝土蠕变的影响。

9.5.1 体积系数 k_v

对于钢纤维混凝土，这里取长径比为 30 的钩端纤维，纤维体积分数为 3% 且为随机分布，表 9.2 中钩端纤维锚固区参数为默认参数。当取体积系数 $k_v = 2$，5，10，15 时，其他蠕变参数如表 9.7 所示，基于 9.2 节的纤维混凝土蠕变模型，分别计算钢纤维混凝土 1 年期蠕变，结果如图 9.24 所示。从图中可以看到，体积系数越大，混凝土蠕变越低。对于钢纤维来说，刚度增强系数 $k_g > 1$，说明钢纤维对应的锚固区的刚度较基体大。因此，锚固区体积越大，就会导致混凝土蠕变越低，此时钢纤维对混凝土蠕变的锚固效应越强。

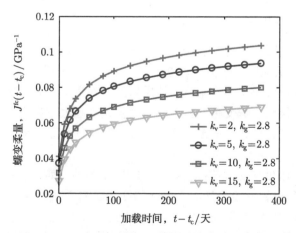

图 9.24 不同体积系数 k_v 下钢纤维混凝土的蠕变

另外，对于刚度增强系数 $k_g < 1$ 的 PVA 纤维，取纤维长径比与 9.2.3 节中一致为 800，纤维的各项参数见表 9.3 和表 9.5，当 k_v 取 50，100，150，200 时，

其他蠕变参数如表 9.7 所示，基于 9.2 节的纤维混凝土蠕变模型，分别计算该随机分布 PVA 纤维体积分数为 0.1％时混凝土 1 年期的蠕变，如图 9.25 所示。从图中可以看到，随着体积系数 k_v 的增加，PVA 纤维混凝土的蠕变不断增加。这是因为 PVA 纤维对应的锚固区刚度增强系数 $k_g < 1$，表明锚固区的刚度较基体弱。因此，锚固区体积越大，导致混凝土的蠕变越大。以上探究表明，当 $k_g < 1$ 时，混凝土的蠕变随着纤维锚固区体积系数 k_v 的增加而增加；当 $k_g > 1$ 时，混凝土的蠕变随着体积系数 k_v 的增加而减少。

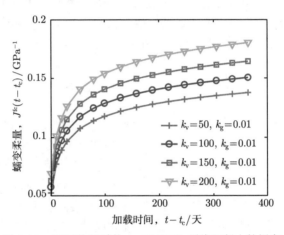

图 9.25   不同体积系数 k_v 下 PVA 纤维混凝土的蠕变

9.5.2   刚度增强系数 k_g

对于钢纤维混凝土，这里取长径比为 30 的钩端钢纤维，当刚度增强系数 k_g = 2，3，4，5 时，其他蠕变参数如表 9.7 所示，基于 9.2 节的纤维混凝土蠕变模型，分别计算钢纤维混凝土 1 年期蠕变，结果如图 9.26 所示。从图中可以看到，刚度增强系数越大，混凝土蠕变越低。若刚度增强系数越大，说明钢纤维对应的锚固区的刚度越大，就会导致混凝土蠕变越低，此时钢纤维对混凝土蠕变的锚固效应越强。

另外，对于刚度增强系数 $k_g < 1$ 的 PVA 纤维，取 k_g = 0.01，0.1，0.5，0.7，其他蠕变参数如表 9.7 所示，基于 9.2 节的纤维混凝土蠕变模型，分别计算该随机分布 PVA 纤维混凝土 1 年期的蠕变，如图 9.27 所示。从图中可以看到，随着刚度增强系数 k_g 的增加，PVA 纤维混凝土蠕变不断减小。这是由于刚度系数的增加会导致 PVA 纤维锚固区刚度的增加，进而降低蠕变。以上探究表明，不论何种类型纤维，混凝土的蠕变都随着纤维锚固区刚度增强系数 k_g 的增加而降低。

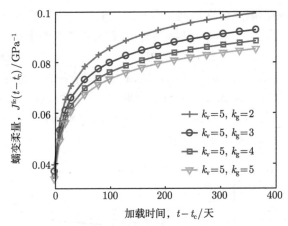

图 9.26 不同刚度增强系数 k_g 下钢纤维混凝土的蠕变

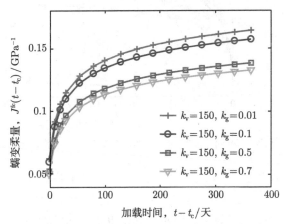

图 9.27 不同刚度增强系数 k_g 下 PVA 纤维混凝土 1 年期的蠕变

9.6 定向纤维方向对混凝土蠕变的影响

蠕变输入参数与钢纤维锚固区参数反分析部分相同，具体见表 9.7，因此这里采用表 9.1 中两模式 MFM 传递函数的参数作为素混凝土粘弹性的参数，根据 9.2 节中纤维混凝土蠕变模型，探讨定向纤维方向对混凝土蠕变的影响。

9.6.1 不同类型定向分布纤维混凝土蠕变

首先计算定向分布钢纤维混凝土的蠕变。这里采用长径比为 30 的钩端钢纤维，纤维体积分数为 3%，锚固区参数见表 9.2，其他蠕变参数如表 9.7 所示，基于 9.2 节的纤维混凝土蠕变模型，分别计算偏转角度 θ 为 0°、30°、60° 和 90° 时定向钢纤维分布的混凝土蠕变曲线, 并与相应的随机分布纤维混凝土的蠕变进行比较, 如图 9.28 所示。从图中可以看到, 随着偏转角度的增加, 混凝土的蠕变不断增加。当纤维与混凝土加载方向一致时 ($\theta = 0°$), 混凝土的蠕变最小; 当纤维与混凝土加载方向垂直时 ($\theta = 90°$), 混凝土的蠕变最大。这是因为偏转角度越小, 则纤维及锚固区在加载方向上的刚度更大, 从而可以降低钢纤维混凝土的蠕变。另外, 图 9.28 显示, 随机分布钢纤维混凝土的蠕变曲线介于 30° 和 60° 两种定向分布纤维混凝土的蠕变曲线之间。

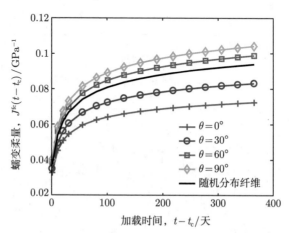

图 9.28　不同角度定向分布及随机分布钢纤维混凝土蠕变

对于刚度增强系数 $k_g < 1$ 的 PVA 纤维, 设定长径比与 9.2.3 节中一致为 800, 弹性参数及锚固区参数分别见表 9.3 和表 9.5, 当 PVA 纤维的体积分数为 0.1% 时, 其他蠕变参数如表 9.7 所示, 基于 9.2 节的纤维混凝土蠕变模型, 分别计算偏转角度θ 为 0°, 30°, 60°, 90° 时定向分布 PVA 纤维混凝土的蠕变曲线, 并与相应的随机分布 PVA 纤维混凝土的蠕变进行比较, 如图 9.29 所示。从图中可以看到, 随着 PVA 纤维偏转角度的增加, 混凝土的蠕变不断增加。当 PVA 纤维与混凝土加载方向一致时 ($\theta = 0°$), 混凝土的蠕变最小; 当 PVA 纤维与混凝土加载方向垂直时 ($\theta = 90°$), 混凝土的蠕变最大。这是因为偏转角度越小, 则纤维及其锚固区在加载方向上的刚度越大, 从而使得混凝土的蠕变越小。另外, 图 9.29 显示, 随机分布 PVA 纤维混凝土的蠕变曲线介于 30° 和 60° 两种定向分布 PVA 纤维混凝土的蠕变曲线之间。上述研究表明, 对于钢纤维和 PVA 纤维, 偏转角度对混凝土蠕变的影响规律是一致的。

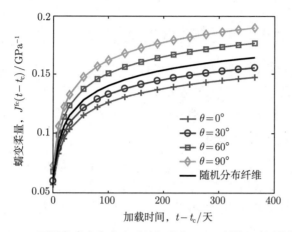

图 9.29　不同角度定向分布及随机分布 PVA 纤维混凝土蠕变

9.6.2 偏转角度 θ 的影响

另外，设定蠕变条件见 9.6.1 节，其他蠕变参数如表 9.7 所示，基于 9.2 节的纤维混凝土蠕变模型，图 9.30 中绘制了 1 年后定向分布钢纤维及 PVA 纤维混凝土蠕变随偏转角度的演变，且与相应的随机分布纤维混凝土的蠕变进行了比较。

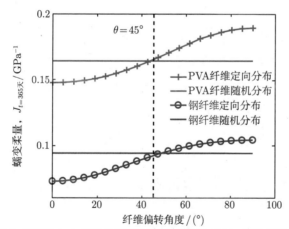

图 9.30　定向纤维分布混凝土 1 年后的蠕变值随钢纤维及 PVA 纤维偏转角度的演变，以及与相应随机分布纤维混凝土蠕变的对比

从图中可以看到，对于定向分布钢纤维和 PVA 纤维混凝土，其蠕变随着纤维偏转角度的增大而单调递增。另外，随机分布纤维混凝土的蠕变近似与 45° 定向分布纤维混凝土的蠕变相同。从上述探究可知，无论是何种类型的纤维，其定向纤维分布混凝土的蠕变都随偏转角单调递增；45° 定向分布纤维混凝土的蠕变与相应的随机分布纤维混凝土的蠕变近似相同。

9.7　纤维掺杂对混凝土蠕变的影响

蠕变输入参数与钢纤维锚固区参数反分析部分相同，具体见表 9.7，因此这里采用表 9.1 中两模式 MFM 传递函数的参数作为素混凝土粘弹性的参数，根据 9.2 节中纤维混凝土蠕变模型，研究纤维掺杂对随机分布纤维混凝土蠕变的影响。

9.7.1　不同长径比纤维的掺杂

这里选用长径比为 10 和 59 的钩端钢纤维，以纤维的总体积分数为 5% 进行三种剂量的掺杂，如表 9.9 所示，其他蠕变参数如表 9.7，基于 9.2 节的纤维混凝土蠕变模型，分别计算 1 年期的混凝土蠕变，并与不掺杂情况进行对比，结果如图 9.31 所示。

表 9.9　不同长径比纤维的掺杂

掺杂	G10	G59
掺杂 1	1%	4%
掺杂 2	2.5%	2.5%
掺杂 3	4%	1%

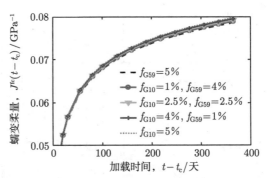

图 9.31　不同掺杂量的钩端钢纤维混凝土 1 年期的蠕变
(钩端钢纤维的长径比为 10(G10) 和 59(G59)，纤维总体积分数为 5%)

从图 9.31 中可以看到，与不掺杂情况相比，不同长径比钢纤维的掺杂对混凝土蠕变影响不大。这可能是由于长径比对混凝土蠕变的影响较小。为了进一步探究不同长径比纤维掺杂对混凝土蠕变的影响，这里给出了图 9.31 中所示几种情况下混凝土 1 年后的蠕变值随 G10 体积分数的演变，如图 9.32 所示。从图 9.32 可以看到，混凝土蠕变随 G10 含量的增加而增加。仅含 G59 纤维的混凝土蠕变最小，而仅含 G10 纤维的混凝土蠕变最大，一定剂量的 G10 和 G59 纤维掺杂导致的混凝土蠕变介于两者之间。

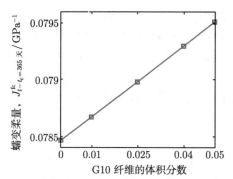

图 9.32　混合 G10 和 G59 两种钩端钢纤维的混凝土 1 年后的蠕变随 G10 体积分数的演变
(纤维总体积分数为 5%)

9.7.2　不同形貌纤维的掺杂

这里选用长径比为 30 的钩端和直钢纤维，以纤维总体积分数为 5%进行三种剂量的掺杂，如表 9.10 所示。

表 9.10　不同形状纤维的掺杂

掺杂	G30	Z30
掺杂 1	1%	4%
掺杂 2	2.5%	2.5%
掺杂 3	4%	1%

其他蠕变参数如表 9.7 所示，基于 9.2 节的纤维混凝土蠕变模型，分别计算 1 年期的混凝土蠕变，并与不掺杂情况进行对比，结果如图 9.33 所示。从图中

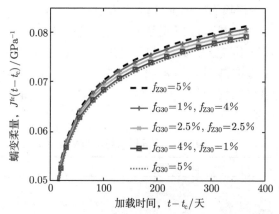

图 9.33　不同形状掺杂的钢纤维混凝土 1 年期的蠕变
(钩端和直钢纤维的长径比均为 30(G30 和 Z30)，纤维总体积分数为 5%)

可以看到，与不掺杂情况相比，不同形状钢纤维的掺杂对混凝土蠕变影响较大。纤维掺杂导致的混凝土蠕变介于两种纤维不掺杂情况导致的蠕变之间。

此外，图 9.34 中绘制出了图 9.33 中各种情况下混凝土 1 年后的蠕变随 G30 纤维含量的演变。从图 9.34 可以看出，混凝土蠕变随着 G30 纤维含量的增加而减小。这是因为钩端钢纤维的锚固效应强于直纤维，则掺杂更多的钩端纤维可以有效降低混凝土蠕变。

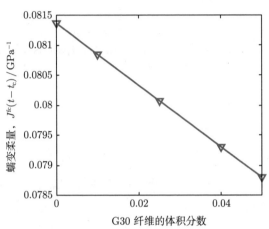

图 9.34　不同形状掺杂的钢纤维混凝土 1 年后的蠕变随 G30 纤维含量的演变
(钩端和直钢纤维的长径比均为 30(G30 和 Z30)，纤维总体积分数为 5%)

9.7.3　不同类型纤维的掺杂

这里选用长径比为 59 的钩端钢纤维与长径比为 800 的 PVA 纤维，按表 9.11 中的三种剂量进行掺杂，保证纤维总体积分数为 5%。其他蠕变参数如表 9.7 所示，基于 9.2 节的纤维混凝土蠕变模型，分别计算 1 年期的随机分布纤维混凝土蠕变，并与不掺杂的钢纤维情况进行对比，结果如图 9.35 所示。其中，PVA 纤维的基本参数见表 9.3 和表 9.5。从图 9.35 可以看到，混凝土蠕变随着 PVA 掺杂量的增加而显著增加，不掺杂 PVA 的钢纤维混凝土的蠕变最低。

表 9.11　不同形状纤维的掺杂

掺杂	钢纤维 (G59)	PVA 纤维
掺杂 1	4.9%	0.1%
掺杂 2	4.8%	0.2%
掺杂 3	4.7%	0.3%

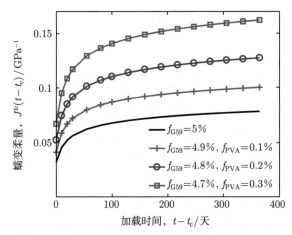

图 9.35　不同类型掺杂的纤维混凝土 1 年期的蠕变

图 9.36 中绘制出了图 9.35 中各种情况下混凝土 1 年后的蠕变随 PVA 纤维含量的演变。从图 9.36 可以得出与图 9.35 相同的结论：混凝土的蠕变随着 PVA 纤维含量的增加而显著增加。这是因为在相同体积分数下 (低掺杂量)，PVA 可以显著增加混凝土蠕变，而钢纤维混凝土抑制混凝土蠕变的效果较低。因此，掺杂少量的 PVA 就会导致混凝土蠕变急剧变大。

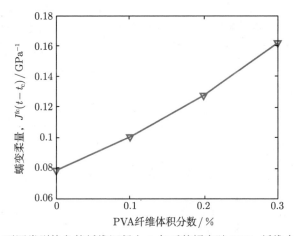

图 9.36　不同类型掺杂的纤维混凝土 1 年后的蠕变随 PVA 纤维含量的演变

9.8　微细观参数对纤维混凝土蠕变的影响

本节探究微观参数 (包括水灰比、Blaine 表面积、弹性水化产物形状)、细观参数 (包括骨料形状、粒径分布、最大粒径、细度、ITZ 厚度、ITZ 粘弹性系数)

及加载条件 (包括加载龄期、温度) 对纤维混凝土蠕变的影响。蠕变计算的默认输入参数见表 9.12。

表 9.12　纤维混凝土蠕变计算默认输入参数

参数类型	取值
纤维	体积分数 $f_f = 3\%$，钩端钢纤维 G30，钢纤维弹性模量为 201GPa，泊松比为 0.31，锚固区参数见表 5.2
骨料	体积分数 $f_p = 0.7$，骨料长径比为 2.34，弹性模量为 65GPa，泊松比 0.3；$D_{\min\,eq} = 0.1$mm，$D_{\max\,eq} = 20$mm，Fuller 分布
ITZ	ITZ 厚度 $h_d = 0.02$ mm，粘弹性系数 $k = 0.5$，泊松比 0.2
水泥浆体	$m_{C_3S} = 0.6$，$m_{C_2S} = 0.224$，$m_{C_3A} = 0.012$，$m_{C_4AF} = 0.129$；水灰比 $w/c = 0.5$，Blaine 表面积 $A = 311\mathrm{m}^2/\mathrm{kg}$，水化度间隔 $h = 0.01$，弹性水化物长径比 $\kappa_{ch} = 1$，$\kappa_a = 1$
蠕变加载条件	温度 $T_s = 20℃$；加载龄期 $t_c = 28$ 天，加载期 1000 天

9.8.1　加载龄期

这里设定蠕变从龄期 3 天、7 天、14 天、28 天开始，其他条件如表 9.12 所示，根据第 7、8 章和本章建立的多尺度模型计算纤维混凝土蠕变，结果如图 9.37 所示。从图 9.37 可以看到，加载龄期越晚，混凝土蠕变越小，体现出纤维混凝土老化蠕变特征。另外，这里计算 $t_c = 3$ 天和 $t_c = 28$ 天纤维混凝土第 1000 天的蠕变的差值比上后者的蠕变值，作为加载龄期对纤维混凝土蠕变的影响，计算结果为 18.3%，与素混凝土 (19.2%) 和水泥浆体 (23.9%) 比较表明，加载龄期对蠕变的影响随着尺度的升高而降低。

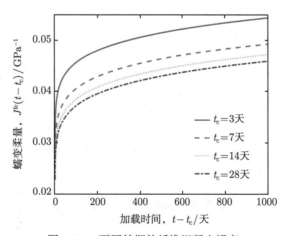

图 9.37　不同龄期的纤维混凝土蠕变

9.8.2 温度

这里设定温度 T_s 分别为 5℃、15℃、25℃、35℃ 和 45℃，其他条件如表 9.12 所示，根据第 7、8 章和本章建立的多尺度模型计算纤维混凝土蠕变，结果如图 9.38 所示。从图中可知，温度越高，混凝土蠕变越低。这里采用 $T_s = 10℃$ 和 $T_s = 25℃$ 纤维混凝土第 1000 天蠕变的差值比上后者的蠕变值来量化温度对蠕变的影响，结果为 10.87%。与素混凝土 (11.59%) 和水泥浆体相比 (22.95%)，温度对蠕变的影响随着尺度的升高而降低。

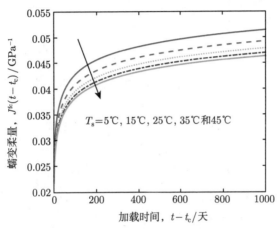

图 9.38　不同温度下纤维混凝土的蠕变

9.8.3 水灰比

这里设定水灰比 w/c 分别为 0.3、0.4 和 0.5，其他条件如表 9.12 所示，根据第 3、4 章和本章建立的多尺度模型计算纤维混凝土蠕变，结果如图 9.39 所示。从图中可以看到，水灰比越大，纤维混凝土蠕变显著增加。这里采用 $w/c = 0.3$ 和 $w/c = 0.5$ 混凝土第 1000 天蠕变的差值比上前者的蠕变值，作为量化水灰比对蠕变的影响，结果为 62.19%。与素混凝土 (69.7%) 和水泥浆体 (125.5%) 相比，表明水灰比对蠕变的影响随着尺度的升高而降低。

9.8.4 Blaine 表面积

这里设定 Blaine 表面积 A 为 200m²/kg、300m²/kg、400m²/kg 和 500m²/kg，骨料体积分数为 0.5，其他条件如表 9.12 所示，根据第 7~9 章建立的多尺度模型计算纤维混凝土蠕变，结果如图 9.40 所示。从图中可知，Blaine 表面积越大，纤维混凝土蠕变越低。这里采用 $A = 200m²/kg$ 和 $A = 500m²/kg$ 纤维混凝土第 1000 天蠕变的差值比上后者的蠕变值，作为量化 Blaine 表面积对蠕变的影响，结果为 4.98%。与素混凝土 (5.34%) 和水泥浆体 (6.86%) 相比，表明 Blaine 表面积对蠕变的影响随着尺度的升高而降低。

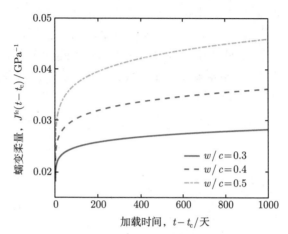

图 9.39　不同水灰比下纤维混凝土的蠕变

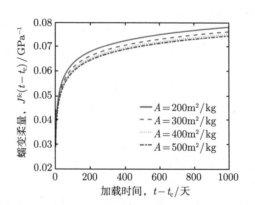

图 9.40　不同 Blaine 表面积下纤维混凝土的蠕变

9.8.5　弹性水化产物的长径比

这里设定氢氧化钙晶体的长径比 κ_{ch} 分别取 0.1、0.4、0.7 和 1，铝酸根水化物的长径比 κ_{a} 固定为 10，骨料体积分数为 0.5，其他条件如表 9.12 所示，根据第 7、8 和本章建立的多尺度模型计算纤维混凝土蠕变，结果如图 9.41 所示。从图中可以看到，氢氧化钙晶体的长径比越接近 1，纤维混凝土蠕变越大。这里计算 $\kappa_{\mathrm{ch}} = 0.1$ 和 $\kappa_{\mathrm{ch}} = 1$ 时纤维混凝土第 1000 天蠕变的差值比上前者的蠕变值，作为弹性水化产物长径比对纤维混凝土蠕变的量化，结果为 16.02%。与素混凝土 (16.99%) 和水泥浆体 (21.71%) 相比，表明弹性水化物长径比对纤维混凝土蠕变影响最小，而对水泥浆体蠕变的影响最大，在尺度由低到高传递过程中其对蠕变的影响递减。

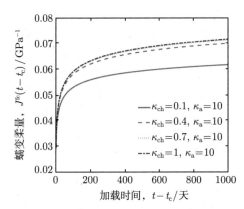

图 9.41 不同氢氧化钙晶体长径比条件下纤维混凝土的蠕变

9.8.6 骨料粒径分布

这里设定粒径分布分别为 EVF 和 Fuller 分布，其他条件如表 9.12 所示，根据第 7、8 章和本章建立的多尺度模型计算纤维混凝土蠕变，结果如图 9.42 所示。从图中可以看到，EVF 分布导致的纤维混凝土蠕变明显高于 Fuller 分布。这里计算 EVF 分布和 Fuller 分布时纤维混凝土第 1000 天蠕变的差值比上后者的蠕变值，来量化粒径分布对纤维混凝土蠕变的影响，结果为 18.76%。与素混凝土 (20%) 相比，表明粒径分布对蠕变的影响随尺度升高而降低。

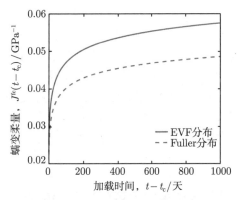

图 9.42 不同骨料粒径分布条件下纤维混凝土的蠕变

9.8.7 最大粒径

这里设定最大等效粒径为 $D_{\text{max eq}} = 3\text{mm}, 5\text{mm}, 10\text{mm}, 20\text{mm}$，其他条件如表 9.12 所示，根据第 7、8 章和本章建立的多尺度模型计算纤维混凝土蠕变，结果如图 9.43 所示。从图中可以看到，随着最大等效粒径的增加，纤维混凝土蠕变逐渐减小。这里计算 $D_{\text{max eq}} = 3\text{mm}$ 和 $D_{\text{max eq}} = 20\text{mm}$ 时纤维混凝土第 1000 天的蠕变的差值比上后者的蠕变值，来量化最大等效粒径对纤维混凝土蠕变的影响，结果为 17.73%。与素混凝土 (18.24%) 相比，表明最大等效粒径对蠕变的影响随尺度升高而降低。

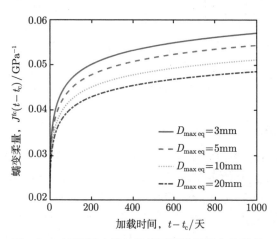

图 9.43　不同最大等效粒径下纤维混凝土的蠕变

9.8.8 细度

这里设定细度为 $D_{\text{min eq}} = 0.1\text{mm}, 0.5\text{mm}, 1\text{mm}, 5\text{mm}$，其他条件如表 9.12 所示，根据第 7、8 章和本章建立的多尺度模型计算纤维混凝土蠕变，结果如图 9.44 所示。从图中可以看到，细度越大，纤维混凝土蠕变越小。这里计算 $D_{\text{min eq}} = 0.1\text{mm}$ 和 $D_{\text{min eq}} = 5\text{mm}$ 时纤维混凝土第 1000 天蠕变的差值比上后者的蠕变值，来量化细度对纤维混凝土蠕变的影响，结果为 15.33%。与素混凝土 (39.7%) 相比，表明细度对蠕变的影响随尺度升高而降低。

9.8.9 ITZ 厚度

这里设定 ITZ 厚度分别为 $h_{\text{d}} = 0.01\text{mm}, 0.02\text{mm}, 0.03\text{mm}, 0.05\text{mm}$，其他条件如表 9.12 所示，根据第 7、8 章和本章建立的多尺度模型计算纤维混凝土蠕变，结果如图 9.45 所示。从图中可以看到，ITZ 厚度越大，纤维混凝土蠕变越大。这里计算 $h_{\text{d}} = 0.01\text{mm}$ 和 $h_{\text{d}} = 0.05\text{mm}$ 时纤维混凝土第 1000 天蠕变的差值

比上前者的蠕变值，来量化骨料 ITZ 对纤维混凝土蠕变的影响，结果为 27.36%。与素混凝土 (63.2%) 相比，表明 ITZ 厚度对蠕变的影响随尺度升高而降低。

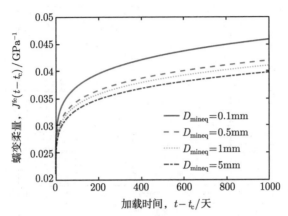

图 9.44　不同骨料细度下纤维混凝土的蠕变

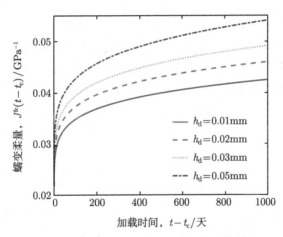

图 9.45　不同 ITZ 厚度下纤维混凝土的蠕变

9.8.10　ITZ 粘弹性系数

这里设定 ITZ 粘弹性系数 k 为 0.3、0.5、0.7 和 1，其他条件如表 9.12 所示，根据第 7、8 章和本章建立的多尺度模型计算纤维混凝土蠕变，结果如图 9.46 所示。从图中可以看到，ITZ 粘弹性系数越大，纤维混凝土蠕变越小。这里计算 $k = 0.3$ 和 $k = 1$ 时纤维混凝土第 1000 天蠕变的差值比上后者的蠕变值，来量化 ITZ 粘弹性系数对纤维混凝土蠕变的影响，结果为 38.72%。

与素混凝土 (98.4%) 相比，表明 ITZ 粘弹性系数对蠕变的影响随尺度升高而
降低。

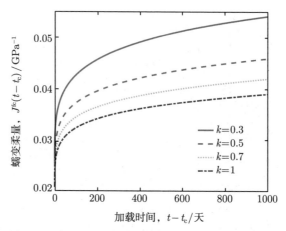

图 9.46　不同 ITZ 粘弹性系数下纤维混凝土的蠕变

9.8.11　骨料形状

这里设定骨料形状为真实椭球，不考虑 ITZ，其他条件如表 9.12 所示，根据
第 7、8 章和本章建立的多尺度模型计算纤维混凝土蠕变，并绘制出 1000 天后纤
维混凝土的蠕变随骨料球形度的演变，结果如图 9.47 所示。从图中可以看到，纤
维混凝土的蠕变随骨料球形度的增大而近似单调递增。这里计算这些骨料对应的
最小及最大蠕变的差值比上最小蠕变，来量化骨料形状对纤维混凝土蠕变的影响，

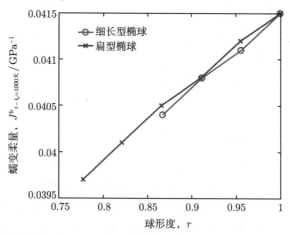

图 9.47　不同骨料形状下纤维混凝土 1000 天后的蠕变随骨料球形度的演变

结果为 4.53%。与素混凝土 (7.11%) 相比，表明骨料形状对素混凝土的影响较纤维混凝土更大，提示骨料形状对蠕变的影响随尺度升高而降低。

9.8.12 从细观到细–宏观尺度传递特征

从前面的分析可以看到，微细观参数对微观水泥浆体蠕变、细观素混凝土蠕变和细–宏观纤维混凝土蠕变的影响大小不同，现将这些参数对蠕变的影响总结在图 9.48 中。

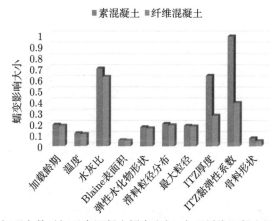

图 9.48　微细观参数对细观素混凝土蠕变和细–宏观纤维混凝土蠕变的影响大小

从图 9.48 可知，各参数对微观水泥浆体蠕变的影响均大于对细观素混凝土蠕变的影响，同时对细观素混凝土蠕变的影响大于对细–宏观纤维混凝土蠕变的影响，也即这些参数对蠕变的影响从微观传递到细观，再到细–宏观时有一个损耗。这里以对细观素混凝土蠕变的影响为基准，定义一个计算尺度传递损耗量的公式：

$$\text{Loss}_{\text{pc}\to\text{fc}}(x) = \frac{\text{IC}_{\text{pc}}(x) - \text{IC}_{\text{fc}}(x)}{\text{IC}_{\text{pc}}(x)} \tag{9.31}$$

其中，$\text{IC}_{\text{pc}}(x)$ 和 $\text{IC}_{\text{fc}}(x)$ 分别表示上述微细观参数 x 对素混凝土 (pc) 蠕变的影响大小和对纤维混凝土 (fc) 蠕变影响的大小；$\text{Loss}_{\text{pc}\to\text{fc}}(x)$ 表示参数 x 对细观素混凝土蠕变的影响到细–宏观纤维混凝土蠕变的影响的尺度传递中的损耗量。根据式 (9.31) 计算各参数的损耗量，总结在图 9.49 中。

从图 9.49 可以看到，ITZ 粘弹性系数对蠕变影响的损耗最大，超过了 60%，而最大粒径对蠕变影响的损耗最小，低于 3%。

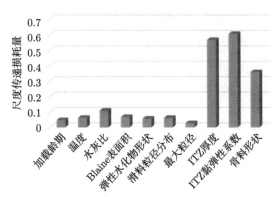

图 9.49　微细观参数对细观素混凝土蠕变的影响到细–宏观纤维混凝土蠕变的影响的尺度传递中的损耗量

9.9　小　　结

本章基于传递函数方法耦合广义自洽机制 (GSC) 及多夹杂的 Mori-Tanaka (MT) 方法建立了描述含纤维锚固区的非椭球形纤维混凝土蠕变模型, 其中素混凝土的蠕变采用第 3 章中的传递函数逼近来作为输入。考虑定向分布纤维和多种形状、类型纤维, 分别采用 GSC 方法和 MT 方法计算有效纤维相和纤维混凝土的蠕变。根据建立的纤维混凝土蠕变模型和多组纤维混凝土蠕变数据, 通过反分析获得直、钩端、波浪形三种形状钢纤维, 以及 PP、PVA、玄武岩等不同类型纤维的锚固区参数。与试验数据的比较还表明, 考虑纤维锚固区对于准确预测纤维混凝土蠕变是必要的。根据建立的纤维混凝土蠕变模型及获得的纤维锚固区参数, 系统探究了包括直纤维、波浪形纤维、钩端纤维在内的纤维形状对混凝土蠕变的影响, 并进一步考虑纤维类型、锚固区参数、纤维方向、纤维掺杂等因素对混凝土蠕变的影响, 主要结论如下所述。

(1) 对于三种形状的钢纤维混凝土, 混凝土蠕变值均随纤维的长径比的增加而轻微降低; 对于相同长径比的纤维, 直钢纤维混凝土的蠕变最大, 而钩端钢纤维混凝土蠕变最低。对于钩端钢纤维形状, 随着钩端钢纤维平直部分的长度的增加, 钢纤维混凝土蠕变降低, 但是该长度继续增加反而导致钢纤维混凝土蠕变增加; 随着钩端钢纤维中钩端倾斜部分的长度的增加, 钢纤维混凝土蠕变不断增加; 随着钩端钢纤维中钩端倾斜角度的增加, 钢纤维混凝土蠕变不断增加, 当该角度值过大时, 纤维混凝土蠕变反而略微降低。对于波浪形钢纤维形状, 随着其波纹度的增加, 钢纤维混凝土蠕变不断降低。另外, 钢纤维体积分数的增加会显著降低混凝土的蠕变。

(2)PP 和 PVA 纤维的加入会增加混凝土的蠕变，而钢纤维和玄武岩纤维会抑制混凝土蠕变的发展。在相同体积分数下，PVA 纤维增加蠕变的效果最为显著，而玄武岩纤维抑制蠕变的效果最明显。在少剂量纤维体积分数增加的情况下，PVA 纤维混凝土蠕变显著增加，PP 纤维混凝土蠕变稍微增加，玄武岩纤维混凝土蠕变明显减小，钢纤维混凝土蠕变略微减小。

(3) 当纤维锚固区刚度增强系数 $k_g < 1$ 时，混凝土蠕变随着纤维锚固区体积系数 k_v 的增加而增加；当 $k_g > 1$ 时，混凝土蠕变随着体积系数 k_v 的增加而减少。不论掺杂何种类型纤维，混凝土蠕变都随着纤维锚固区刚度增强系数 k_g 的增加而降低。

(4) 定向分布纤维混凝土蠕变随着纤维偏转角度的增加而单调增加。因为偏转角度越小，纤维及锚固区在加载方向上的刚度更大，从而可以降低纤维混凝土的蠕变。另外，45° 定向分布纤维混凝土蠕变与相应的随机分布纤维混凝土蠕变近似相同。

(5) 纤维掺杂导致的混凝土蠕变介于两种纤维不掺杂情况导致的蠕变之间。不同长径比纤维的掺杂对混凝土蠕变影响不大。混凝土蠕变随着长径比较小纤维的含量的增加而增加。不同形状钢纤维的掺杂对混凝土蠕变影响较大。混凝土蠕变随着钩端钢纤维含量的增加而减小。混凝土蠕变随着 PVA 掺杂量的增加而显著增加，不掺杂 PVA 的钢纤维混凝土的蠕变最低。

(6) 水泥浆体微观参数 (水灰比、Blaine 表面积、弹性水化物长径比)、素混凝土细观参数 (粒径分布、最大粒径、细度、ITZ 厚度、ITZ 粘弹性系数、骨料形状)、蠕变加载条件 (加载龄期、温度) 对水泥基复合材料蠕变的影响均随尺度的升高而降低。在尺度传递过程中，ITZ 粘弹性系数对蠕变的影响的损耗最大，超过了 60%，最大粒径对蠕变影响的损耗最小，低于 3%。

附录 A 夹杂的 Eshelby 张量

1. 骨料

对于椭球形夹杂，四阶 Eshelby 张量 $\boldsymbol{S}$ 取决于椭球夹杂的长径比 κ 和基体的泊松比 ν_m，可以写为

$$\boldsymbol{S} = \begin{pmatrix} s_{1111} & s_{1122} & s_{1133} & 0 & 0 & 0 \\ s_{2211} & s_{2222} & s_{2233} & 0 & 0 & 0 \\ s_{3311} & s_{3322} & s_{3333} & 0 & 0 & 0 \\ 0 & 0 & 0 & s_{2323} & 0 & 0 \\ 0 & 0 & 0 & 0 & s_{3131} & 0 \\ 0 & 0 & 0 & 0 & 0 & s_{1212} \end{pmatrix}$$

$$= \begin{pmatrix} s_{11} & s_{12} & s_{13} & 0 & 0 & 0 \\ s_{21} & s_{22} & s_{23} & 0 & 0 & 0 \\ s_{31} & s_{32} & s_{33} & 0 & 0 & 0 \\ 0 & 0 & 0 & s_{44} & 0 & 0 \\ 0 & 0 & 0 & 0 & s_{55} & 0 \\ 0 & 0 & 0 & 0 & 0 & s_{66} \end{pmatrix}$$

上面矩阵中的各相可以由下式表示[25]：

$$s_{11} = \frac{1}{2(1-\nu_m)}\left[1 - 2\nu_m + \frac{3\kappa^2-1}{\kappa^2-1} - \left(1 - 2\nu_m + \frac{3\kappa^2}{\kappa^2-1}\right)H\right]$$

$$s_{12} = s_{13} = -\frac{1}{2(1-\nu_m)}\left(1 - 2\nu_m + \frac{1}{\kappa^2-1}\right) + \frac{1}{2(1-\nu_m)}\left[1 - 2\nu_m + \frac{3}{2(\kappa^2-1)}\right]H$$

$$s_{21} = s_{31} = -\frac{1}{2(1-\nu_m)}\frac{\kappa^2}{\kappa^2-1} - \frac{1}{4(1-\nu_m)}\left(1 - 2\nu_m - \frac{3\kappa^2}{\kappa^2-1}\right)H$$

$$s_{22} = s_{33} = \frac{3}{8(1-\nu_m)}\frac{\kappa^2}{\kappa^2-1} + \frac{1}{4(1-\nu_m)}\left[1 - 2\nu_m - \frac{9}{4(\kappa^2-1)}\right]H$$

$$s_{23} = s_{32} = \frac{1}{4(1-\nu_m)}\left\{\frac{\kappa^2}{2(\kappa^2-1)} - \left[1 - 2\nu_m + \frac{3}{4(\kappa^2-1)}\right]H\right\}$$

$$s_{44} = \frac{1}{4\left(1 - \nu_m\right)} \left\{ \frac{\kappa^2}{2\left(\kappa^2 - 1\right)} + \left[1 - 2\nu_m - \frac{3}{4\left(\kappa^2 - 1\right)} \right] H \right\}$$

$$s_{55} = s_{66} = \frac{1}{4\left(1 - \nu_m\right)} \left\{ 1 - 2\nu_m - \frac{\kappa^2 + 1}{\kappa^2 - 1} - \frac{1}{2} \left[1 - 2\nu_m - \frac{3\left(\kappa^2 + 1\right)}{\kappa^2 - 1} \right] H \right\}$$

其中, H 可以由下式计算:

$$H = \begin{cases} \dfrac{\kappa}{\left(\kappa^2 - 1\right)^{1.5}} \left[\kappa \left(\kappa^2 - 1\right)^{0.5} - \operatorname{arccosh}\kappa \right], & \kappa > 1 \\[3mm] \dfrac{\kappa}{\left(1 - \kappa^2\right)^{1.5}} \left[\cos^{-1} \kappa - \kappa \left(1 - \kappa^2\right)^{0.5} \right], & \kappa < 1 \end{cases}$$

对于椭球形的一些特殊情况, Eshelby 张量 $\boldsymbol{S}$ 可以简化。例如, 对于球形夹杂 ($\kappa = 1$), $H = 1/3$, $\boldsymbol{S}$ 中的各相可以写成[25]

$$s_{11} = s_{22} = s_{33} = \frac{7 - 5\nu_m}{15\left(1 - \nu_m\right)},$$

$$s_{12} = s_{23} = s_{21} = \frac{5\nu_m - 1}{15\left(1 - \nu_m\right)}$$

$$s_{44} = s_{55} = \frac{4 - 5\nu_m}{15\left(1 - \nu_m\right)}$$

对于针状夹杂 (比如纤维, $\kappa \to \infty$), $H = 1/2$, $\boldsymbol{S}$ 中的各相可以简化为[25]

$$s_{11} = 0, \quad s_{22} = s_{33} = \frac{5 - 4\nu_m}{8\left(1 - \nu_m\right)}, \quad s_{44} = \frac{3 - 4\nu_m}{8\left(1 - \nu_m\right)}, \quad s_{55} = s_{66} = \frac{1}{4}$$

$$s_{12} = s_{13} = 0, \quad s_{21} = s_{31} = \frac{\nu_m}{2\left(1 - \nu_m\right)}, \quad s_{23} = s_{32} = \frac{4\nu_m - 1}{8\left(1 - \nu_m\right)}$$

对于圆盘形夹杂 (比如血小板, $\kappa \to 0$), $H = 0$, $\boldsymbol{S}$ 中的各相可以由下式计算[25]:

$$s_{11} = 1, \quad s_{22} = s_{44} = s_{21} = s_{23} = 0, \quad s_{55} = s_{66} = \frac{1}{2}, \quad s_{12} = s_{13} = \frac{\nu_m}{1 - \nu_m}$$

另外, 对于非椭球夹杂, 这里采用式 (4.11) 及相关技术计算它们的体积平均 Eshelby 张量, 下面给出本书出现的各非椭球夹杂的体积平均 Eshelby 张量。

2. 钢纤维

编号	Eshelby 张量
Z10	$S = \begin{bmatrix} 0.0527 & -0.0024 & -0.0024 & -0.0002 & -0.0002 & 0 \\ 0.1075 & 0.6154 & -0.0157 & -0.0002 & 0.0001 & 0.0003 \\ 0.1073 & -0.0159 & 0.6146 & 0.0002 & -0.0001 & 0.0002 \\ -0.0002 & -0.0002 & 0.0001 & 0.237 & 0 & -0.0001 \\ -0.0003 & 0 & -0.0002 & 0 & 0.2372 & -0.0002 \\ 0.0001 & 0.0004 & 0.0003 & -0.0001 & -0.0002 & 0.3152 \end{bmatrix}$
Z20	$S = \begin{bmatrix} 0.026 & -0.0012 & -0.0012 & 0 & 0 & 0 \\ 0.1148 & 0.6207 & -0.0157 & 0 & 0.0001 & -0.0003 \\ 0.1149 & -0.0156 & 0.6213 & 0.0001 & 0 & -0.0003 \\ 0 & 0 & 0.0001 & 0.2378 & 0 & 0 \\ -0.0001 & 0 & -0.0001 & 0 & 0.2382 & 0 \\ -0.0002 & -0.0005 & -0.0005 & 0 & 0 & 0.3182 \end{bmatrix}$
Z30	$S = \begin{bmatrix} 0.0173 & -0.0009 & -0.0009 & 0 & 0 & 0 \\ 0.1182 & 0.6313 & -0.0194 & 0 & 0 & 0.0006 \\ 0.118 & -0.0197 & 0.6302 & 0 & 0 & 0.0002 \\ 0 & 0 & 0 & 0.2415 & 0 & 0.0001 \\ 0 & 0 & 0.0001 & 0 & 0.2416 & 0 \\ 0.0003 & 0.0008 & 0.0005 & 0.0001 & 0 & 0.3247 \end{bmatrix}$
Z50	$S = \begin{bmatrix} 0.0103 & -0.0005 & -0.0005 & 0 & 0 & 0 \\ 0.1212 & 0.6429 & -0.0247 & 0 & 0 & 0.0002 \\ 0.1211 & -0.0247 & 0.6428 & 0 & 0 & 0.0004 \\ 0 & 0 & 0 & 0.246 & 0 & 0 \\ 0 & 0 & 0 & 0 & 0.246 & 0 \\ 0.0001 & 0.0002 & 0.0003 & 0 & 0 & 0.3337 \end{bmatrix}$
Z56	$S = \begin{bmatrix} 0.0078 & -0.0004 & -0.0004 & 0 & 0.0001 & 0 \\ 0.1208 & 0.6322 & -0.0189 & 0 & -0.0001 & 0 \\ 0.1205 & -0.0192 & 0.6309 & 0 & 0.0003 & 0.0001 \\ 0 & 0 & 0 & 0.2412 & 0.0001 & 0.0001 \\ 0.0001 & 0 & 0.0002 & 0.0001 & 0.2412 & 0 \\ 0 & 0 & 0.0001 & 0.0001 & 0 & 0.3249 \end{bmatrix}$
Z65	$S = \begin{bmatrix} 0.0078 & -0.0004 & -0.0004 & 0 & 0.0001 & 0 \\ 0.1208 & 0.6322 & -0.0189 & 0 & -0.0001 & 0 \\ 0.1205 & -0.0192 & 0.6309 & 0 & 0.0003 & 0.0001 \\ 0 & 0 & 0 & 0.2412 & 0.0001 & 0.0001 \\ 0.0001 & 0 & 0.0002 & 0.0001 & 0.2412 & 0 \\ 0 & 0 & 0.0001 & 0.0001 & 0 & 0.3249 \end{bmatrix}$
G10	$S = \begin{bmatrix} 0.0674 & -0.0073 & -0.0027 & 0.0001 & -0.0001 & 0 \\ 0.0967 & 0.6071 & -0.0224 & 0.0001 & 0.0001 & 0.0003 \\ 0.1086 & -0.0152 & 0.6315 & -0.0001 & -0.0001 & 0.0003 \\ 0.0001 & 0.0001 & 0 & 0.229 & 0.0003 & 0 \\ -0.0001 & 0.0001 & -0.0001 & 0.0003 & 0.247 & 0.0001 \\ 0.0002 & 0.0005 & 0.0005 & 0 & 0.0001 & 0.3208 \end{bmatrix}$

续表

编号	Eshelby 张量					
G20	$S =$					
	0.0451	−0.0089	−0.0015	0	0	0
	0.1003	0.6124	−0.0232	0	0	−0.0002
	0.1161	−0.0147	0.6388	0	0	−0.0001
	0	0	0	0.2262	0	0
	0	0	0	0	0.2489	0
	−0.0001	−0.0003	−0.0003	0	0	0.3254
G30	$S =$					
	0.0384	−0.0096	−0.0012	−0.0001	0	0
	0.1009	0.6144	−0.0246	0	0	0
	0.1188	−0.0152	0.6437	0.0001	0	0
	−0.0001	0	0.0001	0.226	0	0
	−0.0001	0	0	0	0.2505	−0.0001
	0	0	0	0	−0.0001	0.3287
G59	$S =$					
	0.0314	−0.0099	−0.0009	0	0	0
	0.1011	0.6076	−0.0222	0	0	−0.0004
	0.1207	−0.0116	0.641	−0.0001	0	0
	0	0	0	0.2233	0	0
	0	0	0	0	0.2493	0
	−0.0001	−0.0003	−0.0001	0	0	0.3267
G30a2	$S =$					
	0.0388	−0.0098	−0.0010	−0.0002	−0.0001	0
	0.0997	0.6067	−0.0213	0.0002	0.0001	0.0008
	0.1180	−0.0118	0.6361	0	−0.0001	−0.0003
	−0.0001	0.0001	0	0.2228	0	0.0001
	−0.0001	0	−0.0001	0	0.2472	0
	0.0001	0.0005	−0.0001	0.0001	0	0.3230
G30a3	$S =$					
	0.0389	−0.0100	−0.0010	−0.0002	−0.0001	0
	0.1001	0.6112	−0.0229	0.0001	0.0002	0.0003
	0.1186	−0.0133	0.6403	0	0	−0.0002
	−0.0001	0.0001	0	0.2248	0	0
	−0.0001	0.0001	0	0	0.2492	−0.0001
	0	0.0002	−0.0001	0	−0.0001	0.3262
G30b2	$S =$					
	0.0869	−0.0266	−0.0021	0	0	−0.0001
	0.0610	0.5408	−0.0178	0.0003	0.0001	0.0004
	0.1154	0.0121	0.6357	−0.0002	0	0.0002
	0	0.0002	−0.0001	0.1863	−0.0001	0
	0	0.0001	0	−0.0001	0.2553	0
	0.0001	0.0003	0.0002	0	0	0.3138
G30b3	$S =$					
	0.1658	−0.0497	−0.0043	0.0001	−0.0001	0
	0.0079	0.4651	−0.0156	0.0001	0.0001	−0.0005
	0.1087	0.0398	0.6412	−0.0002	−0.0001	−0.0006
	0.0001	0.0001	−0.0001	0.1460	0	0
	−0.0001	0	−0.0001	0	0.2678	0.0001
	−0.0001	−0.0004	−0.0005	0	0.0001	0.3055

编号	Eshelby 张量					
G30fi2	$S =$					
	0.0190	−0.0020	−0.0009	0	−0.0001	0
	0.1158	0.6249	−0.0178	0.0001	0.0001	0
	0.1182	−0.0165	0.6288	−0.0001	−0.0002	0.0012
	0	0.0001	−0.0001	0.2384	0.0002	−0.0001
	−0.0001	0	−0.0001	0.0002	0.2409	0
	0.0002	0.0002	0.0008	−0.0001	0	0.3223
G30fi3	$S =$					
	0.0961	0.0031	−0.0036	0.0001	−0.0002	0
	0.0726	0.4543	−0.0143	0.0002	0	−0.0010
	0.1086	0.0283	0.6317	−0.0002	−0.0003	0.0004
	0.0001	0.0001	−0.0001	0.2130	−0.0001	−0.0001
	−0.0002	−0.0001	−0.0002	−0.0001	0.2568	0.0001
	−0.0001	−0.0006	0.0001	−0.0001	0.0001	0.3067
B10	$S =$					
	0.126	−0.0407	−0.0035	0	0	0
	0.0476	0.588	−0.0239	0	0	0
	0.1066	−0.0021	0.6377	0	0	0
	0	0	0	0.1865	0	0
	0	0	0	0	0.257	0
	0	0	0	0	0	0.3171
B20	$S =$					
	0.1098	−0.0531	−0.0021	0.0001	0.0001	0.0001
	0.0379	0.5827	−0.02	−0.0001	−0.0002	0.0003
	0.1153	0.0064	0.6373	0	0.0001	0
	0.0001	−0.0002	−0.0001	0.1645	−0.0001	−0.0001
	0	−0.0002	0	−0.0001	0.257	−0.0001
	0.0002	0.0004	0.0001	−0.0001	−0.0001	0.3149
B30	$S =$					
	0.1049	−0.0581	−0.0019	0.0001	0	−0.0001
	0.0346	0.5899	−0.0234	0	0	0
	0.1189	0.0046	0.6458	0	0	0.0004
	0.0001	0	0	0.1582	0	0
	0	0	0	0	0.2602	0.0002
	0	0.0002	0.0005	0	0.0002	0.321
B3004	$S =$					
	0.2778	−0.0856	−0.0067	−0.0001	0	0
	−0.0588	0.4196	−0.0144	0.0001	0	0.0001
	0.0965	0.0620	0.6461	−0.0001	0	0.0002
	0	0	−0.0001	0.1106	0	0
	0	0	0	0	0.2822	0
	0	0.0001	0.0001	0	0	0.2970
B3006	$S =$					
	0.4076	−0.0514	−0.0130	0	0	0
	−0.0774	0.2736	−0.0088	0	0	0
	0.0646	0.0948	0.6496	0	0	0
	0	0	0	0.1141	0	0
	0	0	0	0	0.3005	0
	0	0	0	0	0	0.2822

续表

编号	Eshelby 张量					
B3008	$S=$					

$$S=\begin{bmatrix} 0.4814 & -0.0108 & -0.0156 & 0.0001 & -0.0001 & 0 \\ -0.0681 & 0.1849 & -0.0056 & 0 & 0 & 0 \\ 0.0414 & 0.1088 & 0.6471 & -0.0001 & -0.0001 & 0 \\ 0.0001 & 0 & -0.0001 & 0.1296 & 0 & 0 \\ 0 & 0 & 0 & 0 & 0.3097 & 0.0001 \\ 0 & 0 & 0 & 0 & 0.0001 & 0.2712 \end{bmatrix}$$

B3010

$$S=\begin{bmatrix} 0.5273 & 0.0198 & -0.0185 & 0 & 0.0002 & 0 \\ -0.0561 & 0.1335 & -0.0041 & 0 & 0 & 0 \\ 0.0249 & 0.1151 & 0.6489 & 0 & 0.0003 & 0.0001 \\ 0 & 0 & 0 & 0.1468 & 0 & 0 \\ 0.0002 & 0.0001 & 0.0002 & 0 & 0.3178 & 0 \\ 0 & 0 & 0 & 0 & 0 & 0.2658 \end{bmatrix}$$

3. 其他类型纤维

纤维类型	Eshelby 张量
PP 纤维	$S=$

$$S=\begin{bmatrix} 0.0001 & 0 & 0 & 0 & 0 & 0 \\ 0.125 & 0.6562 & -0.0312 & 0 & 0 & 0 \\ 0.125 & -0.0312 & 0.6562 & 0 & 0 & 0 \\ 0 & 0 & 0 & 0.3437 & 0 & 0 \\ 0 & 0 & 0 & 0 & 0.25 & 0 \\ 0 & 0 & 0 & 0 & 0 & 0.25 \end{bmatrix}$$

PVA 纤维

$$S=\begin{bmatrix} 0 & 0 & 0 & 0 & 0 & 0 \\ 0.125 & 0.6562 & -0.0312 & 0 & 0 & 0 \\ 0.125 & -0.0312 & 0.6562 & 0 & 0 & 0 \\ 0 & 0 & 0 & 0.3437 & 0 & 0 \\ 0 & 0 & 0 & 0 & 0.25 & 0 \\ 0 & 0 & 0 & 0 & 0 & 0.25 \end{bmatrix}$$

玄武岩纤维

$$S=\begin{bmatrix} 0 & 0 & 0 & 0 & 0 & 0 \\ 0.125 & 0.6562 & -0.0312 & 0 & 0 & 0 \\ 0.125 & -0.0312 & 0.6562 & 0 & 0 & 0 \\ 0 & 0 & 0 & 0.3437 & 0 & 0 \\ 0 & 0 & 0 & 0 & 0.25 & 0 \\ 0 & 0 & 0 & 0 & 0 & 0.25 \end{bmatrix}$$

附录 B 横观各向同性复合材料
弹性刚度张量的推导

对于定向排列的椭球形夹杂嵌入基体这种复合材料，它具有横观各向同性的特性，也就是说，只需要五个独立的常数来表征复合结构的有效弹性性能，如式 (B.1) 所示[25]：

$$
\bar{C} = C^{\mathrm{m}} + f_{\mathrm{p}} \left(C^{\mathrm{p}} - C^{\mathrm{m}} \right) A_{\mathrm{g}} =
\begin{bmatrix}
c_{11} & c_{12} & c_{12} & 0 & 0 & 0 \\
c_{12} & c_{22} & c_{23} & 0 & 0 & 0 \\
c_{12} & c_{23} & c_{22} & 0 & 0 & 0 \\
0 & 0 & 0 & \dfrac{1}{2}\left(c_{22} - c_{23}\right) & 0 & 0 \\
0 & 0 & 0 & 0 & c_{55} & 0 \\
0 & 0 & 0 & 0 & 0 & c_{55}
\end{bmatrix}
\tag{B.1}
$$

为方便推导，这里给出下列符号变量：

$$
D = \left(C^{\mathrm{p}} - C^{\mathrm{m}} \right)^{-1} C^{\mathrm{m}}, \quad \Psi = -\left(S + D \right)^{-1},
$$
$$
A = I + S\Psi, \quad B = \left[(1 - f_{\mathrm{p}}) I + f_{\mathrm{p}} A \right]^{-1}
\tag{B.2}
$$

接下来，将分别给出式 (B.2) 中这些变量的具体表达式。

$$
D = d_1 I^{\mathrm{h}} + d_2 I^{\mathrm{d}} = \frac{1}{3}
\begin{bmatrix}
d_1 + 2d_2 & d_1 - d_2 & d_1 - d_2 & 0 & 0 & 0 \\
d_1 - d_2 & d_1 + 2d_2 & d_1 - d_2 & 0 & 0 & 0 \\
d_1 - d_2 & d_1 - d_2 & d_1 + 2d_2 & 0 & 0 & 0 \\
0 & 0 & 0 & \dfrac{2}{3}d_2 & 0 & 0 \\
0 & 0 & 0 & 0 & \dfrac{2}{3}d_2 & 0 \\
0 & 0 & 0 & 0 & 0 & \dfrac{2}{3}d_2
\end{bmatrix}
\tag{B.3}
$$

其中，$d_1 = K^m / (K^p - K^m)$ 以及 $d_2 = \mu^m / (\mu^p - \mu^m)$。

$$\boldsymbol{\Psi} = -(\boldsymbol{S} + \boldsymbol{D})^{-1} = \begin{bmatrix} \varphi_{11} & \varphi_{12} & \varphi_{12} & 0 & 0 & 0 \\ \varphi_{21} & \varphi_{22} & \varphi_{23} & 0 & 0 & 0 \\ \varphi_{21} & \varphi_{23} & \varphi_{22} & 0 & 0 & 0 \\ 0 & 0 & 0 & \varphi_{44} & 0 & 0 \\ 0 & 0 & 0 & 0 & \varphi_{55} & 0 \\ 0 & 0 & 0 & 0 & 0 & \varphi_{55} \end{bmatrix} \quad (\text{B.4})$$

其中，

$$\varphi_{11} = \frac{-1}{\varphi_0} \begin{vmatrix} d_{11} + s_{22} & d_{11} + s_{23} \\ d_{12} + s_{23} & d_{11} + s_{22} \end{vmatrix}$$

$$\varphi_{12} = \frac{1}{\varphi_0} \begin{vmatrix} d_{12} + s_{12} & d_{12} + s_{12} \\ d_{12} + s_{23} & d_{11} + s_{22} \end{vmatrix}$$

$$\varphi_{21} = \frac{1}{\varphi_0} \begin{vmatrix} d_{12} + s_{21} & d_{12} + s_{23} \\ d_{12} + s_{21} & d_{11} + s_{22} \end{vmatrix}$$

$$\varphi_{22} = \frac{-1}{\varphi_0} \begin{vmatrix} d_{11} + s_{11} & d_{12} + s_{12} \\ d_{12} + s_{21} & d_{11} + s_{22} \end{vmatrix}$$

$$\varphi_{23} = \frac{1}{\varphi_0} \begin{vmatrix} d_{11} + s_{11} & d_{12} + s_{12} \\ d_{12} + s_{21} & d_{12} + s_{23} \end{vmatrix}$$

$$\varphi_{44} = \frac{-1}{d_{44} + s_{44}}$$

$$\varphi_{55} = \frac{-1}{d_{44} + s_{55}}$$

$$\varphi_0 = \begin{vmatrix} d_{11} + s_{11} & d_{12} + s_{12} & d_{12} + s_{12} \\ d_{12} + s_{21} & d_{11} + s_{22} & d_{12} + s_{23} \\ d_{12} + s_{21} & d_{12} + s_{23} & d_{11} + s_{22} \end{vmatrix}$$

$$\boldsymbol{A} = \boldsymbol{I} + \boldsymbol{S\Psi} = \begin{bmatrix} a_{11} & a_{12} & a_{12} & 0 & 0 & 0 \\ a_{21} & a_{22} & a_{23} & 0 & 0 & 0 \\ a_{21} & a_{23} & a_{22} & 0 & 0 & 0 \\ 0 & 0 & 0 & a_{44} & 0 & 0 \\ 0 & 0 & 0 & 0 & a_{55} & 0 \\ 0 & 0 & 0 & 0 & 0 & a_{55} \end{bmatrix} \tag{B.5}$$

其中，

$$a_{11} = 1 + (s_{11}\varphi_{11} + 2s_{12}\varphi_{21})$$

$$a_{12} = s_{11}\varphi_{12} + s_{12}\varphi_{22} + s_{12}\varphi_{23}$$

$$a_{21} = s_{21}\varphi_{11} + s_{22}\varphi_{21} + s_{23}\varphi_{21}$$

$$a_{22} = 1 + s_{21}\varphi_{12} + s_{22}\varphi_{22} + s_{23}\varphi_{23}$$

$$a_{23} = s_{21}\varphi_{12} + s_{22}\varphi_{23} + s_{23}\varphi_{22}$$

$$a_{44} = 1 + s_{44}\varphi_{44}$$

$$a_{55} = 1 + s_{55}\varphi_{55}$$

$$\boldsymbol{B} = \left[(1 - f_{\mathrm{p}}) \boldsymbol{I} + f_{\mathrm{p}} \boldsymbol{A} \right]^{-1} = \begin{bmatrix} b_{11} & b_{12} & b_{12} & 0 & 0 & 0 \\ b_{21} & b_{22} & b_{23} & 0 & 0 & 0 \\ b_{21} & b_{23} & b_{22} & 0 & 0 & 0 \\ 0 & 0 & 0 & b_{44} & 0 & 0 \\ 0 & 0 & 0 & 0 & b_{55} & 0 \\ 0 & 0 & 0 & 0 & 0 & b_{55} \end{bmatrix} \tag{B.6}$$

其中，

$$b_{11} = \frac{1}{b_0} \begin{vmatrix} 1 - f_{\mathrm{p}} + f_{\mathrm{p}} a_{22} & f_{\mathrm{p}} a_{23} \\ f_{\mathrm{p}} a_{23} & 1 - f_{\mathrm{p}} + f_{\mathrm{p}} a_{22} \end{vmatrix}$$

$$b_{12} = \frac{-1}{b_0} \begin{vmatrix} f_{\mathrm{p}} a_{12} & f_{\mathrm{p}} a_{12} \\ f_{\mathrm{p}} a_{23} & 1 - f_{\mathrm{p}} + f_{\mathrm{p}} a_{22} \end{vmatrix}$$

$$b_{21} = \frac{-1}{b_0} \begin{vmatrix} f_{\mathrm{p}} a_{21} & f_{\mathrm{p}} a_{23} \\ f_{\mathrm{p}} a_{21} & 1 - f_{\mathrm{p}} + f_{\mathrm{p}} a_{22} \end{vmatrix}$$

$$b_{22} = \frac{1}{b_0} \begin{vmatrix} 1 - f_{\mathrm{p}} + f_{\mathrm{p}}a_{11} & f_{\mathrm{p}}a_{12} \\ f_{\mathrm{p}}a_{21} & 1 - f_{\mathrm{p}} + f_{\mathrm{p}}a_{22} \end{vmatrix}$$

$$b_{23} = \frac{-1}{b_0} \begin{vmatrix} 1 - f_{\mathrm{p}} + f_{\mathrm{p}}a_{11} & f_{\mathrm{p}}a_{12} \\ f_{\mathrm{p}}a_{21} & f_{\mathrm{p}}a_{23} \end{vmatrix}$$

$$b_{44} = \frac{1}{1 - f_{\mathrm{p}} + f_{\mathrm{p}}a_{44}}, \quad b_{55} = \frac{1}{1 - f_{\mathrm{p}} + f_{\mathrm{p}}a_{55}}$$

$$b_0 = \begin{vmatrix} 1 - f_{\mathrm{p}} + f_{\mathrm{p}}a_{11} & f_{\mathrm{p}}a_{12} & f_{\mathrm{p}}a_{12} & 0 & 0 & 0 \\ f_{\mathrm{p}}a_{21} & 1 - f_{\mathrm{p}} + f_{\mathrm{p}}a_{22} & f_{\mathrm{p}}a_{23} & 0 & 0 & 0 \\ f_{\mathrm{p}}a_{21} & f_{\mathrm{p}}a_{23} & 1 - f_{\mathrm{p}} + f_{\mathrm{p}}a_{22} & 0 & 0 & 0 \\ 0 & 0 & 0 & 1 - f_{\mathrm{p}} + f_{\mathrm{p}}a_{44} & 0 & 0 \\ 0 & 0 & 0 & 0 & 1 - f_{\mathrm{p}} + f_{\mathrm{p}}a_{55} & 0 \\ 0 & 0 & 0 & 0 & 0 & 1 - f_{\mathrm{p}_i} + f_{\mathrm{p}_i}a_{55} \end{vmatrix}$$

$$\boldsymbol{A}_{\mathrm{g}} = \boldsymbol{A}\left[(1 - f_{\mathrm{p}})\,\boldsymbol{I} + f_{\mathrm{p}}\boldsymbol{A}\right]^{-1} = \begin{bmatrix} A_{11} & A_{12} & A_{12} & 0 & 0 & 0 \\ A_{21} & A_{22} & A_{23} & 0 & 0 & 0 \\ A_{21} & A_{23} & A_{22} & 0 & 0 & 0 \\ 0 & 0 & 0 & A_{44} & 0 & 0 \\ 0 & 0 & 0 & 0 & A_{55} & 0 \\ 0 & 0 & 0 & 0 & 0 & A_{55} \end{bmatrix} \quad \text{(B.7)}$$

其中,

$$A_{11} = a_{11}b_{11} + 2a_{12}b_{21}, \quad A_{12} = a_{11}b_{12} + a_{12}b_{22} + a_{12}b_{23},$$

$$A_{21} = a_{21}b_{11} + a_{22}b_{21} + a_{23}b_{21}, \quad A_{22} = a_{21}b_{12} + a_{22}b_{22} + a_{23}b_{23},$$

$$A_{23} = a_{21}b_{12} + a_{22}b_{23} + a_{23}b_{22}, \quad A_{44} = a_{44}b_{44}, \quad A_{55} = a_{55}b_{55}$$

将式 (B.3)～ 式 (B.7) 代入式 (B.1) 中,那么式 (B.1) 中的各相系数可以表示为[25]

$$c_{11} = \left(K^{\mathrm{m}} + \frac{4}{3}\mu^{\mathrm{m}}\right) + f_{\mathrm{p}}\left\{ \begin{array}{l} \left[\left(K^{\mathrm{p}} + \frac{4}{3}\mu^{\mathrm{p}}\right) - \left(K^{\mathrm{m}} + \frac{4}{3}\mu^{\mathrm{m}}\right)\right]A_{11} \\ + 2A_{21}\left[\left(K^{\mathrm{p}} - \frac{2}{3}\mu^{\mathrm{p}}\right) - \left(K^{\mathrm{m}} - \frac{2}{3}\mu^{\mathrm{m}}\right)\right] \end{array} \right\}$$

$$c_{12} = \left(K^{\mathrm{m}} - \frac{2}{3}\mu^{\mathrm{m}}\right) + f_{\mathrm{p}}\left\{ \begin{array}{l} \left[\left(K^{\mathrm{p}} + \frac{4}{3}\mu^{\mathrm{p}}\right) - \left(K^{\mathrm{m}} + \frac{4}{3}\mu^{\mathrm{m}}\right)\right]A_{12} \\ + (A_{22} + A_{23})\left[\left(K^{\mathrm{p}} - \frac{2}{3}\mu^{\mathrm{p}}\right) - \left(K^{\mathrm{m}} - \frac{2}{3}\mu^{\mathrm{m}}\right)\right] \end{array} \right\}$$

$$c_{22} = \left(K^{\mathrm{m}} + \frac{4}{3}\mu^{\mathrm{m}}\right) + f_{\mathrm{p}}\left\{\begin{array}{l}\left[\left(K^{\mathrm{p}} + \frac{4}{3}\mu^{\mathrm{p}}\right) - \left(K^{\mathrm{m}} + \frac{4}{3}\mu^{\mathrm{m}}\right)\right]A_{22} \\ + (A_{12} + A_{23})\left[\left(K^{\mathrm{p}} - \frac{2}{3}\mu^{\mathrm{p}}\right) - \left(K^{\mathrm{m}} - \frac{2}{3}\mu^{\mathrm{m}}\right)\right]\end{array}\right\}$$

$$c_{23} = \left(K^{\mathrm{m}} - \frac{2}{3}\mu^{\mathrm{m}}\right) + f_{\mathrm{p}}\left\{\begin{array}{l}\left[\left(K^{\mathrm{p}} + \frac{4}{3}\mu^{\mathrm{p}}\right) - \left(K^{\mathrm{m}} + \frac{4}{3}\mu^{\mathrm{m}}\right)\right]A_{23} \\ + (A_{13} + A_{22})\left[\left(K^{\mathrm{p}} - \frac{2}{3}\mu^{\mathrm{p}}\right) - \left(K^{\mathrm{m}} - \frac{2}{3}\mu^{\mathrm{m}}\right)\right]\end{array}\right\}$$

$$c_{55} = c_{66} = \mu^{\mathrm{m}} + f_{\mathrm{p}}\left(\mu^{\mathrm{p}} - \mu^{\mathrm{m}}\right)A_{55}$$

参 考 文 献

[1] 黄国兴, 易冰若, 惠荣炎. 混凝土的徐变 [M]. 北京: 中国铁道出版社, 1988.

[2] Su L, Wang Y, Mei S, et al. Experimental investigation on the fundamental behavior of concrete creep[J]. Construction and Building Materials, 2017, 152: 250-258.

[3] 罗健珲, 傅少君. 小湾拱坝预应力闸墩蠕变效应的有限元分析 [J]. 武汉大学学报: 工学版, 2013, 46(4): 475-479.

[4] Bažant Z P. Prediction of concrete creep and shrinkage: past, present and future[J]. Nuclear engineering and Design, 2001, 203(1): 27-38.

[5] Aili A, Vandamme M, Torrenti J M, et al. A viscoelastic poromechanical model for shrinkage and creep of concrete[J]. Cement and Concrete Research, 2020, 129: 105970.

[6] Tošić N, Marinković S, Ignjatović I. A database on flexural and shear strength of reinforced recycled aggregate concrete beams and comparison to Eurocode 2 predictions[J]. Construction and Building Materials, 2016, 127: 932-944.

[7] Partov D, Kantchev V. Level of creep sensitivity in composite steel-concrete beams according to ACI 209R-92 model, comparison with Eurocode-4 (CEB MC90-99)[J]. Engineering Mechanics, 2011, 18(2): 91-116.

[8] Bazant Z P, Murphy W P. Creep and shrinkage prediction model for analysis and design of concrete structures-model B3[J]. Matériaux et Constructions, 1995, 28(180): 357-365.

[9] Wendner R, Hubler M H, Bažant Z P. The B4 model for multi-decade creep and shrinkage prediction[A]//Ninth International Conference on Creep, Shrinkage, and Durability Mechanics (CONCREEP-9)[C]. Cambridge, Massachusetts, United States, 2013: 429-436.

[10] Yu P, Duan Y H, Chen E, et al. Microstructure-based homogenization method for early-age creep of cement paste[J]. Construction and Building Materials, 2018, 188: 1193-1206.

[11] Jennings H M. A model for the microstructure of calcium silicate hydrate in cement paste[J]. Cement and Concrete Research, 2000, 30(1): 101-116.

[12] Jennings H M. Colloid model of C-S-H and implications to the problem of creep and shrinkage[J]. Materials and Structures, 2004, 37(1): 59-70.

[13] Sokolnikoff I S, Specht R D. Mathematical Theory of Elasticity[M]. New York: McGraw-Hill, 1956.

[14] Eshelby J D. The determination of the elastic field of an ellipsoidal inclusion, and related problems[J]. Proceedings of the royal society of London. Series A. Mathematical and Physical Sciences, 1957, 241(1226): 376-396.

[15] Eshelby J D. The elastic field outside an ellipsoidal inclusion[J]. Proceedings of the Royal Society of London. Series A. Mathematical and Physical Sciences, 1959, 252(1271): 561-569.

[16] Norris A N. A differential scheme for the effective moduli of composites[J]. Mechanics of Materials, 1985, 4(1): 1-16.

[17] Hill R. A self-consistent mechanics of composite materials[J]. Journal of the Mechanics and Physics of Solids, 1965, 13(4): 213-222.

[18] Christensen R M, Lo K H. Solutions for effective shear properties in three phase sphere and cylinder models[J]. Journal of the Mechanics and Physics of Solids, 1979, 27(4): 315-330.

[19] Mori T, Tanaka K. Average stress in matrix and average elastic energy of materials with misfitting inclusions[J]. Acta Metallurgica, 1973, 21(5): 571-574.

[20] Benveniste Y, Milton G W. The effective medium and the average field approximations vis-à-vis the Hashin-Shtrikman bounds. I. The self-consistent scheme in matrix-based composites[J]. Journal of the Mechanics and Physics of Solids, 2010, 58(7): 1026-1038.

[21] Tandon, G P, Weng, R L. A theory of particle-reinforced plasticity[J]. ASME. J. Appl. Mech., 1988, 55, 126-135.

[22] Castañeda P P, Tiberio E. A second-order homogenization method in finite elasticity and applications to black-filled elastomers[J]. Journal of the Mechanics and Physics of Solids, 2000, 48(6-7): 1389-1411.

[23] Castaneda P P. Second-order homogenization estimates for nonlinear composites incorporating field fluctuations: I—theory[J]. Journal of the Mechanics and Physics of Solids, 2002, 50(4): 737-757.

[24] Lahellec N, Mazerolle F, Michel J C. Second-order estimate of the macroscopic behavior of periodic hyperelastic composites: theory and experimental validation[J]. Journal of the Mechanics and Physics of Solids, 2004, 52(1): 27-49.

[25] Xu W, Wu Y, Gou X. Effective elastic moduli of nonspherical particle-reinforced composites with inhomogeneous interphase considering graded evolutions of elastic modulus and porosity[J]. Computer Methods in Applied Mechanics and Engineering, 2019, 350: 535-553.

[26] Giordano S. Differential schemes for the elastic characterisation of dispersions of randomly oriented ellipsoids[J]. European Journal of Mechanics-A/Solids, 2003, 22(6): 885-902.

[27] Nazarenko L, Stolarski H, Khoroshun L, et al. Effective thermo-elastic properties of random composites with orthotropic components and aligned ellipsoidal inhomogeneities[J]. International Journal of Solids and Structures, 2018, 136: 220-240.

[28] Berbenni S. A time-incremental homogenization method for elasto-viscoplastic particulate composites based on a modified secant formulation[J]. International Journal of Solids and Structures, 2021, 229: 111136.

[29] Song Z, Peng X, Tang S, et al. A homogenization scheme for elastoplastic composites

using concept of Mori-Tanaka method and average deformation power rate density[J]. International Journal of Plasticity, 2020, 128: 102652.

[30] Zhou M M, Meschke G. Strength homogenization of matrix-inclusion composites using the linear comparison composite approach[J]. International Journal of Solids and Structures, 2014, 51(1): 259-273.

[31] Li J, Chen S, Weng G J, et al. A micromechanical model for heterogeneous nanograined metals with shape effect of inclusions and geometrically necessary dislocation pileups at the domain boundary[J]. International Journal of Plasticity, 2021, 144: 103024.

[32] Lopez-Pamies O, Castañeda P P. On the overall behavior, microstructure evolution, and macroscopic stability in reinforced rubbers at large deformations: I—Theory[J]. Journal of the Mechanics and Physics of Solids, 2006, 54(4): 807-830.

[33] Xu W, Jia M, Zhu Z, et al. n-Phase micromechanical framework for the conductivity and elastic modulus of particulate composites: Design to microencapsulated phase change materials (MPCMs)-cementitious composites[J]. Materials & Design, 2018, 145: 108-115.

[34] Xu W, Zhang Y, Jiang J, et al. Thermal conductivity and elastic modulus of 3D porous/fractured media considering percolation[J]. International Journal of Engineering Science, 2021, 161: 103456.

[35] Wang Y, Jeannin L, Agostini F, et al. Experimental study and micromechanical interpretation of the poroelastic behaviour and permeability of a tight sandstone[J]. International Journal of Rock Mechanics and Mining Sciences, 2018, 103: 89-95.

[36] Xu W, Zhang D, Lan P, et al. Multiple-inclusion model for the transport properties of porous composites considering coupled effects of pores and interphase around spheroidal particles[J]. International Journal of Mechanical Sciences, 2019, 150: 610-616.

[37] Xu W, Jiao Y. Theoretical framework for percolation threshold, tortuosity and transport properties of porous materials containing 3D non-spherical pores[J]. International Journal of Engineering Science, 2019, 134: 31-46.

[38] Bažant Z P, Asghari A. Computation of Kelvin chain retardation spectra of aging concrete[J]. Cement and Concrete Research, 1974, 4(5): 797-806.

[39] Bažant Z P, Asghari A. Computation of age-dependent relaxation spectra[J]. Cement and Concrete Research, 1974, 4(4): 567-579.

[40] De Schutter G. Applicability of degree of hydration concept and maturity method for thermo-visco-elastic behaviour of early age concrete[J]. Cement and Concrete Composites, 2004, 26(5): 437-443.

[41] Benboudjema F, Torrenti J M. Early-age behaviour of concrete nuclear containments[J]. Nuclear Engineering and Design, 2008, 238(10): 2495-2506.

[42] Briffaut M, Benboudjema F, Torrenti J M, et al. Concrete early age basic creep: Experiments and test of rheological modelling approaches[J]. Construction and Building Materials, 2012, 36: 373-380.

[43] Hermerschmidt W, Budelmann H. Creep of early age concrete under variable stress[A]

//CONCREEP-10 - Mechanics and Physics of Creep, Shrinkage, and Durability of Concrete and Concrete Structures[C]. Vienna, Austria, 2015: 929-937.

[44] Bažant Z P, Li G H. Comprehensive database on concrete creep and shrinkage[J]. ACI Materials Journal, 2008, 105(6): 635-637.

[45] Bažant Z P, Osman E. Double power law for basic creep of concrete[J]. Matériaux et Construction, 1976, 9(1): 3-11.

[46] Hu Z, Hilaire A, Ston J, et al. Intrinsic viscoelasticity of CSH assessed from basic creep of cement pastes[J]. Cement and Concrete Research, 2019, 121: 11-20.

[47] Tamtsia B T, Beaudoin J J. Basic creep of hardened cement paste A re-examination of the role of water[J]. Cement and Concrete Research, 2000, 30(9): 1465-1475.

[48] Nutting P G. A new general law of deformation[J]. Journal of the Franklin Institute, 1921, 191(5): 679-685.

[49] Schiessel H, Blumen A. Mesoscopic pictures of the sol-gel transition: Ladder models and fractal networks[J]. Macromolecules, 1995, 28(11): 4013-4019.

[50] Gemant A. A method of analyzing experimental results obtained from elasto-viscous bodies[J]. Physics, 1936, 7(8): 311-317.

[51] Scott-Blair G W. Analytical and integrative aspects of the stress-strain-time problem[J]. Journal of Scientific Instruments, 1944, 21(5): 80.

[52] 陈文. 力学与工程问题的分数阶导数建模 [M]. 北京: 科学出版社, 2010.

[53] Moshrefi-Torbati M, Hammond J K. Physical and geometrical interpretation of fractional operators[J]. Journal of the Franklin Institute, 1998, 335(6): 1077-1086.

[54] Di Paola M, Granata M F. Fractional model of concrete hereditary viscoelastic behaviour[J]. Archive of Applied Mechanics, 2016, 87(2): 1-14.

[55] Koeller R C. Application of fractional calculus to the theory of viscoelasticity[J]. ASCE Journal of Applied Mechanics, 1984, 51(2): 299-307.

[56] Tan W C, Pan W X, Xu M Y. A note on unsteady flows of a viscoelastic fluid with the fractional Maxwell model between two parallel plates[J]. International Journal of Non-Linear Mechanics, 2003, 38(5): 645-650.

[57] Beltempo A, Zingales M, Bursi O S, et al. A fractional-order model for aging materials: An application to concrete[J]. International Journal of Solids and Structures, 2018, 138: 13-23.

[58] 孙海忠, 张卫. 一种分析软土黏弹性的分数导数开尔文模型 [J]. 岩土力学, 2007, 28(9): 1983-1986.

[59] Bouras Y, Zorica D, Atanacković T M, et al. A non-linear thermo-viscoelastic rheological model based on fractional derivatives for high temperature creep in concrete[J]. Applied Mathematical Modelling, 2018, 55: 551-568.

[60] Schiessel H, Metzler R, Blumen A, et al. Generalized viscoelastic models: their fractional equations with solutions[J]. Journal of Physics A: Mathematical and General, 1995, 28(23): 6567-6584.

[61] 张为民, 张淳源, 张平. 考虑老化的混凝土黏弹性分数导数模型 [J]. 应用力学学报, 2004, 21(1): 1-4.

[62] Nonnenmacher T F, Glöckle W G. A fractional model for mechanical stress relaxation[J]. Philosophical magazine letters, 1991, 64(2): 89-93.

[63] Xu H, Jiang X. Creep constitutive models for viscoelastic materials based on fractional derivatives[J]. Computers & Mathematics with Applications, 2017, 73(6): 1377-1384.

[64] 肖世武. 基于分数阶导数的静态黏弹性本构模型与应用 [D]. 湘潭: 湘潭大学, 2011.

[65] 何利军, 孔令伟, 吴文军, 等. 采用分数阶导数描述软黏土蠕变的模型 [J]. 岩土力学, 2011, (s2): 239-243.

[66] 王志方, 张国忠, 刘刚. 采用分数阶导数描述胶凝原油的流变模型 [J]. 中国石油大学学报 (自然科学版), 2008, 32(2): 114-118.

[67] Mainardi F. Fractional Calculus and Waves in Linear Viscoelasticity: An Introduction to Mathematical Models[M]. Singapore: World Scientific, 2010.

[68] Garboczi E J, Bentz D P. Multiscale analytical/numerical theory of the diffusivity of concrete[J]. Advanced Cement Based Materials, 1998, 8(2): 77-88.

[69] Constantinides G, Ulm F J. The effect of two types of CSH on the elasticity of cement-based materials: Results from nanoindentation and micromechanical modeling[J]. Cement and Concrete Research, 2004, 34(1): 67-80.

[70] Bernard O, Ulm F J, Lemarchand E. A multiscale micromechanics-hydration model for the early-age elastic properties of cement-based materials[J]. Cement and Concrete Research, 2003, 33(9): 1293-1309.

[71] Lavergne F, Sab K, Sanahuja J, et al. An approximate multiscale model for aging viscoelastic materials exhibiting time-dependent Poisson's ratio[J]. Cement and Concrete Research, 2016, 86: 42-54.

[72] Honorio T, Bary B, Benboudjema F. Multiscale estimation of ageing viscoelastic properties of cement-based materials: A combined analytical and numerical approach to estimate the behaviour at early age[J]. Cement and Concrete Research, 2016, 85: 137-155.

[73] Pichler C, Lackner R, Mang H A. Multiscale model for creep of shotcrete-from logarithmic-type viscous behavior of CSH at the μm-scale to macroscopic tunnel analysis[J]. Journal of Advanced Concrete Technology, 2008, 6(1): 91-110.

[74] Königsberger M, Honório T, Sanahuja J, et al. Homogenization of nonaging basic creep of cementitious materials: A multiscale modeling benchmark[J]. Construction and Building Materials, 2021, 290: 123144.

[75] Zhang Q, Le Roy R, Vandamme M, et al. Long-term creep properties of cementitious materials: Comparing microindentation testing with macroscopic uniaxial compressive testing[J]. Cement and Concrete Research, 2014, 58: 89-98.

[76] Vandamme M, Ulm F J. Nanoindentation investigation of creep properties of calcium silicate hydrates[J]. Cement and Concrete Research, 2013, 52: 38-52.

[77] Scheiner S, Hellmich C. Continuum microviscoelasticity model for aging basic creep of

early-age concrete[J]. Journal of Engineering Mechanics, 2009, 135(4): 307-323.

[78] Bažant Z P, Hauggaard A B, Baweja S, et al. Microprestress-solidification theory for concrete creep. I: Aging and drying effects[J]. Journal of Engineering Mechanics, 1997, 123(11): 1188-1194.

[79] Irfan-ul-Hassan M, Pichler B, Reihsner R, et al. Elastic and creep properties of young cement paste, as determined from hourly repeated minute-long quasi-static tests[J]. Cement and Concrete Research, 2016, 82: 36-49.

[80] Krishnya S, Yoda Y, Elakneswaran Y. A two-stage model for the prediction of mechanical properties of cement paste[J]. Cement and Concrete Composites, 2021, 115: 103853.

[81] Do Q H, Bishnoi S, Scrivener K L. Microstructural modeling of early-age creep in hydrating cement paste[J]. Journal of Engineering Mechanics, 2016, 142(11): 04016086.

[82] Šmilauer V, Bažant Z P. Identification of viscoelastic CSH behavior in mature cement paste by FFT-based homogenization method[J]. Cement and Concrete Research, 2010, 40(2): 197-207.

[83] Sanahuja J, Huang S. Mean-field homogenization of time-evolving microstructures with viscoelastic phases: application to a simplified micromechanical model of hydrating cement paste[J]. Journal of Nanomechanics and Micromechanics, 2017, 7(1): 04016011.

[84] Gan Y, Romero Rodriguez C, Zhang H, et al. Modeling of microstructural effects on the creep of hardened cement paste using an experimentally informed lattice model[J]. Computer-Aided Civil and Infrastructure Engineering, 2021, 36(5): 560-576.

[85] Richardson I G. The nature of CSH in hardened cements[J]. Cement and Concrete Research, 1999, 29(8): 1131-1147.

[86] Velez K, Maximilien S, Damidot D, et al. Determination by nanoindentation of elastic modulus and hardness of pure constituents of Portland cement clinker[J]. Cement and Concrete Research, 2001, 31(4): 555-561.

[87] Kjellsen K O, Justnes H. Revisiting the microstructure of hydrated tricalcium silicate — a comparison to Portland cement[J]. Cement and Concrete Composites, 2004, 26(8): 947-956.

[88] Maruyama I. Multi-scale review for possible mechanisms of natural frequency change of reinforced concrete structures under an ordinary drying condition[J]. Journal of Advanced Concrete Technology, 2016, 14(11): 691-705.

[89] Richardson I G. Tobermorite/jennite-and tobermorite/calcium hydroxide-based models for the structure of CSH: applicability to hardened pastes of tricalcium silicate, β-dicalcium silicate, Portland cement, and blends of Portland cement with blast-furnace slag, metakaolin, or silica fume[J]. Cement and Concrete Research, 2004, 34(9): 1733-1777.

[90] Richardson I G. The nature of the hydration products in hardened cement pastes[J]. Cement and Concrete Composites, 2000, 22(2): 97-113.

[91] Tennis P D, Jennings H M. A model for two types of calcium silicate hydrate in the

microstructure of Portland cement pastes[J]. Cement and Concrete Research, 2000, 30(6): 855-863.

[92] Vandamme M, Ulm F J. Nanogranular origin of concrete creep[J]. Proceedings of the National Academy of Sciences, 2009, 106(26): 10552-10557.

[93] Baronet J, Sorelli L, Charron J P, et al. A two-time-scale method to quickly characterize the logarithmic basic creep of concrete by combining microindentation and uniaxial compression creep tests[J]. Cement and Concrete Composites, 2021, 125(8): 104274.

[94] Königsberger M, Irfan-ul-Hassan M, Pichler B, et al. Downscaling based identification of nonaging power-law creep of cement hydrates[J]. Journal of Engineering Mechanics, 2016, 142(12): 04016106.

[95] Pichler C, Lackner R. A multiscale creep model as basis for simulation of early-age concrete behavior[J]. Computers and Concrete, 2008, 5(4): 295-328.

[96] Wang Y, Xu Q, Chen S. Approaches of concrete creep using mesomechanics: numerical simulation and predictive model[J]. Modelling and Simulation in Materials Science and Engineering, 2019, 27(5): 055012.

[97] Granger L. Comportement différé du béton dans les enceintes de centrales nucléaires: Analyse et modélisation[D]. Paris: Ecole Nationale des ponts et Chaussées, 1995.

[98] Lavergne F, Sab K, Sanahuja J, et al. Investigation of the effect of aggregates' morphology on concrete creep properties by numerical simulations[J]. Cement and Concrete Research, 2015, 71: 14-28.

[99] Zhou F P, Lydon F D, Barr B I G. Effect of coarse aggregate on elastic modulus and compressive strength of high performance concrete[J]. Cement and Concrete Research, 1995, 25(1): 177-186.

[100] Beshr H, Almusallam A A, Maslehuddin M. Effect of coarse aggregate quality on the mechanical properties of high strength concrete[J]. Construction and Building Materials, 2003, 17(2): 97-103.

[101] Zhou C, Li K, Ma F. Numerical and statistical analysis of elastic modulus of concrete as a three-phase heterogeneous composite[J]. Computers & Structures, 2014, 139: 33-42.

[102] Ramesh G, Sotelino E D, Chen W F. Effect of transition zone on elastic moduli of concrete materials[J]. Cement and Concrete Research, 1996, 26(4): 611-622.

[103] Zheng J, Zhou X, Jin X. An n-layered spherical inclusion model for predicting the elastic moduli of concrete with inhomogeneous ITZ[J]. Cement and Concrete Composites, 2012, 34(5): 716-723.

[104] Lee K M, Park J H. A numerical model for elastic modulus of concrete considering interfacial transition zone[J]. Cement and Concrete Research, 2008, 38(3): 396-402.

[105] Thai M Q, Bary B, He Q C. A homogenization-enriched viscodamage model for cement-based material creep[J]. Engineering Fracture Mechanics, 2014, 126: 54-72.

[106] Sadouki H, Wittmann F H. On the analysis of the failure process in composite materials by numerical simulation[J]. Materials Science and Engineering: A, 1988, 104: 9-20.

[107] Sanahuja J, Toulemonde C. Numerical homogenization of concrete microstructures

without explicit meshes[J]. Cement and Concrete Research, 2011, 41(12): 1320-1329.

[108] Wang Z M, Kwan A K H, Chan H C. Mesoscopic study of concrete I: Generation of random aggregate structure and finite element mesh[J]. Computers & Structures, 1999, 70(5): 533-544.

[109] Wriggers P, Moftah S O. Mesoscale models for concrete: Homogenisation and damage behaviour[J]. Finite Elements in Analysis and Design, 2006, 42(7): 623-636.

[110] Naderi S, Tu W, Zhang M. Meso-scale modelling of compressive fracture in concrete with irregularly shaped aggregates[J]. Cement and Concrete Research, 2021, 140: 106317.

[111] Lavergne F, Sab K, Sanahuja J, et al. Homogenization schemes for aging linear viscoelastic matrix-inclusion composite materials with elongated inclusions[J]. International Journal of Solids and Structures, 2016, 80: 545-560.

[112] Bernachy-Barbe F, Bary B. Effect of aggregate shapes on local fields in 3D mesoscale simulations of the concrete creep behavior[J]. Finite Elements in Analysis and Design, 2019, 156: 13-23.

[113] Nilsen A U, Monteiro P J M. Concrete: A three phase material[J]. Cement and Concrete Research, 1993, 23(1): 147-151.

[114] Delagrave A, Bigas J P, Ollivier J P, et al. Influence of the interfacial zone on the chloride diffusivity of mortars[J]. Advanced Cement Based Materials, 1997, 5(3-4): 86-92.

[115] Bary B, Bourcier C, Helfer T. Analytical and 3D numerical analysis of the thermoviscoelastic behavior of concrete-like materials including interfaces[J]. Advances in Engineering Software, 2017, 112: 16-30.

[116] Xu Z, Zhao Q, Guo W, et al. Mesomechanical creep model of fly ash-contained cement mortar considering the interfacial transition zone and its influential factors[J]. Construction and Building Materials, 2021, 308: 124985.

[117] Giorla A B, Dunant C F. Microstructural effects in the simulation of creep of concrete[J]. Cement and Concrete Research, 2018, 105: 44-53.

[118] Scrivener K L. Backscattered electron imaging of cementitious microstructures: understanding and quantification[J]. Cement and Concrete Composites, 2004, 26(8): 935-945.

[119] Zheng J, Zhou X, Wu Z, et al. Numerical method for predicting Young's modulus of concrete with aggregate shape effect[J]. Journal of Materials in Civil Engineering, 2011, 23(12): 1609-1615.

[120] Di Maida P, Radi E, Sciancalepore C, et al. Pullout behavior of polypropylene macrosynthetic fibers treated with nano-silica[J]. Construction and Building Materials, 2015, 82: 39-44.

[121] Barluenga G. Fiber-matrix interaction at early ages of concrete with short fibers[J]. Cement and Concrete Research, 2010, 40(5): 802-809.

[122] Haddad R H, Smadi M M. Role of fibers in controlling unrestrained expansion and arresting cracking in Portland cement concrete undergoing alkali-silica reaction[J]. Cement and Concrete Research, 2004, 34(1): 103-108.

[123] 赵庆新, 董进秋, 潘慧敏, 等. 玄武岩纤维增韧混凝土冲击性能 [J]. 复合材料学报, 2010, 27(6): 120-125.

[124] Zhang Y S, Sun W, Li Z J, et al. Impact properties of geopolymer based extrudates incorporated with fly ash and PVA short fiber[J]. Construction and Building Materials, 2008, 22(3): 370-383.

[125] Zhao Q, Yu J, Geng G, et al. Effect of fiber types on creep behavior of concrete[J]. Construction and Building Materials, 2016, 105: 416-422.

[126] Garas V Y, Kahn L F, Kurtis K E. Short-term tensile creep and shrinkage of ultra-high performance concrete[J]. Cement and Concrete Composites, 2009, 31(3): 147-152.

[127] Chern J C, Young C H. Compressive creep and shrinkage of steel fibre reinforced concrete[J]. International Journal of Cement Composites and Lightweight Concrete, 1989, 11(4): 205-214.

[128] Xu Y, Liu J, Liu J, et al. Experimental studies and modeling of creep of UHPC[J]. Construction and Building Materials, 2018, 175: 643-652.

[129] Barluenga G, Hernández-Olivares F. Cracking control of concretes modified with short AR-glass fibers at early age. Experimental results on standard concrete and SCC[J]. Cement and Concrete Research, 2007, 37(12): 1624-1638.

[130] Banthia N, Gupta R. Influence of polypropylene fiber geometry on plastic shrinkage cracking in concrete[J]. Cement and Concrete Research, 2006, 36(7): 1263-1267.

[131] Zheng Z, Feldman D. Synthetic fibre-reinforced concrete[J]. Progress in Polymer Science, 1995, 20(2): 185-210.

[132] Rouse J M, Billington S L. Creep and shrinkage of high-performance fiber-reinforced cementitious composites[J]. ACI Materials Journal, 2007, 104(2): 129-136.

[133] Wu Z, Shi C, Khayat K H. Investigation of mechanical properties and shrinkage of ultra-high performance concrete: Influence of steel fiber content and shape[J]. Composites Part B: Engineering, 2019, 174: 107021.

[134] Afroughsabet V, Teng S. Experiments on drying shrinkage and creep of high performance hybrid-fiber-reinforced concrete[J]. Cement and Concrete Composites, 2020, 106: 103481.

[135] Li B, Xu L, Shi Y, et al. Effects of fiber type, volume fraction and aspect ratio on the flexural and acoustic emission behaviors of steel fiber reinforced concrete[J]. Construction and Building Materials, 2018, 181: 474-486.

[136] Wu Z, Shi C, He W, et al. Static and dynamic compressive properties of ultra-high performance concrete (UHPC) with hybrid steel fiber reinforcements[J]. Cement and Concrete Composites, 2017, 79: 148-157.

[137] Mangat P S, Motamedi Azari M. A theory for the creep of steel fibre reinforced cement matrices under compression[J]. Journal of Materials Mcience, 1985, 20(3): 1119-1133.

[138] Guan X, Liu X, Jia X, et al. A stochastic multiscale model for predicting mechanical properties of fiber reinforced concrete[J]. International Journal of Solids and Structures, 2015, 56: 280-289.

[139] Zhang J. Modeling of the influence of fibers on creep of fiber reinforced cementitious composite[J]. Composites Science and Technology, 2003, 63(13): 1877-1884.

[140] Dutra V F P, Maghous S, Campos Filho A, et al. A micromechanical approach to elastic and viscoelastic properties of fiber reinforced concrete[J]. Cement and Concrete Research, 2010, 40(3): 460-472.

[141] Thomas J, Ramaswamy A. Mechanical properties of steel fiber-reinforced concrete[J]. Journal of Materials in Civil Engineering, 2007, 19(5): 385-392.

[142] Garas V Y, Jayapalan A R, Kahn L F, et al. Micro-and nanoscale characterization of effect of interfacial transition zone on tensile creep of ultra-high-performance concrete[J]. Transportation Research Record, 2010, 2141(1): 82-88.

[143] Chanvillard G, Aïtcin P C. Pull-out behavior of corrugated steel fibers: Qualitative and statistical analysis[J]. Advanced Cement Based Materials, 1996, 4(1): 28-41.

[144] Zile E, Zile O. Effect of the fiber geometry on the pullout response of mechanically deformed steel fibers[J]. Cement and Concrete Research, 2013, 44: 18-24.

[145] Zollo R F. Fiber-reinforced concrete: an overview after 30 years of development[J]. Cement and Concrete Composites, 1997, 19(2): 107-122.

[146] Robins P, Austin S, Jones P. Pull-out behaviour of hooked steel fibres[J]. Materials and Structures, 2002, 35(7): 434-442.

[147] Wu Z, Khayat K H, Shi C. How do fiber shape and matrix composition affect fiber pull-out behavior and flexural properties of UHPC?[J]. Cement and Concrete Composites, 2018, 90: 193-201.

[148] Christensen R M. Mechanics of Composite Materials[M]. Mineola, NewYork: Dover Publications Inc., 2005.

[149] Green A E, Zerna W. Theoretical Elasticity[M]. Massachusetts: Courier Corporation, 1992.

[150] Mura T. Micromechanics of Defects in Solids[M]. Berlin: Springer Science & Business Media, 1987.

[151] 张研, 张子明. 材料细观力学 [M]. 北京: 科学出版社, 2008.

[152] 杜善义, 王彪. 复合材料细观力学 [M]. 北京: 科学出版社, 1998.

[153] Luc D, Djimedo K, Franz-Josef U. Micromechanics[M]. New York: John Wiley & Sons, 2006.

[154] 徐芝纶. 弹性力学 [M]. 北京: 高等教育出版社, 2006.

[155] Renaud F, Dion J L, Chevallier G, et al. A new identification method of viscoelastic behavior: Application to the generalized Maxwell model[J]. Mechanical Systems and Signal Processing, 2011, 25(3): 991-1010.

[156] Yao D. A fractional dashpot for nonlinear viscoelastic fluids[J]. Journal of Rheology, 2018, 62(2): 619-629.

[157] Singh A P, Deb D, Agarwal H. On selection of improved fractional model and control of different systems with experimental validation[J]. Communications in Nonlinear Science and Numerical Simulation, 2019, 79: 104902.

158] Read Jr W T. Stress analysis for compressible viscoelastic materials[J]. Journal of Applied Physics, 1950, 21(7): 671-674.

159] Sanahuja J. Effective behaviour of ageing linear viscoelastic composites: Homogenization approach[J]. International Journal of Solids and Structures, 2013, 50(19): 2846-2856.

160] Su X, Yao D, Xu W. A new method for formulating linear viscoelastic models[J]. International Journal of Engineering Science, 2020, 156: 103375.

161] Li J, Farquharson C G, Hu X. Three effective inverse Laplace transform algorithms for computing time-domain electromagnetic responsesInverse Laplace transform algorithms[J]. Geophysics, 2016, 81(2): E113-E128.

162] Lei D, Liang Y, Xiao R. A fractional model with parallel fractional Maxwell elements for amorphous thermoplastics[J]. Physica A: Statistical Mechanics and its Applications, 2018, 490: 465-475.

163] Aime S, Cipelletti L, Ramos L. Power law viscoelasticity of a fractal colloidal gel[J]. Journal of Rheology, 2018, 62(6): 1429-1441.

164] Ding X, Zhang G, Zhao B, et al. Unexpected viscoelastic deformation of tight sandstone: Insights and predictions from the fractional Maxwell model[J]. Scientific Reports, 2017, 7(1): 1-11.

165] Shen J J, Li C G, Wu H T, et al. Fractional order viscoelasticity in characterization for atrial tissue[J]. Korea-Australia Rheology Journal, 2013, 25(2): 87-93.

166] Faber T J, Jaishankar A, McKinley G H. Describing the firmness, springiness and rubberiness of food gels using fractional calculus. Part II: Measurements on semi-hard cheese[J]. Food Hydrocolloids, 2017, 62: 325-339.

167] Jaishankar A, McKinley G H. Power-law rheology in the bulk and at the interface: quasi-properties and fractional constitutive equations[J]. Proceedings of the Royal Society A: Mathematical, Physical and Engineering Sciences, 2013, 469(2149): 20120284.

168] Farno E, Baudez J C, Eshtiaghi N. Comparison between classical Kelvin-Voigt and fractional derivative Kelvin-Voigt models in prediction of linear viscoelastic behaviour of waste activated sludge[J]. Science of the Total Environment, 2018, 613: 1031-1036.

169] Ninomiya K, Ferry J D. Viscoelastic properties of polyvinyl acetates. I. Creep studies of fractions[J]. The Journal of Physical Chemistry, 1963, 67(11): 2292-2296.

170] Ferry J D. Viscoelastic Properties of Polymers[M]. New York: John Wiley & Sons, 1980.

171] Dealy J M, Read D J, Larson R G. Structure and Rheology of Molten Polymers: from Structure to Flow Behavior and Back Again[M]. Carl Hanser Verlag GmbH Co KG, 2018.

172] Masuda T, Kitagawa K, Inoue T, et al. Rheological properties of anionic polystyrenes. II. Dynamic viscoelasticity of blends of narrow-distribution polystyrenes[J]. Macromolecules, 1970, 3(2): 116-125.

173] Heymans N. Hierarchical models for viscoelasticity: dynamic behaviour in the linear range[J]. Rheologica Acta, 1996, 35(5): 508-519.

[174] Evans R M L, Tassieri M, Auhl D, et al. Direct conversion of rheological compliance measurements into storage and loss moduli[J]. Physical Review E, 2009, 80(1): 012501.

[175] Kwon M K, Lee S H, Lee S G, et al. Direct conversion of creep data to dynamic moduli[J]. Journal of Rheology, 2016, 60(6): 1181-1197.

[176] Kim M, Bae J E, Kang N, et al. Extraction of viscoelastic functions from creep data with ringing[J]. Journal of Rheology, 2015, 59(1): 237-252.

[177] Tassieri M, Laurati M, Curtis D J, et al. i-Rheo: Measuring the materials' linear viscoelastic properties "in a step"![J]. Journal of Rheology, 2016, 60(4): 649-660.

[178] Bentz D P. Quantitative comparison of real and CEMHYD3D model microstructures using correlation functions[J]. Cement and Concrete Research, 2006, 36(2): 259-263.

[179] Van Breugel K. Numerical simulation of hydration and microstructural development in hardening cement-based materials (I) theory[J]. Cement and Concrete Research, 1995, 25(2): 319-331.

[180] Bishnoi S, Scrivener K L. μic: A new platform for modelling the hydration of cements[J]. Cement and Concrete Research, 2009, 39(4): 266-274.

[181] Maekawa K, Ishida T, Kishi T. Multi-scale modeling of structural concrete[M]. London: CRC Press, 2009.

[182] Bahafid S, Ghabezloo S, Faure P, et al. Effect of the hydration temperature on the pore structure of cement paste: Experimental investigation and micromechanical modelling[J]. Cement and Concrete Research, 2018, 111: 1-14.

[183] Lavergne F, Fraj A B, Bayane I, et al. Estimating the mechanical properties of hydrating blended cementitious materials: An investigation based on micromechanics[J]. Cement and Concrete Research, 2018, 104: 37-60.

[184] Mazaheripour H, Faria R, Ye G, et al. Microstructure-based prediction of the elastic behaviour of hydrating cement pastes[J]. Applied Sciences, 2018, 8(3): 442-461.

[185] Parrot L J, Killoh D C. Prediction of cement hydration[J]. Proceedings of the British Ceramic Society, 1984, 35: 41-53.

[186] Jiang Z, Sun Z, Wang P. Internal relative humidity distribution in high-performance cement paste due to moisture diffusion and self-desiccation[J]. Cement and Concrete Research, 2006, 36(2): 320-325.

[187] Lothenbach B, Matschei T, Möschner G, et al. Thermodynamic modelling of the effect of temperature on the hydration and porosity of Portland cement[J]. Cement and Concrete Research, 2008, 38(1): 1-18.

[188] Powers T C, Brownyard T L. Studies of the physical properties of hardened Portland cement paste[C]. Journal Proceedings. 1946, 43(9): 101-132.

[189] Königsberger M, Hellmich C, Pichler B. Densification of CSH is mainly driven by available precipitation space, as quantified through an analytical cement hydration model based on NMR data[J]. Cement and Concrete Research, 2016, 88: 170-183.

[190] Sanahuja J, Dormieux L, Chanvillard G. Modelling elasticity of a hydrating cement paste[J]. Cement and Concrete Research, 2007, 37(10): 1427-1439.

[191] Pichler B, Hellmich C. Upscaling quasi-brittle strength of cement paste and mortar: A multi-scale engineering mechanics model[J]. Cement and Concrete Research, 2011, 41(5): 467-476.

[192] Pichler B, Hellmich C, Eberhardsteiner J. Spherical and acicular representation of hydrates in a micromechanical model for cement paste: prediction of early-age elasticity and strength[J]. Acta Mechanica, 2009, 203(3): 137-162.

[193] 梁思明, 魏亚. 基于水化程度的早龄期混凝土拉伸徐变模型研究 [J]. 工程力学, 2016, 33(1): 171-177.

[194] Bary B, Bourcier C, Helfer T. Numerical analysis of concrete creep on mesoscopic 3D specimens[A]//CONCREEP-10 - Mechanics and Physics of Creep, Shrinkage, and Durability of Concrete and Concrete Structures[C]. Vienna, Austria, 2015: 1090-1098.

[195] He J, Lei D, Xu W. In-situ measurement of nominal compressive elastic modulus of interfacial transition zone in concrete by SEM-DIC coupled method[J]. Cement and Concrete Composites, 2020, 114: 103779.

[196] Gu X, Hong L, Wang Z, et al. Experimental study and application of mechanical properties for the interface between cobblestone aggregate and mortar in concrete[J]. Construction and Building Materials, 2013, 46: 156-166.

[197] Rao G A, Prasad B K R. Influence of the roughness of aggregate surface on the interface bond strength[J]. Cement and Concrete Research, 2002, 32(2): 253-257.

[198] 龚政. 密实非凸颗粒材料界面分数与传输性能的多尺度研究 [D]. 南京: 河海大学, 2021.

[199] Bullard J W, Garboczi E J. Defining shape measures for 3D star-shaped particles: Sphericity, roundness, and dimensions[J]. Powder Technology, 2013, 249: 241-252.

[200] Al Rousan T M. Characterization of aggregate shape properties using a computer automated system[D]. College Station: Texas A&M University, 2004.

[201] Wang H W, Zhou H W, Gui L L, et al. Analysis of effect of fiber orientation on Young's modulus for unidirectional fiber reinforced composites[J]. Composites part B: Engineering, 2014, 56: 733-739.

[202] Lu P, Leong Y W, Pallathadka P K, et al. Effective moduli of nanoparticle reinforced composites considering interphase effect by extended double-inclusion model—Theory and explicit expressions[J]. International Journal of Engineering Science, 2013, 73: 33-55.

[203] Hung C C, Chen Y T, Yen C H. Workability, fiber distribution, and mechanical properties of UHPC with hooked end steel macro-fibers[J]. Construction and Building Materials, 2020, 260: 119944.

[204] Yang Y, Lin Z Y, Dai H L. Prediction of the stiffness of CNTB/polymer composite on the consideration of agglomeration, waviness and porosity[J]. Mechanics of Advanced Materials and Structures, 2021: 1-11.

[205] Su X, Chen W, Xu W, et al. Non-local structural derivative Maxwell model for characterizing ultra-slow rheology in concrete[J]. Construction and Building Materials, 2018, 190: 342-348.

[206] Laws N, McLaughlin R. Self-consistent estimates for the viscoelastic creep compliances of composite materials[J]. Proceedings of the Royal Society of London. A. Mathematical and Physical Sciences, 1978, 359(1697): 251-273.

[207] Mukherjee S, Paulino G H. The elastic-viscoelastic correspondence principle for functionally graded materials, revisited[J]. Journal of Applied Mechanics, 2003, 70(3): 359-363.

[208] Su X, Yao D, Xu W. Processing of viscoelastic data via a generalized fractional model[J]. International Journal of Engineering Science, 2021, 161: 103465.

[209] Beaudoin J J, Tamtsia B T. Creep of hardened cement paste —the role of interfacial phenomena[J]. Interface Science, 2004, 12(4): 353-360.

[210] Wyrzykowski M, Scrivener K, Lura P. Basic creep of cement paste at early age-the role of cement hydration[J]. Cement and Concrete Research, 2019, 116: 191-201.

[211] Hauggaard A B, Damkilde L, Hansen P F. Transitional thermal creep of early age concrete[J]. Journal of Engineering Mechanics, 1999, 125(4): 458-465.

[212] Bažant Z P, Cusatis G, Cedolin L. Temperature effect on concrete creep modeled by microprestress-solidification theory[J]. Engineering Mechanics, 2004, 130(6): 691-699.

[213] Torrenti J M, Le Roy R. Analysis and modelling of basic creep[A]//CONCREEP-10 - Mechanics and Physics of Creep, Shrinkage, and Durability of Concrete and Concrete Structures[C]. Vienna, Austria, 2015: 1400-1409.

[214] Le Roy R, Le Maou F, Torrenti J M. Long term basic creep behavior of high performance concrete: data and modelling[J]. Materials and Structures, 2017, 50(1): 1-11.

[215] Zhao H, Poon C S, Ling T C. Utilizing recycled cathode ray tube funnel glass sand as river sand replacement in the high-density concrete[J]. Journal of Cleaner Production, 2013, 51: 184-190.

[216] 欧阳利军, 安子文, 杨伟涛, 等. 混凝土界面过渡区 (ITZ) 微观特性研究进展 [J]. 混凝土与水泥制品, 2018 (2): 7-12.

[217] Ramesh G, Sotelino E D, Chen W F. Effect of transition zone on elastic moduli of concrete materials[J]. Cement and Concrete Research, 1996, 26(4): 611-622.

[218] Mittal R K, Gupta V B, Sharma P. The effect of fibre orientation on the interfacial shear stress in short fibre-reinforced polypropylene[J]. Journal of Materials Science, 1987, 22(6): 1949-1955.

[219] Carvelli V, Poggi C. Numerical prediction of the mechanical properties of woven fabric composites[A]//ICCM-13[C]. Beijing, China, 2001: 25-29.

[220] Gettu R, Zerbino R, Jose S. Factors influencing creep of cracked fibre reinforced concrete: what we think we know & what we do not know//Creep Behaviour in Cracked Sections of Fibre Reinforced Concrete[M]. Dordrecht: Springer, 2017: 3-12.